普通高等教育“十三五”规划教材

无机化学实验

文利柏　虎玉森　白红进　主编

第二版

WUJI HUAXUE SHIYAN

化学工业出版社
·北京·

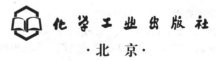

《无机化学实验（第二版）》按照“化学实验基本知识＋化学实验基本操作技能＋实验选编”的模块编写，全书共3篇，含44个实验，实验内容包括化学反应基本原理、化学量及常数的测定、元素化合物的性质、无机化合物的制备与提纯，以及一定量的综合性、设计性及研究性实验，既加强基础实验训练，又为学生提供一个综合运用知识、自主探究实验的平台。

《无机化学实验（第二版）》可作为高等农林院校和其它综合性院校化学类专业的教材，也可作为各类院校相关专业的基础化学实验教材和其它化学工作者的参考书籍。

图书在版编目（CIP）数据

无机化学实验/文利柏，虎玉森，白红进主编．—2版．北京：化学工业出版社，2017.8（2024.7重印）
普通高等教育“十三五”规划教材
ISBN 978-7-122-29909-3

Ⅰ.①无… Ⅱ.①文…②虎…③白… Ⅲ.①无机化学-化学实验-高等学校-教材 Ⅳ.①O61-33

中国版本图书馆CIP数据核字（2017）第133751号

责任编辑：宋林青　　文字编辑：刘志茹
责任校对：王　静　　装帧设计：史利平

出版发行：化学工业出版社（北京市东城区青年湖南街13号　邮政编码100011）
印　　刷：北京云浩印刷有限责任公司
装　　订：三河市振勇印装有限公司
787mm×1092mm　1/16　印张11¼　字数272千字　　2024年7月北京第2版第7次印刷

购书咨询：010-64518888　　售后服务：010-64518899
网　　址：http://www.cip.com.cn
凡购买本书，如有缺损质量问题，本社销售中心负责调换。

定　　价：25.00元

《无机化学实验（第二版）》编写人员

主　编　文利柏　虎玉森　白红进

副主编　袁厚群　李子荣　周　军　孟　磊　王亚飞

编　者　（按姓氏拼音排序）

白红进　戴　勋　虎玉森　纪姝晶　李艳霞

李治龙　李子荣　刘永红　陆冬莲　毛　杰

孟　磊　苏　惠　孙婷婷　谭桂霞　王俊敏

王亚飞　王咏梅　文利柏　杨　昱　杨旭哲

杨玉玲　袁厚群　郑胜彪　周　军　周红艳

《无机化学实验（第一版）》编写人员

主　编　文利柏　虎玉森　白红进

副主编　胡春燕　李子荣　周　军　尹学琼　孟　磊

编　者　（按姓氏拼音排序）

白红进　戴　勋　胡春燕　虎玉森　纪姝晶　李艳霞

李治龙　李子荣　刘永红　陆冬莲　毛　杰　孟　磊

苏　惠　王　江　文利柏　杨旭哲　杨　昱　杨玉玲

尹学琼　郑胜彪　周红艳　周　军

前　言

本书第一版于2010年出版，在7年的教学使用过程中得到了广大师生的大力支持与厚爱，本次再版，编者结合几年来的教学改革、实践和教材使用情况，在继承第一版优点、保持原书指导思想和编排体系的基础上，对第一版进行了修订与充实。

1. 根据学科发展和教学实践，对实验内容进行了适当的增减和修改，使教材更具时代性和适用性。

2. 增加了一些新的设计性、综合性、研究性实验项目，使基础无机化学实验教学能更好地与学生的综合能力培养相结合。

本教材的实验内容按类编写，各校可结合本校实际情况进行取舍、组合，安排适合本校实际的教学内容。

本书由文利柏、虎玉森、白红进主编，参加本次修订工作的有：华中农业大学文利柏、刘永红、陆冬莲，负责编写第1、6、8章，实验23、24、34、35、42、44；甘肃农业大学虎玉森、周红艳，负责编写第2、3章，实验18、20、25、41；塔里木大学白红进、王咏梅、戴勋、李治龙，负责编写第4章，实验1、7、37；江西农业大学袁厚群、李艳霞、孙婷婷、谭桂霞，负责编写第5章，实验2、3、8、9；安徽科技学院李子荣、毛杰、郑胜彪，负责编写第10章，实验16、19、22；湖南农业大学周军，负责编写第12章，实验14、28、32、33；河南农业大学孟磊、苏惠，负责编写第11章，实验6、12、38、43；黑龙江八一农垦大学王亚飞，负责编写实验4、27、30、36、39、40；东北农业大学杨昱、杨玉玲，负责编写实验11、13、26、31，附录1、2、3、4、5；河北农业大学杨旭哲、纪姝晶、王俊敏，负责编写实验5、17、29，附录6、7、8、9、10；原海南大学编写部分由文利柏修改。

在本书的修订及出版过程中，得到了各参编学校的大力支持，化学工业出版社对本书也提出了很多宝贵的意见和建议，在此表示诚挚的感谢。

限于编者水平，本书在内容取舍、编写方面难免存在不妥之处，恳请读者批评指正。

编者

2017年4月

第一版前言

无机化学是化学类本科生的第一门化学基础课，无机化学实验作为无机化学课程的重要组成部分，也是学生最早接触的一门化学实验课，它在完成无机化学实验教学任务的同时，又承担着为后续课程做好必要准备的重要责任。因此，一本有利于巩固理论知识、有利于学生实践素质教育、有利于学生创新意识和创新能力培养的《无机化学实验》教材尤为重要。

本书参编教师大多来自高等农业院校无机化学实验教学第一线，有着多年的教学经验，各院校结合自己的教学特点、教学改革和实践，力求编写出一本更适合农林院校化学类专业特点和发展的无机化学实验教材，以便更好地为人才培养服务。

本书按“化学实验基本知识 + 化学实验基本操作技能 + 实验内容”的模块编写，写作上力求基本内容部分清晰、规范、操作性强，综合性、设计性实验部分留出足够思考空间。在化学实验基本知识、基本操作技能和附录部分，针对大学一年级学生的知识结构，我们力求叙述清晰、规范，并借助一些图表的方式，突出重点，指出问题，加深印象，便于学生掌握。本书实验内容较广泛，包括化学反应原理、物理化学常数测定、元素化合物性质、无机物的制备、提纯与分析等，尽可能纳入较丰富的、各有特点的实验项目，便于各校根据自己的教学要求进行选择；同时，在加强基础实验训练的前提下，设置了一定量的综合性、设计性和研究性实验项目，在实验内容中突出时代性、应用性，促进学生运用知识分析问题、解决问题能力的提高，培养学生的综合实验能力和创新意识。本书对实验的叙述，其基本原则在于让学生掌握基本知识内容的同时，又能开动脑筋，积极思维，有的实验内容的叙述不求细化，以改变“照方抓药”的传统模式。针对实验中的难点和重点，在每个实验中均附有思考题，便于帮助学生理解实验目的和相关原理，引导学生对实验进行总结。

本书由文利柏、虎玉森、白红进主编，参加本书编写工作的有：华中农业大学文利柏、刘永红、陆冬莲（第 1、6、8 章，实验 22、23、31、32、36），甘肃农业大学虎玉森、周红艳（第 2、3 章，实验 17、19、24、35），塔里木大学白红进、戴勋、李治龙（第 4 章，实验 3、6、33），江西农业大学胡春燕、李艳霞（第 5 章，实验 1、2、7、8），安徽科技大学李子荣、毛杰、郑胜彪（第 10 章，实验 15、18、21），湖南农业大学周军（第 12 章，实验 13、26、29、30），海南大学尹学琼、王江（第 7、9 章，实验 9、14、20、38），河南农业大学孟磊、苏惠（第 11 章，实验 5、11、34、37），东北农业大学杨昱、杨玉玲（实验 10、12、25、28，附录 1、2、3、4、5），河北农业大学杨旭哲、纪姝晶（实验 4、16、25、27，附录 6、7、8、9、10）。

本书在编写过程中，得到了各参编学校和相关院系的大力支持和帮助，化学工业出版社的编辑自始至终给予了高度理解和支持，在此全体编写人员一并表示诚挚的谢意。

我们期望这本《无机化学实验》教材能达到预期目的。但由于编者水平所限，书中疏漏或不妥之处在所难免，敬希广大读者批评指正。

编者

2010 年 4 月

目 录

第1篇 化学实验基本知识

第2篇 化学实验基本操作技能

第 3 篇 实验选编

第 1 篇　化学实验基本知识

第1章　绪　　论

1.1　无机化学实验课程的目的和任务

化学是一门以实验为基础的中心学科，许多化学理论和规律是对大量实验事实进行分析、概括、综合、总结而形成的。

无机化学实验是无机化学课程的重要组成部分，也是化学教学中的一门独立课程，是高等院校理、工、农科等各专业必修的基础课程之一。通过实验的系统性训练，巩固和加深对无机化学基本概念、基本理论的理解，掌握无机化学实验的基本操作技能和物质的制备、分离、提纯、鉴定的基本方法，学会使用基本测量仪器，在独立进行实验、正确处理和分析实验数据、阐述实验结果的过程中培养学生独立思考、分析问题与解决问题的能力和创新意识，培养学生实事求是、严谨认真的科学态度和良好的实验作风以及环境保护意识，为进一步学习有关后续课程和实际工作奠定良好的实验基础。

1.2　无机化学实验的学习方法

化学实验是一门实践性的课程，要学好它不仅要求学生具有端正的学习态度，而且需要具备正确的学习方法。

1.2.1　实验预习

充分预习是做好实验的前提和重要保证。只有充分理解实验原理、操作要领，明确自己在实验中需解决的问题、如何解决、为何这样解决，才能主动和有条不紊地进行实验，达到实验应有的效果和目的。预习内容包括：

(1) 认真钻研实验教材、教科书和参考资料中的有关内容；

(2) 明确实验目的与要求，弄懂实验原理；

(3) 了解实验内容、实验步骤、仪器使用以及实验中应注意的问题，合理安排好实验；

(4) 写出预习报告（包括实验目的、原理、步骤、操作与安全注意事项等）。

1.2.2　实验过程

按照实验教材上规定的方法（或设计性实验中自己设计的实验方案）、步骤和试剂用量进行实验，并做到以下几点：

(1) 认真而规范地操作，仔细观察实验现象、测定实验数据，及时、如实地做好实验记录；

(2) 实验过程中应积极思考，发现问题仔细分析，力争自己解决问题，若自己难以解决，可与同学讨论或请教指导教师；

(3) 若发现实验现象与理论不符，或实验结果达不到要求，应认真分析和查找原因（也可做对照试验、空白试验等核对），经指导教师同意后重做实验；

（4）实验过程应保持肃静和实验室整洁，严格遵守实验室工作规则。

1.2.3 实验报告

实验报告是每次实验的记录、概括和总结，也是对实验者综合能力的考核。每个学生在实验结束后都必须及时、独立、认真地完成实验报告，这是整个实验过程中必不可少的重要环节。实验报告应能总结实验情况，分析实验中出现的问题，整理归纳出实验结果，并对实验中出现的问题进行讨论，主要包括以下内容：实验目的、实验原理、实验步骤、实验装置、实验数据、实验现象、实验结果（包括数据处理）、问题与讨论等。

书写实验报告应字迹端正，简明扼要，图表清晰，形式规范。实验报告的格式因实验内容的不同而有差异，下面举出几种实验报告格式，仅供参考。

1.2.3.1 物质制备实验报告

实验（　　）________________________________

专业________ 班级________ 姓名________ 学号________ 日期________

一、实验目的

二、实验原理

三、主要仪器及试剂

四、实验内容及步骤

五、数据记录及处理

制备化合物名称	
反应物质量/g	
产率/%	

六、问题与讨论

1.2.3.2 物理量测量实验报告

实验（　　）________________________________

专业________ 班级________ 姓名________ 学号________ 日期________

一、实验目的

二、实验原理

三、主要仪器及试剂

四、实验内容及步骤

五、数据记录及处理

实验序号	Ⅰ	Ⅱ	Ⅲ
平均值			
相对误差			

六、问题与讨论

1.2.3.3　性质实验报告

实验（　　）＿＿＿＿＿＿＿＿＿＿＿＿＿＿＿＿

专业＿＿＿＿＿　班级＿＿＿＿＿　姓名＿＿＿＿＿　学号＿＿＿＿＿　日期＿＿＿＿＿

一、实验目的

二、主要仪器及试剂（可略）

三、实验内容

实验内容		主要现象	离子方程式	解释及结论

四、问题与讨论

第2章 实验室基本知识

实验室是化学实验教学的重要场所，化学实验是进行化学理论学习和研究的基本手段，而化学实验教学真正体现了以学生为主体的教学模式。为了使学生尽快适应这种教学模式、规范教学秩序，必须让学生了解实验室的相关知识和规章制度。

2.1 实验室规则

为了保证正常的实验环境和实验秩序，防止意外发生，进行化学实验时要遵守以下规则：

(1) 实验前要做好预习和实验准备工作，检查所需试剂、仪器是否齐全。

(2) 实验时应保持肃静，集中精神、认真操作、仔细观察、积极思考、如实记录。

(3) 实验时应遵守操作规程，保证实验安全。

(4) 实验时应爱护公共财物，小心使用实验仪器和设备，节约用水、电和试剂。每人应取用自己的仪器，不得动用他人的仪器；公用仪器使用后应立即清洗，并放回原处。实验中若有损坏，应如实登记补领。

(5) 使用精密仪器时，必须严格按照操作规程进行，避免因粗心、违章操作而损坏仪器。如果发现仪器有故障，应立即停止使用，报告指导教师及时处理。

(6) 实验时实验台上的仪器应放置整齐，并经常保持台面清洁。火柴梗、废纸屑、废渣等应放入指定的废品杯，废液倒入废液缸，以便集中处理。

(7) 实验中取用药品或试剂时，应按需用量取用，且勿撒落或取错，取用后及时盖好瓶盖，放回原处。

(8) 使用天然气、煤气时要严防泄漏，并与火源保持一定的距离，用毕及时关闭阀门。

(9) 实验完毕后，应将玻璃仪器洗净，并有序地放回实验柜。

(10) 实验室实行轮流值日制度。值日生负责打扫和整理实验室，关好水、电、气和实验室门窗。

2.2 实验室安全知识

进行化学实验时，经常使用水、电、气和各种易燃、易爆、有腐蚀性或有毒的药品，所以进入实验室后，须了解周围环境，明确总电源、急救器材（灭火器、消防栓、急救药品）的位置及使用方法。对于进入实验室的每个人而言，重视安全操作、熟悉安全知识是十分必要的。

2.2.1 实验室安全守则

(1) 勿用湿的手、物接触电源。实验完成后立即关闭水、电、气源。

(2) 实验室内禁止吸烟、饮食。

(3) 金属钾、钠应保存在煤油中，白磷保存在水中，取用时要用镊子。对于易燃、易爆的物质要尽量远离火源、热源，用毕立即盖紧瓶盖。

（4）保持实验室内的良好通风。对能产生有刺激性或有毒气体的实验，应在通风橱内（或通风处）进行。

（5）禁止任意混合各种化学药品，以免发生意外。

（6）倾注药品或加热液体时，不要俯视容器，也不要将正在加热的容器口对准自己或他人。凡使用电炉、煤气（天然气）灯加热的实验，中途不得离开实验室。

（7）有毒药品（如重铬酸钾、钡盐、铅盐、砷化合物、汞及汞化合物、氰化物等）不得入口或接触伤口。剩余的废液不许倒入下水道，应倒入回收容器内集中处理。

（8）浓酸、浓碱具有强腐蚀性，使用时切勿溅在衣服或皮肤上，尤其是眼睛里。稀释浓酸、浓碱时，应在不断搅拌下将它们慢慢倒入水中。稀释浓硫酸时更要小心，千万不可把水加入浓硫酸里，以免溅出烧伤。

（9）自拟实验或改变实验方案时，必须经教师批准后才可进行，以免发生意外。

（10）实验完毕洗净双手，方可离开实验室。值日生离开实验室时应该再次检查水、电、气和实验室门窗。

2.2.2　实验室一般事故的处理

（1）割伤　先取出伤口内的异物，贴上“创可贴”，也可涂抹紫药水或红药水。

（2）烫伤　不要用水冲洗，避免弄破水泡。在烫伤处涂抹烫伤药或用苦味酸溶液清洗伤口，小面积轻度烫伤可以涂抹肥皂水。

（3）酸腐伤　先用大量水冲洗，然后用饱和碳酸氢钠溶液或稀氨水溶液冲洗，最后再用水冲洗。如果酸液溅入眼内，立即用大量水冲洗，再用1%碳酸氢钠溶液冲洗，最后用水冲洗后，视情况送医院诊治。

（4）碱腐伤　先用大量水冲洗，再用2%乙酸或饱和硼酸溶液洗，最后用水冲洗。如果碱液溅入眼内，立即用大量水冲洗，再用1%硼酸溶液冲洗。

（5）溴灼伤　立即用大量水冲洗，再用酒精擦至无溴存在为止；或用苯或甘油洗，然后用水洗。

（6）磷灼伤　用1%硝酸银、5%硫酸铜或浓高锰酸钾溶液洗，然后包扎。

（7）吸入刺激性或有毒气体　吸入溴蒸气、氯气、氯化氢气体时，可吸入少量酒精和乙醚的混合气体解毒；吸入硫化氢或CO气体而感到不适时，应立即到室外呼吸新鲜空气。

（8）毒物不慎进入口中　口服5% $CuSO_4$ 溶液，并用手指伸进咽喉部，促使呕吐，并及时送往医院。

（9）触电　先切断电源，必要时进行人工呼吸。

（10）火灾　遭遇火灾时，一面灭火，同时要切断电、气源，移走易燃物，以防止火势蔓延。若遇有机溶剂引起着火时，应立即用湿布或砂土等灭火；如果火势较大，可用泡沫灭火器灭火，切勿泼水，泼水会使火势蔓延。若遇电器设备着火，先切断电源，然后用四氯化碳灭火器灭火，不能用泡沫灭火器，以免触电。实验人员衣服着火时，立即脱下衣服，或就地打滚。火势太大时应立即撤离现场，并及时报警。

（11）伤势较重者，立即送医。

附：实验室急救药箱

为了对实验室内发生的意外事故进行及时处理，应该在每个实验室内都准备一个急救药箱。药箱内可准备下列药品及器具：红药水、碘伏、獾油或烫伤油、饱和碳酸氢钠溶液、硼酸饱和溶液或软膏、2%醋酸溶液、5%氨水、5%硫酸铜溶液、酒精、创可贴等。

2.2.3　实验室的“三废”处理

实验中经常会产生某些有毒的气体、液体和固体，都需要及时排弃，特别是某些剧毒物质，如果直接排出就可能污染周围空气和水源，损害人体健康。因此，对实验室“三废”要经过一定的处理后，才能排弃。

产生少量有毒气体的实验应在通风橱内进行。通过排风设备将少量毒气排到室外，使排出气体在外界大量空气中稀释，以免污染室内空气。产生毒气量大的实验必须备有吸收或处理装置。如二氧化氮、二氧化硫、氯气、硫化氢、氟化氢等可用导管通入碱液中，使其大部分吸收后排出，一氧化碳可点燃转成二氧化碳。少量有毒的废渣应埋于地下（应有固定地点）。下面主要介绍一些常见废液处理的方法。

（1）无机化学实验中大量的废液通常是废酸液。废酸缸中储存的废酸液可先用耐酸塑料网纱或玻璃纤维过滤，滤液加碱中和，调 pH 值至 6～8 后就可排出。少量滤渣可埋于地下。

（2）废铬酸洗液可用高锰酸钾氧化法使其再生，重复使用。氧化方法：先在 110～130℃下将其不断搅拌、加热、浓缩，除去水分后，冷却至室温，缓缓加入高锰酸钾粉末。每 1000mL 加入 10g 左右，边加边搅拌直至溶液呈深褐色或微紫色，不要过量。然后直接加热至有三氧化硫出现，停止加热。稍冷，通过玻璃砂芯漏斗过滤，除去沉淀；冷却后析出红色三氧化铬沉淀，再加适量硫酸使其溶解即可使用。少量的废铬酸洗液可加入废碱液或石灰使其生成氢氧化铬(Ⅲ)沉淀，将此废渣埋于地下。

（3）氰化物是剧毒物质，含氰废液必须认真处理。对于少量的含氰废液，可先加氢氧化钠调至 pH>10，再加入几克高锰酸钾使 CN^- 氧化分解。大量的含氰废液可用碱性氯化法处理。先用碱将废液调至 pH>10，再加入漂白粉，使 CN^- 氧化成氰酸盐，并进一步分解为二氧化碳和氮气。

（4）汞盐废液应先调 pH 值至 8～10，然后，加适当过量的硫化钠生成硫化汞沉淀，并加硫酸亚铁生成硫化亚铁沉淀，从而吸附硫化汞共沉淀下来。静置后分离，再离心过滤。清液中汞含量降到 $0.02mg \cdot L^{-1}$ 以下可排放。少量残渣可埋于地下，大量残渣可用焙烧法回收汞，但注意一定要在通风橱内进行。

（5）含重金属离子的废液，最有效和最经济的处理方法是加碱或加硫化钠把重金属离子变成难溶性的氢氧化物或硫化物沉积下来，然后过滤分离，少量残渣可埋于地下。

第3章 化学试剂的一般知识

3.1 化学试剂的级别

化学试剂是用以研究其它物质的纯度较高的化学物质。按其用途可分为通用试剂和专用试剂两大类。其中通用试剂按纯度和杂质含量的多少，可划分为四个等级，其规格和适用范围见表3.1。

表3.1 化学试剂等级对照表

规格等级	名称	符号	标签颜色	适用范围
一级品	优级纯(保证试剂)	G. R.	绿色	精密的分析工作和科学研究
二级品	分析纯(分析试剂)	A. R.	红色	一般的分析和科学研究
三级品	化学纯	C. P.	蓝色	一般化学实验
四级品	实验试剂	L. R.	棕色或其它颜色	一般化学实验辅助试剂
	生化试剂	B. R. 或 C. R.	黄色或其它颜色	生物化学及医用化学实验

随着科学技术的发展，对化学试剂纯度的要求也愈加严格，愈加专门化，因而也出现了具有特殊用途的试剂，如基准试剂、色谱纯试剂、光谱纯试剂等。

试剂的标签上一般会写明试剂的百分含量与杂质最高限量，并标明符合什么标准，即写有GB（国家标准）、HG（化学工业部标准）、QB（企业标准）等字样。同一品种的试剂，级别不同价格相差很大，应根据实验要求选用不同级别的试剂。

3.2 化学试剂的存放与保管

化学试剂存放与保管不当，就会失效变质，影响实验效果，并造成物质的浪费，甚至有时还会发生事故。通常，化学试剂应储存在干净、干燥和通风良好的地方，要远离火源，并注意防止灰分、水分和其它物质的污染，同时，依据试剂的性质应选用不同的储存方法。

固体试剂一般存放在易于取用的广口瓶内；液体试剂则存放在细口的试剂瓶中；一些用量小而使用频繁的试剂，如指示剂、定性分析试剂等可盛装在滴瓶中。见光易分解的试剂（如$AgNO_3$、$KMnO_4$、饱和氯水等）应装在棕色瓶中。对于H_2O_2，虽然也是见光易分解的物质，但不能盛放在棕色的玻璃瓶中，因为棕色玻璃中含有重金属氧化物成分，会催化H_2O_2分解。因此，通常将其存放于不透明的塑料瓶中并放置于阴凉的暗处。易腐蚀玻璃的试剂（如氟化物等）应保存在塑料瓶中。

试剂瓶的瓶盖一般都是磨口的，但盛强碱性试剂（如NaOH、KOH等）及Na_2SiO_3溶液的瓶塞应换成橡皮塞，以免长期放置互相粘连。

特种试剂应采用特殊储存方法：吸水性强的试剂（如无水Na_2CO_3、NaOH、Na_2O_2

等）应严格用蜡密封；易受热分解的试剂必须存放在冰箱中；易吸湿或易氧化的试剂则应储存在干燥器中；金属钠浸在煤油中；白磷要浸在水中等。

对于易燃、易爆、强腐蚀性试剂、强氧化剂及剧毒品的存放应特别加以注意，一般需分类单独存放。如强氧化剂要与易燃、可燃物分开隔离存放。低沸点的易燃液体要求在阴凉通风的地方存放，并与其它可燃物和易产生火花的器物隔离放置，更要远离明火。闪点在 −4℃以下的液体（如石油醚、苯、乙酸乙酯、丙酮、乙醚等）理想的存放温度为 −4～4℃；闪点在 25℃以下的（如甲苯、乙醇、丁酮、吡啶等）存放温度不得超过 30℃。

盛装试剂的试剂瓶都应贴上标签，并写明试剂的名称、纯度、浓度和配制日期，标签外面应涂蜡或用透明胶带等保护。

3.3　化学试剂的取用

3.3.1　取用试剂的原则

取用试剂时，首先应看清标签，此外，必须遵守下列原则：

（1）不能用手接触试剂，更不能试尝药品的味道，以免危害健康和污染试剂（大多数药品是有毒的或有腐蚀性的）。

（2）打开试剂瓶后，应将瓶塞反放在实验台上。如果瓶塞上端不是平顶而是扁平的，可用食指和中指将瓶塞夹住（或放在清洁的表面皿上），绝不可将它横置桌上，以免沾污。取用完试剂后应立即盖好瓶塞并放回原处，标签朝外，并保持实验台整齐干净，不要弄错瓶塞或瓶盖。

（3）实验中，应按规定用量取用试剂。若书上没有注明用量，应尽可能少取，这样在能取得良好的实验结果的同时还能节约药品。万一多取，可将多余的试剂放在指定的容器中，或分给其它需要的同学使用，不要倒回原瓶，以免污染原试剂。

3.3.2　固体试剂的取用

（1）固体试剂要用清洁、干燥的药匙取用。最好每种试剂专用一个药匙，用过的药匙须洗净擦干。药匙的两端为大小不同的两个匙，分别用于取大量固体和少量固体。

（2）要取用一定质量的固体试剂时，可把固体试剂放在干燥的称量纸或表面皿上称量，具有腐蚀性或易潮解的固体试剂应放在玻璃容器内称量。

（3）试剂从药匙中倒入容器时，如果是大块试剂，应先倾斜容器，把固体试剂放在容器内壁，让它慢慢滑落到容器底部（见图 3.1），不能把药品从容器口直接倒至底部，以免碰破容器底部。如果是粉状试剂，可用药匙将其直接送入容器底部，勿让粉末沾在容器壁上（见图 3.2）。如果容器的口径较小（如试管、烧瓶等），可先把药品放在一张折成槽状的纸条上，然后把盛有药品的纸条插入横放的容器内（如图 3.3 所示），使容器直立，用手指轻弹纸条，使药品落到容器底部。

（4）有毒药品要在教师指导下取用。

3.3.3　液体试剂的取用

（1）取用较大量的液体试剂时，可直接从试剂瓶中倾出（倾注法，见图 3.4）。先将瓶塞取下，反放在桌面上，右手握住试剂瓶上贴标签的一面，以瓶口靠住容器壁，缓缓倾出所需液体，让液体沿着器壁流下。若所用容器为烧杯，则倾出液体时可用玻璃棒引流。倾出所

图 3.1　块状固体沿管壁慢慢滑下

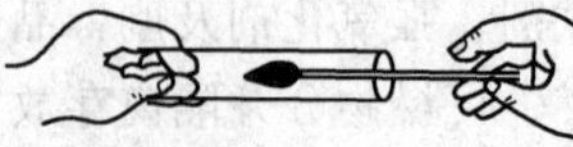

图 3.2　用药匙送固体试剂

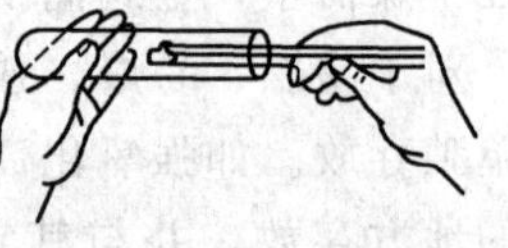

图 3.3　用纸槽送固体试剂

需量后，将试剂瓶口在容器或玻棒上靠一下，再慢慢竖起瓶子，以免遗留在瓶口的液滴流到试剂瓶的外壁。

(2) 从滴瓶中取用液体试剂时，要用滴瓶中的滴管，不能随意用其它滴管。吸取试液时，先提起滴管，用手指捏瘪滴管上部的乳胶头，赶走其中的空气，然后将滴管插入试液中，放松手指即可吸入液体。滴加试液时，滴管必须保持垂直（图 3.5），滴管尖嘴不可接触承接容器的内壁，应在容器口上方将试剂滴入。不能把滴管放在原滴瓶以外的任何地方，更不能插入其它溶液里，以免沾污滴管。滴管不能平握或倒立，否则试剂会流入乳胶头，可能与橡胶发生反应，引起瓶内试剂变质。

(3) 在试管里进行某些实验时，取试剂不需要准确用量，只要学会估计取用液体的量即可。例如用滴管取用液体时 1mL 液体相当于多少滴；5mL 液体占一个试管容量的几分之几等。倒入试管里溶液的量，一般不超过其容积的 1/3。

(4) 定量取用液体试剂，一般可用量筒、移液管（吸量管）或滴定管量取。

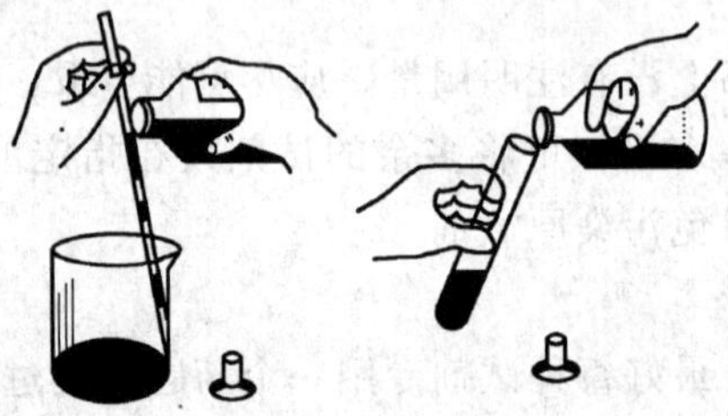

图 3.4　倾注法

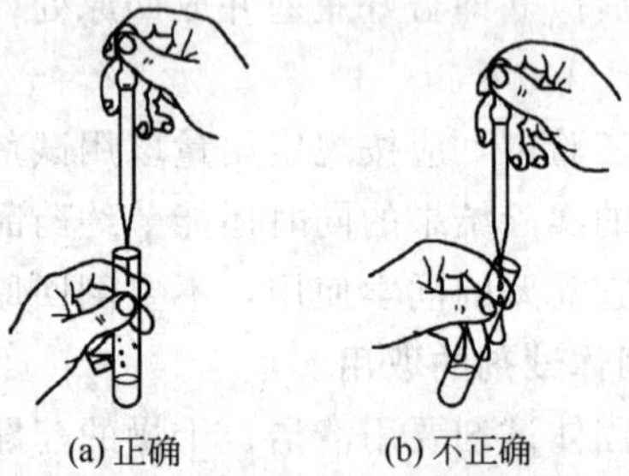

(a) 正确　　(b) 不正确

图 3.5　用滴管滴入试剂的方法

第 4 章　几种试纸的使用与制备

试纸是指用化学药品浸渍过的、可通过其颜色变化检验液体或气体中某些物质存在的一类纸。无机化学实验中经常使用试纸来代替试剂，通过其颜色变化来测试溶液的性质或定性检验某些物质的存在与否。这种方法操作简单、使用方便。

4.1　试纸的类型

试纸的种类较多，根据其用途分为酸碱试纸、半定量试纸、区间试纸、生化试纸和试剂试纸。

4.1.1　酸碱试纸

酸碱试纸是用酸碱指示剂浸渍过的滤纸，可用来检测物质的酸性或碱性，或待测溶液的近似 pH 值。酸碱试纸遇酸性或碱性溶液呈现不同的颜色，一般包括单一型酸碱试纸和广范围 pH 试纸。单一型酸碱试纸包括石蕊试纸、酚酞试纸（pH$<$8.2 无色，pH$>$10 呈红色）、刚果红试纸（pH$<$3 呈蓝紫色，pH$>$5 呈红色）等。石蕊试纸是将纸张浸于含石蕊试剂的溶液中制成。石蕊试纸在酸性溶液中呈红色，在碱性溶液中呈蓝色，故检测酸性溶液时宜用蓝色石蕊试纸，检测碱性溶液时则用红色石蕊试纸。

广范围 pH 试纸分为广泛 pH 试纸和精密 pH 试纸。广泛 pH 试纸是将甲基红、溴甲酚绿、百里酚蓝等几种指示剂按一定比例混合后溶于乙醇等易挥发的有机溶剂中配成混合指示剂溶液，将白色中性试纸浸渍于混合指示剂中，晾干后制得广泛 pH 试纸。广泛 pH 试纸在不同 pH 时呈现不同的颜色，所以又称万用试纸。其变色范围为 pH1～14，色阶变化一般为 1 个 pH 单位，用来粗略估计溶液的 pH 值。精密 pH 试纸的色阶变化一般小于 1 个 pH 单位，用于较精确地测定溶液的 pH 值。根据 pH 值测定范围不同，精密 pH 试纸划分为不同种类，如变色范围在 pH2.7～4.7、pH3.8～5.4、pH5.4～7.0、pH6.8～8.4、pH8.2～10、pH9.5～13.0 等。根据待测溶液的酸碱性，可选用某一变色范围的试纸。

近年来，国外生产一种不渗色试纸，它是将活性染料连接于试纸的基体纤维素上制成的，其形式是染料—SO_2—CH_2—CH_2—O—纤维素，染料的结构随 pH 值的不同而有所变化，并显示不同颜色。用这种试纸测试时，不会污染被测对象。用纯净的水冲洗，试纸也不变色。它对光稳定，缺点是达到平衡较慢。这种试纸可用于测试浑浊液、人体体液、食品等。

4.1.2　半定量试纸

半定量试纸是指用试剂浸过的可以检验某种化合物、离子存在的试纸。试纸上浸渍有灵敏度和选择性都高的试剂，与被检对象接触时显示特征颜色，以颜色深浅与所附标准色阶比较，可作半定量测定。例如，用于检出硫化氢的醋酸铅试纸、检出臭氧和氧化剂的碘化钾-淀粉试纸、检出硼酸盐的姜黄试纸等。

4.1.3 区间试纸

区间试纸是一种可以测定浓度范围的试纸。以测定水质硬度的区间试纸为例，四小片试纸粘在一条塑料片上，每片试纸上荷载一定量的指示剂和缓冲剂以及不同量的乙二胺四乙酸。试纸浸入水中后，从四个小片的颜色变化，就可估计出水的硬度。测定 Cl^- 的试纸可用滤纸荷载不同量的硝酸银，并加入一定量的铬酸盐作指示剂；测定时在试纸上滴加 3nL 的试样，从颜色变化可测定 Cl^- 的含量。

4.1.4 生化试纸

生化试纸是将生化试剂固定在试纸上而成，用于检验血液、尿、粪便和其它体液中的生化物质，例如血清、血浆和尿中的胆红素和蛋白质、葡萄糖、血红素、酮体、亚硝酸盐、尿胆素原等。例如蛋白试纸、血糖试纸等，这类试纸用于实验室、医院、个人、检验检疫部门对各种生化物质的检验。

4.1.5 试剂试纸

为了野外或现场测试和携带的方便，有时也可将试剂吸着在滤纸上，剪成一定面积的滤纸小片，每片滤纸上荷载有一定量的试剂，测试时可直接将这种滤纸片加进被测溶液中，试剂试纸的缺点是某些试剂在滤纸上吸附较牢，不易释放出来。

4.2 试纸的使用

下面主要介绍酸碱试纸和半定量试纸的使用。

4.2.1 酸碱试纸的使用

检验溶液的酸碱度：用镊子夹取一小块试纸放在干燥、洁净的点滴板或表面皿或玻璃片上，用洁净、干燥的玻璃棒蘸取待测液点于试纸的中部，观察变化稳定后的颜色，与标准比色卡对比，判断溶液的 pH 值或酸碱性。

检验气体的酸碱性：先用蒸馏水把试纸润湿，粘在玻璃棒的一端，再置于盛有待测气体的容器口附近（试纸不能触及器壁），观察颜色的变化，判断气体的性质。

注意：

① 试纸不可直接伸入溶液，也不可接触试管口、瓶口、导管口等。

② 试纸不能测浓硫酸的 pH 值。

③ 测定溶液的 pH 值时，试纸不可事先用蒸馏水润湿，因为润湿试纸相当于稀释被检验的溶液，会导致测量不准确。

④ 取出试纸后，应将盛放试纸的容器盖严，以免被沾污。

⑤ 必须在常温下使用，否则会导致结果不准确。

4.2.2 半定量试纸的使用

醋酸铅试纸在使用时，先用纯水润湿试纸，再将待测溶液酸化后，将试纸横置于瓶口或试管口上方，如有 S^{2-} 存在，则生成 H_2S 气体逸出，遇到试纸即溶于试纸上的水中，然后与试纸上的 $Pb(Ac)_2$ 反应，生成 PbS 沉淀，使试纸呈现黑褐色并有金属光泽。

$$Pb(Ac)_2 + H_2S = PbS\downarrow + 2HAc \tag{4.1}$$

注意：醋酸铅试纸检验硫化氢气体，非常灵敏，必须把试纸保存在密封、干净的广口试剂瓶里，使用时要用干净的镊子夹取。

碘化钾-淀粉试纸使用时，用纯水将试纸润湿，将试纸横置于瓶口或试管口上方，氧化性气体溶于试纸上的水后，将 I^- 氧化为 I_2，I_2 立即与试纸上的淀粉作用，使试纸显蓝色。注意：不宜在温度超过 40℃的环境下使用，因为碘-淀粉混合物可在此环境下分解，蓝色会消失。

4.3　试纸的制备

不同的试纸制备方法不同。常见的指示剂试纸和试剂试纸的制备方法和用途见表 4.1。

表 4.1　常见的指示剂试纸和试剂试纸的制备方法和用途

试纸名称	制备方法	用途
酚酞试纸(白色)	溶解酚酞 1g 于 100mL 无水乙醇中，摇荡，加水 100mL；将滤纸放入浸湿，取出，置于无氨气环境中阴干	碱性介质中呈红色，pH 值变色范围 8.2～10.0，无色变红色
石蕊试纸	用热的乙醇处理市售石蕊以除去夹杂的红色素。倾去浸液，1 份残渣与 6 份水浸煮并不断摇荡，滤去不溶物。将滤液分成两份：一份加稀 H_3PO_4 或 H_2SO_4 至变红；另一份加稀 NaOH 至变蓝。然后将滤纸分别浸入这两种溶液中，取出后在避光且没有酸、碱蒸气的房中晾干，剪成纸条即可	用来检验溶液的酸碱性。红色石蕊试纸在碱性溶液中变蓝；蓝色石蕊试纸在酸性溶液中变红色
刚果红试纸(红色)	溶解刚果红染料 0.5g 于 1L 水中，加入乙酸 5 滴，滤纸用热溶液浸湿后晾干	pH 值变化范围 3.0～5.2，蓝色变红色
硝酸银试纸	将滤纸浸入 25%的硝酸银溶液中，保持在棕色瓶中	检验 H_2S，作用时显黑色斑点
氯化汞试纸	将滤纸浸入 3%氯化汞乙醇溶液中，取出后于无 H_2S 环境中晾干	比色法测砷用
溴化汞试纸	取溴化汞 1.25g 溶于 25mL 乙醇中，将滤纸浸入 1h 后，取出于暗处晾干，保存于密闭的棕色瓶中	比色法测砷用
氯化钯试纸	将滤纸浸入 0.2%的氯化钯溶液中，干燥后再浸入 5%乙酸中，晾干	与一氧化碳作用呈黑色
溴化钾荧光黄试纸	荧光黄 0.2g、溴化钾 30g、氢氧化钾 2g 及碳酸钠 2g 溶于 100mL 水中，将滤纸浸入溶液后取出晾干	与氯气作用呈红色
乙酸联苯胺试纸	乙酸铜 2.86g 溶于 1L 水中，与饱和乙酸联苯胺溶液 475mL 及 525mL 水混合，将滤纸浸入后，晾干	与氰化氢作用呈蓝色
碘酸钾-淀粉试纸	将碘酸钾 1.07g 溶于 100mL 0.025mol·L^{-1} H_2SO_4 中，加入新配制的 0.5%淀粉溶液 100mL，将滤纸浸入后晾干	检验 NO、SO_2 等还原性气体，作用时呈蓝色
碘化钾-淀粉试纸	于 100mL 新配的 0.5%淀粉溶液中，加入碘化钾 0.2g，将滤纸放入该溶液中浸透，取出于暗处晾干，保存在密闭的棕色瓶中	检验氧化剂如卤素等，作用时变蓝
玫瑰红酸钠试纸	将滤纸浸入 0.2%玫瑰红酸钠溶液中，取出晾干，应于用前新制	检验锶，作用时生成红色斑点
铁氰化钾及亚铁氰化钾试纸	将滤纸浸入饱和铁氰化钾(或亚铁氰化钾)溶液中，取出晾干	与亚铁或铁离子作用呈蓝色
醋酸铅试纸	将滤纸浸入 10%醋酸铅溶液中，取出后在无 H_2S 环境中晾干	用于检验痕量的 H_2S，作用时变成黑色

第 5 章　化学实验中的数据表达与处理

5.1　测量中的误差与有效数字

5.1.1　测量中的误差

5.1.1.1　*准确度和误差*

(1) 准确度

准确度是指测定值与真实值之间相接近的程度，表示测定的可靠性，通常用误差大小来衡量。误差越小，分析结果准确度越高。

(2) 误差的表示

某次测量结果与真实值的偏离称为误差，误差可由绝对误差和相对误差两种形式表示。绝对误差是指测定值和真实值之差，相对误差则是绝对误差与真实值的比值。即

$$\text{绝对误差}=\text{测定值}-\text{真实值} \tag{5.1}$$

$$\text{相对误差}=\frac{\text{绝对误差}}{\text{真实值}}\times 100\% \tag{5.2}$$

绝对误差与被测的真实值大小无关，误差大小取决于测量手段，而相对误差与被测的真实值大小有关，被测的真实值越大，则相对误差越小。绝对误差和相对误差都有正、负值，正值表示测量结果偏高，负值表示测量结果偏低。一般用相对误差来表示准确度。

5.1.1.2　*精密度和偏差*

(1) 精密度

精密度是指多次平行测定结果的接近程度，表达了测定数据的再现性。通常用偏差大小来衡量。偏差越小，精密度越高。

(2) 偏差的表示

某次测量结果与平均值的偏离称为偏差，偏差可用绝对偏差和相对偏差两种形式表示。绝对偏差是指测定值和平均值之差，相对偏差则是绝对偏差与平均值的比值。即

$$\text{绝对偏差}=\text{测定值}-\text{平均值} \tag{5.3}$$

$$\text{相对偏差}=\frac{\text{绝对偏差}}{\text{平均值}}\times 100\% \tag{5.4}$$

准确度和精密度是两个不同的概念，准确度表示测量的准确性，精密度表示测量的重现性，它们是实验结果好坏的主要标志。

5.1.1.3　*误差的分类*

按照误差产生的原因及性质，误差可分为系统误差、偶然误差和过失误差三类。

(1) 系统误差

系统误差是由于某个或某些固定的因素按某一确定的规律起作用而造成的误差。这些固定的因素通常有：实验方法不够完善、试剂不纯、所用仪器准确度低、操作人员的主观原因

等。这种误差的规律是：①重复测量时会重复出现；②测量结果总是偏高或偏低，即具有单向性；③数值基本上是恒定不变的，在理论上说是可以测定的，故系统误差又称可测误差。系统误差可以用改善实验方法、提纯试剂、校正仪器等措施来减小或消除。

（2）偶然误差

偶然误差又称随机误差或不定误差，是由于某些难以控制的偶然原因造成的。例如，测量时环境温度、湿度、气压等外界条件的微小变化，仪器性能的微小波动等都能造成偶然误差。这种误差在实验中无法避免，时大、时小、时正、时负。从表面看，这种误差的出现似乎没有规律可言，但它遵守统计和概率理论，因此可以从多次测量的数据中找到它的规律性：①绝对值相等的正、负误差出现的概率几乎相等；②绝对值小的误差出现的概率大，绝对值大的误差出现的概率小，绝对值特大的误差出现的概率极小；③在相同条件下对同一过程多次测量时，随着测量次数的增加，偶然误差的代数和趋于零。因此，在实验中可以通过增加平行测定次数（一般为2～4次）来减小偶然误差。

（3）过失误差

过失误差是实验工作者粗心大意、不遵守操作规程等原因造成的。如测定过程中溶液的溅失、看错刻度、加错试剂、记录错误等。发生此类误差，所得实验数据应予以删除。

5.1.2 有效数字及运算规则

5.1.2.1 有效数字

（1）有效数字的概念

在科学实验中实际能测量到（或从仪器上能直接读出）的数字叫有效数字。在这个数字中，除最后一位数是“可疑数字”（估计读数，也是有效数字），其余各位都是准确的。

有效数字与数学上的数字含义不同。它不仅表示量的大小，还表示测量结果的可靠程度，反映所用仪器和实验方法的准确度。例如某物体在托盘天平上称量质量为11.2g，为三位有效数字，如果在分析天平上称量质量为11.2166g，它的有效数字是六位。所以，记录数据时不能随意书写。任何超越或低于仪器准确限度的有效数字的数值都是不恰当的。

1～9都是有效数字，如果数字有“0”时，则要具体分析。“0”有时为有效数字，有时只起定位作用。下面用数字来说明：

数值	36.00	36.0	36	0.3060	0.03060	0.0036
有效数字位数	4位	3位	2位	4位	4位	2位

如36.00和36.0中的“0”都是有效数字；在0.03060中，“3”左边的2个“0”不是有效数字，仅表示位数，只起定位作用，而“3”右边和“6”右边的“0”是有效数字，这个数的有效数字为4位。

有些数字，如36000等，有效数字位数不明，因后边的“0”可能是有效数字，也可能只起定位作用，为明确有效数字的位数，应采用如下表达形式，例如36000记为3.6×10^4表示2位有效数字，记为3.60×10^4表示3位有效数字。此外应注意，在变换单位时，有效数字位数不能变，如$5.6m=5.6\times10^3mm$。

计算中涉及的一些常数，如π、e（自然对数的底）以及一些自然数，如4mol铜的质量$=4mol\times63.54g\cdot mol^{-1}$式中的“4”等，可以认为其有效数字很多或无限多。

（2）数字修约规则

在处理数据过程中，需要遵循一定的规则来确定各测量值的有效数字位数。各测量值的有效数字位数确定以后，就要将它后面多余的数字舍弃。舍弃多余数字的过程称为数字修约过程，计算时应遵循先修约后运算的原则。数字修约规则目前一般采用“四舍六入五成双”规则。所谓“四舍六入五成双”，即尾数≤4 时，弃去；当尾数≥6 时，进位；尾数＝5 时，若后面跟非零的数字，进位；若恰好是 5 或 5 后面跟零时，按留双的原则，5 前面数字是奇数，进位；5 前面的数字是偶数，舍弃。根据这一规则，若将 5.146 和 6.2613 处理成三位有效数字时，则分别为 5.15 和 6.26。

5.1.2.2　有效数字的运算规则

(1) 加减法运算

在加减法运算中，和或差的有效数字保留位数，取决于这些数据中小数点后位数最少的一个，即与其中绝对误差最大的位数相同。运算时，首先确定有效数字保留的位数，弃去不必要的位数，然后再做加减运算。

如：0.0431，10.36 及 1.0015 相加时，应按下式计算：$0.04+10.36+1.00=11.40$。

(2) 乘除运算

在乘除运算中，计算结果的有效数字的位数与有效数字位数最少的一个数相同，而与小数点的位置无关。

例如：$0.0231\times12.56\times1.0025=?$，其中 0.0231 的有效数字位数最少，于是应以有效数字位数最少者 0.0231 为准，先修约，再运算，即：$0.0231\times12.6\times1.00=0.291$。

(3) 对数运算

在对数运算中，所取对数尾数应与真数有效数字位数相同。这是因为对数值的有效数字只由尾数部分的位数决定，首数部分不是有效数字。如 $c(H^+)=5.7\times10^{-4}\ mol\cdot L^{-1}$，这是两位有效数字，所以 $pH=-\lg c(H^+)/c^{\ominus}=3.24$，有效数字仍只有两位。

在较复杂的计算过程中，中间各步可暂时多保留 1 位不定值数字，以免多次舍弃，造成误差的积累。最后表示计算结果时再弃去多余的数字。

目前，由于电子计算器的普及，使用计算器计算时结果数值的位数较多，虽然在运算过程中不必对每一步计算结果进行位数确定，但应注意正确保留最后计算结果的有效数字位数。

5.2　无机化学实验中的数据处理与表达

实验所得数据往往较多，在这些数据中有些是能用的，有些是不能用的，有些则是可疑的。为了清晰明了地表示实验结果，形象直观地分析实验结果的规律，需要对实验数据进行处理。在无机化学实验中，数据的处理与结果表达主要有列表法和作图法。

5.2.1　列表法

列表法是表示实验数据最常用的方法之一。把实验数据列入简明合理的表格中，使得全部数据一目了然，便于处理和运算。列表时要注意以下几点：

(1) 每一个表格都应有表的顺序号、表的名称、表中行或列数据的名称、单位和数据等内容。

(2) 正确地确定自变量和因变量，一般先列自变量，再列因变量，每个变量占表格一行或一列，数据排列要整齐，按自变量递增或递减的次序排列，以便显示变化规律。应注意有效数字的位数，小数点对齐。

（3）表中数据应以最简单的形式表示，公共的乘方因子应在第一栏名称下注明。

（4）原始数据可以和处理结果并列在一张表中，处理方法和运算公式在表下注明。

5.2.2　作图法

利用图形表达实验结果能直接显示数据的特点、变化规律，并能利用图形求得变量的中间值，确定经验方程中的常数等。利用作图法能否得到良好的结果，与作图技术的高低有十分密切的关系。下面简单介绍用直角坐标纸作图的要点：

（1）正确选择坐标轴比例尺。坐标轴比例尺的选择原则：①图上读出的各种量的精密度和测量得到原始数据的精密度一致，即图上的最小分度与仪器的最小分度一致，要能表示出全部的有效数字。②坐标纸每小格所对应的数值应便于迅速、简单地读出和计算，一般多用 1、2、5 或 10 的倍数，因为这些数值易于描点和读出。③在上述条件下，应尽量充分利用图纸的全部面积，使实验数据均匀分布于全图，提高图的精密度。横坐标原点不一定从零开始，若图形为直线或近乎直线的曲线，应尽可能使直线与横坐标夹角接近 45°，角度过大或过小都会带来较大的作图误差。

（2）把测得的数据即原始数据点（实验点）画到图上，这些点要能表示正确的数值。若在同一图纸上画几条直（曲）线，则每条线的实验点需用不同的符号（如圆圈、方块或其它符号）表示。

（3）在图纸上画好实验点后，根据实验点的分布情况，绘制直线或曲线。绘制的直线或曲线应尽可能接近或贯穿所有的点，使线两边点的数目和点离线的距离大致相同，而不必要求它们通过全部实验点。画线的具体方法：先用笔轻轻地按实验点的变化趋势，手描一条曲线，然后再用曲线板逐段凑合手描曲线做出光滑的曲线。

（4）图作好后，要标明图的名称，注明坐标轴代表的量的名称、单位、数值大小以及主要测量条件等。

目前，还可利用一些数据处理软件对实验数据进行处理和分析，得到较多的结果信息。

第 2 篇　化学实验基本操作技能

第 6 章 无机化学实验常用仪器与用具

6.1 常用仪器与用具

无机化学实验常用仪器和用具见表 6.1。

表 6.1 无机化学实验常用仪器和用具

仪 器	规 格	主 要 用 途	使用注意事项
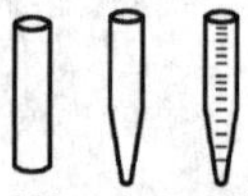 试管、离心试管	以容积表示。如 10mL、15mL、25mL 等	普通试管用作少量试剂的反应容器，离心试管用于沉淀分离	普通试管可加热，盛装反应液体不能超过其容量的 1/2
 烧杯	以容积表示。如 50mL、100mL、500mL 等	反应物较多时的反应容器，还可用于配制溶液	加热时底部需垫石棉网，使其受热均匀
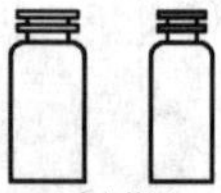 试剂瓶	玻璃或塑料材质、无色或棕色、广口或细口。以容积表示。如 50mL、100mL、500mL 等	广口瓶盛装固体试剂，细口瓶盛装液体试剂	不能直接加热。取用试剂时瓶盖倒放在桌上。碱性物质用橡皮塞或塑料瓶。见光易分解的试剂应用棕色瓶
 锥形瓶	以容积表示。如 100mL、250mL、500mL 等	反应容器，摇荡方便，适用于滴定操作	可加热，加热时底部需垫石棉网，使其受热均匀
 碘量瓶	以容积表示。如 100mL、250mL、500mL 等	用于碘量法	瓶口及瓶塞处磨砂部分注意勿损伤

续表

仪　器	规　格	主 要 用 途	使用注意事项
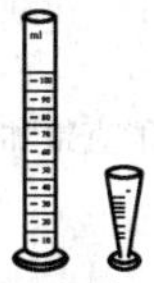 量筒和量杯	以最大容积表示。如 10mL、100mL、250mL、500mL 等	液体体积计量	不能直接加热
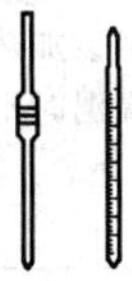 移液管和吸量管	以最大容积表示。如 1mL、2mL、5mL 及 10mL、25mL、50mL 等	精确量取一定体积的液体	不能直接加热。一般与容量瓶配合使用
 容量瓶	以最大容积表示。如 25mL、100mL、250mL 及 1000mL 等	配制准确浓度的溶液	不能直接加热。不能在其中溶解固体。一般与移液管配合使用
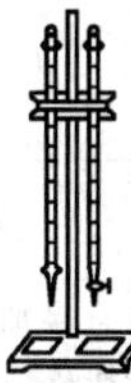 滴定管和滴定管架	分酸式和碱式滴定管，有无色和棕色。以容积表示。如 25mL、50mL 等	滴定管用于滴定操作或精确量取一定体积的液体 滴定管架用于夹持滴定管	酸式滴定管盛装酸性溶液或氧化性溶液，碱式滴定管盛装碱性溶液或还原性溶液，不能混用。见光易分解的滴定液应用棕色滴定管
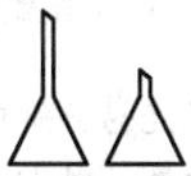 漏斗	以口径大小表示。如 4cm、6cm 等	用于过滤操作	不能直接加热
 漏斗架	木制或铁制	过滤时承放漏斗	漏斗板高度可调
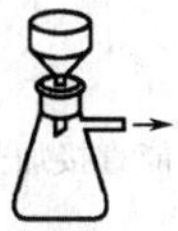 布氏漏斗和吸滤瓶	布氏漏斗以直径表示。如 4cm、8cm、10cm 等。吸滤瓶以容积表示。如 250mL、500mL 等	用于减压过滤	不能直接加热

续表

仪　器	规　格	主 要 用 途	使用注意事项
 表面皿	以直径表示。如 7cm、9cm、12cm 等	盖在烧杯上以防液体溅出	不能直接加热
 蒸发皿	瓷质，以容积表示。如 50mL、100mL 等	用于蒸发、浓缩	能直接加热，可耐高温，注意高温时不能骤冷
 坩埚	坩埚有瓷、石英、镍、铂等材质。以容积表示。如 30mL、50mL 等	用于灼烧固体 坩埚钳用于夹持坩埚和坩埚盖	坩埚能直接加热，可耐高温，注意高温时不能骤冷
 泥三角	有不同大小	用于承放坩埚和蒸发皿	高温时不能骤冷
 研钵	有瓷、玻璃、玛瑙等材质。以口径表示。如 9cm、12cm 等	用于研磨固体物质	不能直接加热。大块物质只能压碎，不能敲击
 滴瓶	有无色和棕色。以容积表示。如 60mL、125mL 等	盛放少量液体试剂	见光易分解的试剂应用棕色瓶。碱性物质用带橡皮塞的滴瓶
 称量瓶	有扁形和高形。以外径×高表示。如 25mm×40mm、50mm×30mm 等	用于准确称量固体样品	不能直接加热。盖与瓶配套不能互换
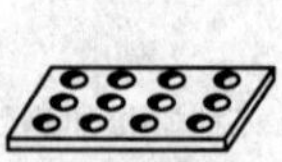 点滴板	瓷质，按凹穴数目分六穴、九穴、十二穴等	用于点滴反应，特别是显色反应	不能直接加热

续表

仪　器	规　格	主 要 用 途	使用注意事项
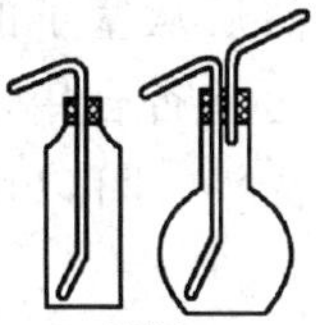 洗瓶	以容积表示。如 250mL、500mL 等	盛装蒸馏水用于洗涤	塑料洗瓶不能直接加热
 干燥器	以直径表示。如 10cm、15cm、18cm 等	存放样品保持干燥	使用时应检查干燥剂是否失效
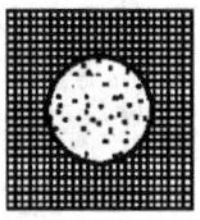 石棉网	以边长表示。如 15cm×15cm、20cm×20cm 等	支承受热容器，使受热均匀	不能与水接触
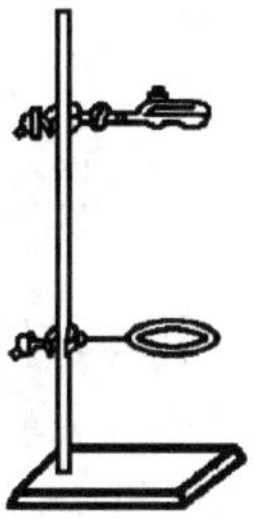 铁架台		用于固定反应容器	可根据情况适当调整铁圈、铁夹高度

6.2　塞子的装配

化学实验室常用的塞子有玻璃塞、橡胶塞和软木塞等。玻璃塞一般是磨口的，与瓶口配合紧密，但带有磨口塞的玻璃瓶不适合盛装碱性物质。软木塞具有不易与有机化合物作用的特点，但易漏气或被酸碱腐蚀，所以在减压操作中不宜使用。橡胶塞虽不漏气，又可以耐碱，但易被有机物侵蚀和溶胀，高温易变形。究竟选用哪种塞子要视具体情况而定。

塞子的大小应与所塞仪器颈口相适应，塞子进入颈口部分不能少于塞子本身高度的1/3，也不能多于 2/3。如图 6.1 所示。

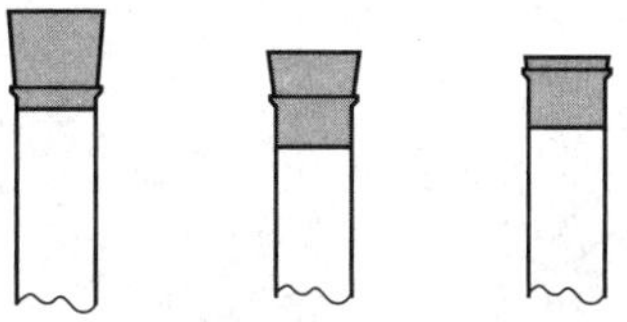

图 6.1　塞子的装配

有的实验往往需要在塞子内插入导管、温度计、滴液漏斗等，常需在塞子上钻孔。软木塞在钻孔前需在压塞机内辗压紧密，以免在钻孔时塞子裂开。在软木塞上钻孔，打孔器孔径应比要插入的物体口径略小一点。在橡胶塞上钻孔，打孔器的孔径要选用比欲插入的物体口径稍大一些。

钻孔时，将塞子放在一小块木板上，小的一端向上，打孔器前端用水、肥皂水或甘油润湿，然后左手紧握塞子，右手将打孔器向下用力顺时针方向旋入。当钻至塞子高度的一半时，逆时针旋出打孔器，用细的金属棒捅掉打孔器内的碎屑，然后从塞子的大头对准原来的钻孔位置，按上述方法，垂直把孔钻通。钻孔后要检查孔道是否合用，若不费力即能插入玻璃管等，说明孔道过大，不能使用；若孔道略小且不光滑，可以用圆锉修整。

将玻璃管或温度计插入塞中时，先用水或甘油润湿选好的一端，将手指捏住距离玻璃管口较近的地方，均匀用力慢慢旋入孔内。另外，用力要适当不能过大，最好是用布包住玻璃管的手捏部位较为安全。

第7章 玻璃仪器的洗涤和干燥

在化学实验中经常会使用各种玻璃仪器，如果用不洁净的仪器进行实验，往往由于污物和杂质的存在而影响实验效果，甚至让实验者观察到错误现象，得出错误结论。因此，化学实验使用的玻璃仪器必须洗涤干净，这是化学实验中必不可少的一个重要环节。有些实验为了不影响实验结果，一般还需在实验前对所用玻璃仪器进行干燥处理，去除残留的水分。

7.1 玻璃仪器的洗涤

洗涤玻璃仪器的方法很多，应根据实验要求、污物性质和沾污程度来选择。一般来说，附着在仪器上的污物既有可溶性物质，也有尘土和其它不溶性物质，还可能有有机物质和油污等，需针对不同污物“对症下药”，选用适当的洗涤方法来洗涤。

7.1.1 用水刷洗

洗涤时向要洗的仪器中加入少量水，用毛刷轻轻刷洗，再用自来水冲洗几次。水可除去附着在仪器上的可溶性物质、尘土和一些不溶物，但不能洗去油污和有机物质。注意刷洗时不能用顶端无毛的毛刷，也不能用力过猛，否则会戳破仪器。

7.1.2 用去污粉刷洗

去污粉是由碳酸钠、白土、细砂等组成，它与肥皂、合成洗涤剂一样，能除去油污和有机物，由于去污粉中细砂的摩擦作用和白土的吸附作用，使洗涤效果更好。洗涤时，可用少量水将要洗的仪器润湿，用毛刷沾上少许去污粉刷洗仪器的内外壁，最后用自来水冲洗，除去仪器上的去污粉。

7.1.3 用洗衣粉或合成洗涤剂洗

在进行精确的定量实验时，对仪器的洁净程度要求较高，一些具有精确刻度、形状特殊的仪器不宜用上述方法洗涤时，可用0.1%～0.5%（质量分数）的合成洗涤剂洗涤。洗涤时，可往仪器内加入少量配好的洗涤液，摇动几分钟后，把洗涤液倒回原瓶，然后用自来水将仪器壁上的洗涤液洗去。

7.1.4 用特殊洗液洗

在实验室，对一些顽固污渍还有专门配制的洗涤液，如铬酸洗液、碱性高锰酸钾洗液等。

7.1.4.1 铬酸洗液

将研细的重铬酸钾20g溶于40mL水中，慢慢加入360mL浓硫酸，所得溶液即为铬酸洗液。铬酸洗液具有很强的氧化性，对有机物和油污的去污能力特别强。用铬酸洗液洗涤时，可往仪器内加入少量洗液，使仪器倾斜并慢慢转动，让仪器内壁全部被洗液湿润，再转动仪器，使洗液在内壁流动，经流动几圈后，把洗液倒回原瓶中，然后用自来水冲洗干净。对沾污严重的仪器可用洗液浸泡一段时间，或用热的洗液洗，效果更好。洗液可重复使用。

使用铬酸洗液时应注意如下几点：

(1) 被洗涤的仪器内不宜有水，以免洗液被稀释而失效。

(2) 洗液用后应倒回原瓶中，可反复使用。当洗液颜色变成绿色时，则已失效，不能继续使用。

(3) 洗液吸水性很强，应随时将洗液瓶盖盖紧，以防止洗液吸水失效。

(4) 洗液具有很强的腐蚀性，会灼伤皮肤和损坏衣服，使用时应注意安全。如不慎洒在皮肤、衣服或桌面上，应立即用水冲洗。

(5) 铬的化合物有毒，清洗残留在仪器上的洗液时，第一、二遍洗涤液不能倒入下水道，以免腐蚀管道和污染环境，应回收处理。

7.1.4.2　工业盐酸

工业盐酸为1∶1的盐酸溶液，用于洗去碱性物质及大多数无机物残渣。

7.1.4.3　碱性洗液

一般为10%氢氧化钠水溶液或乙醇溶液。水溶液加热（可煮沸）使用，去油效果较好，注意煮的时间不能太长，以免腐蚀玻璃。碱-乙醇洗液不要加热。

7.1.4.4　碱性高锰酸钾洗液

将4g高锰酸钾溶于水中，加入10g氢氧化钠，用水稀释至100mL。用于洗涤油污或其它有机物，洗后容器里沾污处有褐色二氧化锰析出，再用浓盐酸或草酸洗液、硫酸亚铁、亚硫酸钠等还原剂去除。

7.1.4.5　草酸洗液

将5～10g草酸溶于100mL水中，加入少量浓盐酸。草酸洗液用于洗涤使用高锰酸钾洗液后产生的二氧化锰，必要时加热使用。

7.1.4.6　有机溶剂

一般用苯、乙醚、二氯乙烷等，可洗去油污或可溶于该溶剂的有机物质，使用时要注意其毒性及可燃性。

用上述各种方法洗涤后的仪器，用自来水反复冲洗后，可用蒸馏水或去离子水洗涤2～3次，洗涤时应遵循“少量多次”的原则。

已洗净的玻璃仪器应清洁透明，内壁被水均匀润湿。将仪器倒置时，可看到器壁上只留下一层均匀的水膜而不挂水珠。

洗涤玻璃仪器时要注意以下几点：

(1) 凡是已洗净的仪器内壁，绝不能用布或纸去擦拭，否则，纸或布的纤维将会留在器壁上反而沾污了仪器。

(2) 使用后的玻璃仪器需及时清洗，不及时洗涤可能增加后续洗涤难度，甚至可能使仪器受损甚至报废。

(3) 切不可盲目地将各种试剂混合作为洗涤剂使用，也不可任意使用各种试剂来洗涤玻璃仪器。这样不仅浪费药品，而且容易出现危险。

7.2　玻璃仪器的干燥

根据后续使用需要，需对洗净的玻璃仪器采用合适的干燥方法进行干燥，常用干燥方法有自然风干、烘干和热（冷）风吹干等。

7.2.1　晾干

对不急用的、仅要求一般干燥的仪器，可在纯水洗涤后，在无尘处倒置晾干水分，任其自然干燥，如置于安有斜木钉的架子上和带有透气孔的玻璃柜里。

7.2.2　吹干

急需干燥的仪器，可用吹风机吹干。通常先用热风吹干仪器内壁，再吹冷风使仪器冷却。

7.2.3　烤干

对于急用的玻璃仪器还可以在石棉网上烤干。试管可直接用酒精灯烤干，但要从底部烤起，把试管口向下，以免水珠倒流把试管炸裂，烘至无水珠时，把试管口向上赶净水汽（图 7.1）。

7.2.4　烘干

洗净的仪器控去水分，可置于 105～120℃的电烘箱（图 7.2）中 1h 左右烘干。也可放在红外灯干燥箱中烘干。此法适用于一般仪器。称量用的称量瓶等烘干后要放在干燥器中冷却和保存。带实心玻璃塞及厚壁仪器烘干时要注意慢慢升温并且温度不可过高，以免烘裂。量器不可放于烘箱中烘干。

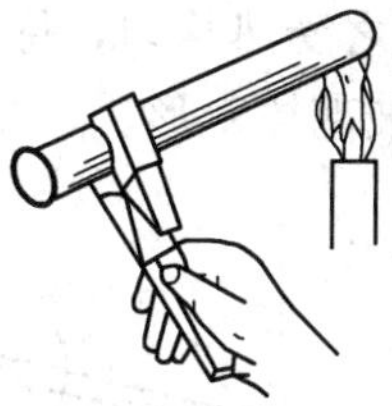

图 7.1　烤干试管

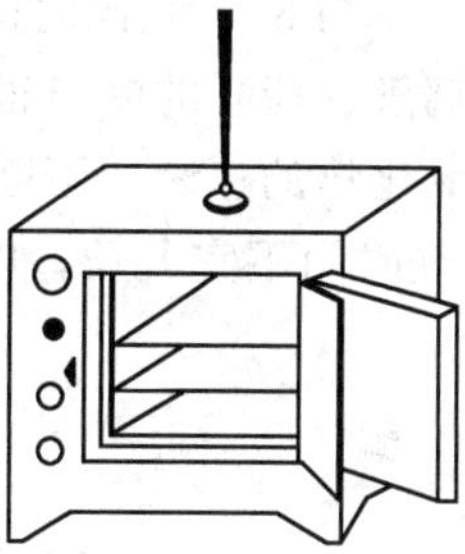

图 7.2　电烘箱

7.2.5　有机溶剂干燥

对于有刻度的仪器、急于干燥的仪器或不适合放入烘箱的较大的仪器，可采用有机溶剂干燥的办法。通常将少量与水互溶的易挥发有机溶剂（如乙醇、丙酮等）倒入已控去水分的仪器中摇洗，控净溶剂（溶剂要回收），然后用电吹风吹，开始用冷风吹 1～2min，当大部分溶剂挥发后吹入热风至完全干燥，再用冷风吹残余的蒸汽，使其不再冷凝在容器内。此法要求通风好，防止中毒；不可接触明火，以防有机溶剂爆炸。

第 8 章　简单玻璃加工操作

在化学实验中，常常会用到玻璃棒、弯管、滴管、毛细管等简单的玻璃用具，尽管多数情况下可获得成品，但有时也需要自己动手进行制作，因而学会简单的玻璃工操作技术具有一定的实用价值，也是必备的基本实验技能之一。

8.1　玻璃管（棒）的截取与熔光

取一干净、粗细合适的玻璃管（棒），平放在桌面上，一手按住玻璃管（棒），一手用三角锉的棱边在要截断的地方用力划一锉痕（只能向一个方向锉，不要来回锯！）（图 8.1），注意锉痕应与玻璃管垂直。然后用两手握住玻璃管（棒），锉痕朝外，两拇指置于锉痕背后，轻轻用力向前推压（图 8.2），同时两手稍用力向两侧拉，玻璃管（棒）便在锉痕处断开。

新切断的玻璃管（棒）的断口很锋利，容易划伤皮肤、割破橡皮管，需要熔烧圆滑。将断口置于煤气灯氧化焰的边缘，不断转动玻璃管（棒），使之受热均匀，待断面变得光滑即可（图 8.3）。熔烧时间不宜太长，以免玻璃管管口缩小，玻璃棒变形。

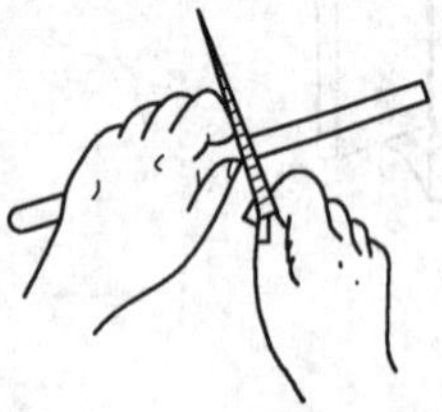

图 8.1　锉痕

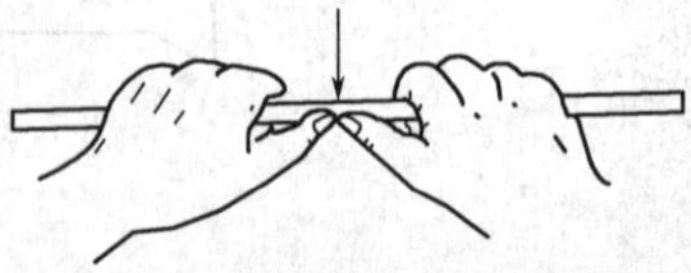

图 8.2　两拇指齐放于锉痕的背后

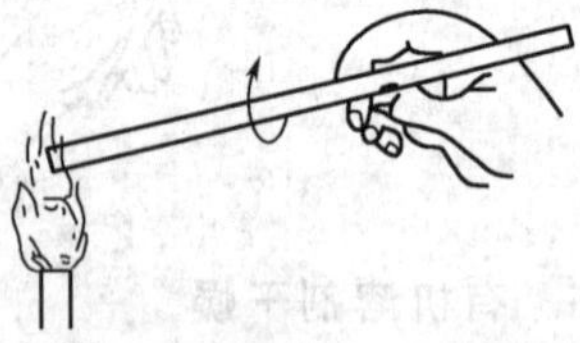

图 8.3　均匀转动，熔光断口

8.2　玻璃管的弯曲

两手轻握玻璃管的两端，将要弯曲的部位斜插入氧化焰中加热，以增大玻璃管的受热面积（也可用鱼尾灯头，图 8.4），缓慢而均匀地转动玻璃管，使之受热均匀。当玻璃管加热到适当软化但未自动变形时，从火焰中取出，轻轻地弯曲至所需角度，待玻璃管变硬后才放手。较大的角度可一次弯成，若需要较小的角度，可分几次弯成：先弯成一个较大的角度，然后在第一次受热的部位稍偏左或偏右处再加热、弯曲，直至所需角度。

在加热和弯曲玻璃管时，要用力均匀，不要扭曲。玻璃管弯成后，应检查弯管处是否均匀平滑，整个玻璃管是否在同一平面上（图 8.5）。玻璃管弯好后置石棉网上自然冷却。

8.3　玻璃管的拉制（制作滴管和毛细管）

取一干净的玻璃管，插入煤气灯氧化焰中加热。加热的方法与弯玻璃管时基本相同，只

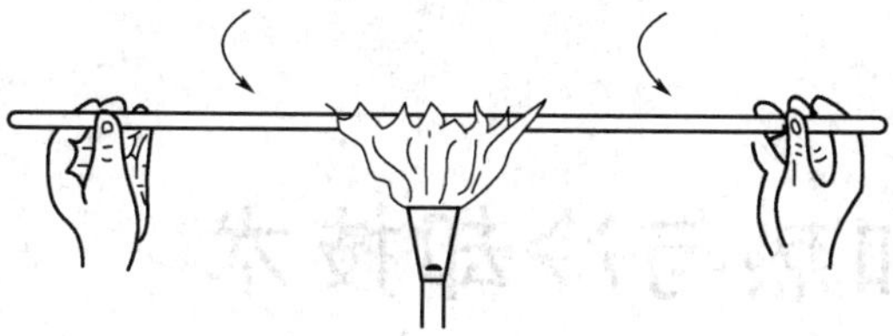

图 8.4　转动玻璃管，使四周受热均匀

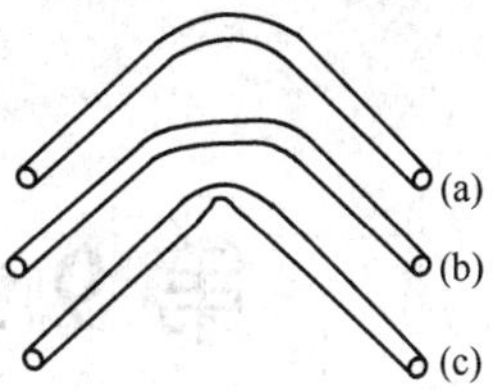

图 8.5　弯成的玻璃管
(a) 合格；(b)、(c) 不合格

是烧的时间更长一些，烧得更软一些，待玻璃管呈红黄色时移出火焰，顺着水平方向慢慢地边拉边转动（图 8.6），玻璃管拉至所需粗细后，一手持玻璃管，使其下垂。拉出的细管应与原来的玻璃管在同一轴线上，不能歪斜（图 8.7）。冷却后在适当部位截断。

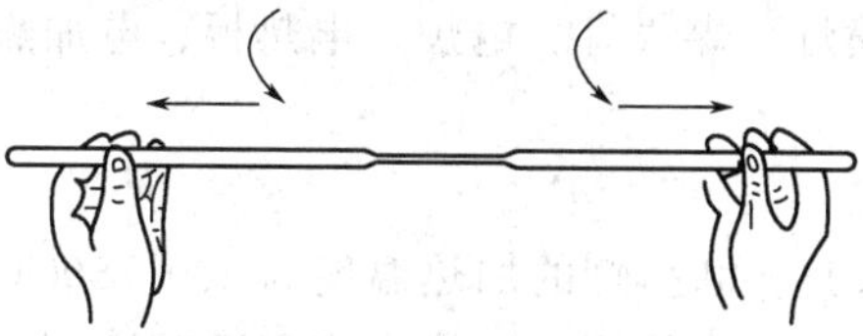

图 8.6　拉制玻璃管

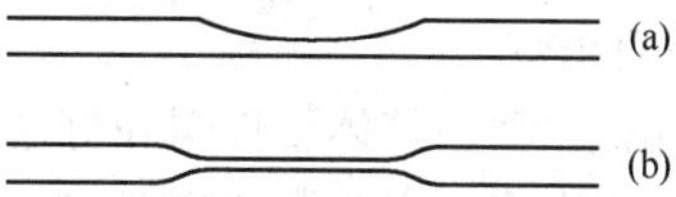

图 8.7　拉成的玻璃管
(a) 不合格；(b) 合格

若制作滴管，在拉细部分中间截断，将尖嘴在小火中熔光，粗的管口熔烧至红热后，用金属锉刀柄斜放管口内迅速而均匀旋转一周，使管口扩大，然后套上橡皮胶头，即得两根滴管。若需毛细管，则要拉得更细一些（直径约 1mm）。

第9章 加热与冷却技术

在无机化学实验中，经常会涉及升温或降温条件下的操作过程，本章将对实验室常用加热器具以及常用加热及冷却方法进行介绍。

9.1 常用加热器具介绍

可用于实验室加热的器具有酒精灯、酒精喷灯、煤气灯、电炉、电热板、电加热套、红外灯、烘箱、马弗炉、管式炉等。

9.1.1 酒精灯

酒精灯主要由灯体、灯帽和灯芯组成（图9.1）。酒精灯的加热温度为400～500℃，适用于温度不需太高的实验，特别是在没有煤气设备时经常使用。灯体内盛有适量酒精，作为燃质，一般要求所盛酒精不超过灯体容积的2/3，防止操作不慎，造成灯体倾斜，使酒精外溢；也不宜少于灯体容积的1/4，否则灯芯过长，酒精不易通过毛细现象，达到灯芯的顶端。

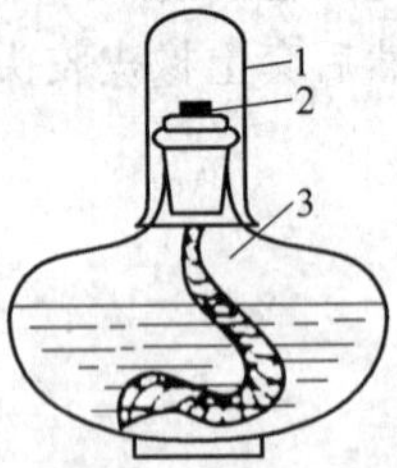

图9.1 酒精灯的构造

1—灯帽；2—灯芯；3—灯体

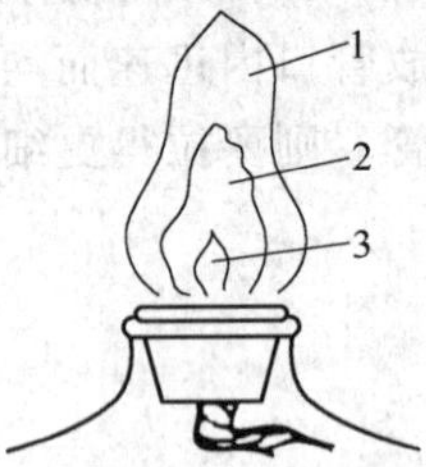

图9.2 酒精灯火焰

1—外焰；2—内焰；3—焰心

正常的酒精灯火焰可分为焰心、内焰和外焰三部分（图9.2）。外焰的温度最高，内焰次之，焰心温度最低。加热时用外焰加热。

使用酒精灯时应注意以下几点：

（1）引燃时，不得倾斜灯体引火，要用火柴或打火机引火。

（2）熄灭时，应用灯帽盖住灯芯，隔绝空气，达到阻燃，火焰熄灭后，应再将灯帽提起一下，再盖好，切勿用口吹灭，防止火苗倒回灯体内。

（3）酒精易挥发，易燃，使用酒精灯时必须注意安全，万一洒出的酒精在灯外燃烧，不要慌张，可用湿抹布扑灭。

9.1.2 酒精喷灯

酒精喷灯火焰温度在800℃左右，最高可达1000℃，主要用于需加强热的实验、玻璃加工等。酒精喷灯有不同类型，常用的有挂式酒精喷灯和座式酒精喷灯（图9.3）。酒精喷灯都是金属制成，有灯管和一个燃烧酒精用的预热盘。挂式酒精喷灯的预热盘下方有一支加热管，用橡皮管与酒精储罐相连通，座式酒精喷灯的预热盘下面有一个储存酒精的空心灯座。

使用前，先往预热盘中注入一些酒精，点燃酒精使灯管受热，待酒精接近烧完时开启开关使酒精从酒精储罐或灯座内进入灯管而受热气化，并与来自进气孔的空气混合。用火柴点燃，可得到高温火焰。实验完毕时只要关闭开关，就可熄灭。

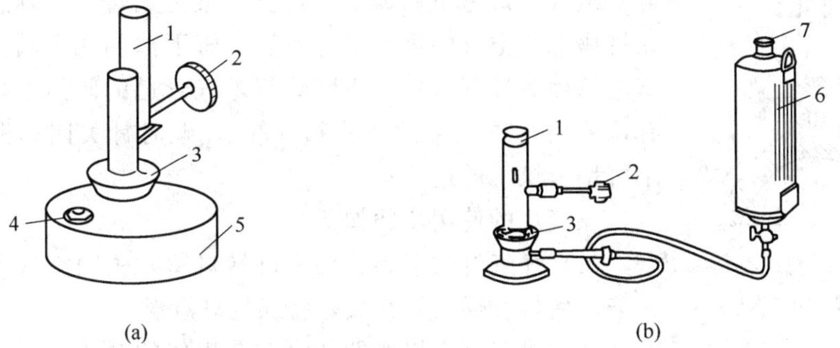

图 9.3　酒精喷灯的构造

(a) 座式酒精喷灯；(b) 挂式酒精喷灯

1—灯管；2—空气调节器；3—预热盘；4—铜帽；5—酒精壶；6—酒精储罐；7—盖子

酒精喷灯的正常火焰，明显地分为三个锥形区域：

内焰（焰心）——温度低，300℃左右。

中层（还原焰）——不完全燃烧，并分解为含碳产物，所以这部分火焰具有还原性，称为“还原焰”。这部分温度较高，火焰呈淡蓝色。

外焰（氧化焰）——完全燃烧，过剩的空气使这一部分火焰具有氧化性，称为“氧化焰”，温度最高。最高温度处在还原焰顶端上部的氧化焰中，约 800～1000℃，火焰呈淡紫色，实验时一般用氧化焰来加热（图 9.4）。

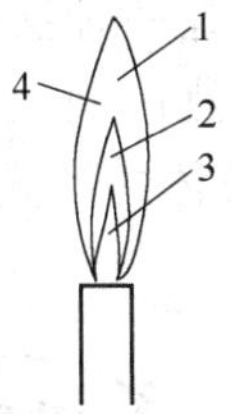

图 9.4　酒精喷灯的正常火焰

1—氧化焰；2—还原焰；

3—焰心；4—最高温处

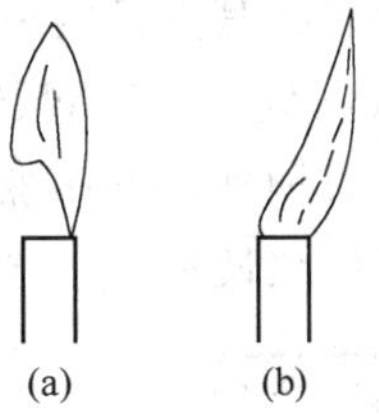

图 9.5　不正常的火焰

(a) 临空焰：酒精、空气的量都过大；

(b) 侵入焰：酒精量小，空气量大

当空气和酒精的进入量不合适时，会产生不正常的临空火焰或侵入火焰（图 9.5），此时需关闭喷灯，待灯管冷却后重新调节再点燃。

使用酒精喷灯时应注意以下几点：

(1) 喷灯工作时，灯座下绝不能有任何热源，环境温度一般应在 35℃以下，周围不要有易燃物。

(2) 挂式喷灯不点燃时必须关好酒精储罐的开关。座式喷灯不能连续使用半小时以上，使用到半小时应暂时熄灭喷灯，待冷却、添加酒精后，再继续使用。

(3) 使用喷灯时如发现罐底凸起，要立即停止使用，检查喷口有无堵塞，酒精有无溢出等，待查明原因，排除故障后再使用。

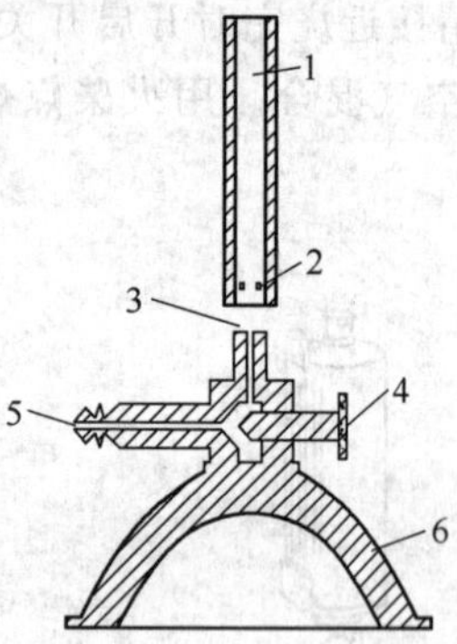

图 9.6　煤气灯的构造
1—灯管；2—空气入口；
3—煤气出口；4—螺旋针；
5—煤气入口；6—灯座

9.1.3　煤气灯（本生灯）

煤气灯是实验室中不可缺少的实验工具，种类虽多，但构造原理基本相同。最常用的煤气灯如图 9.6 所示。煤气灯由灯座和灯管组成。灯座由铁铸成，灯管一般是铜管。灯管通过螺口连接在灯座上。空气的进入量可通过灯管下部的几个圆孔来调节。灯座的侧面有煤气入口，用胶管与煤气管道的阀门连接，在另一侧有调节煤气进入量的螺旋阀（针），顺时针关闭。根据需要量大小可调节煤气的进入量。

煤气灯的使用步骤如下：

（1）煤气灯的点燃：向下旋转灯管，关闭空气入口；先擦燃火柴，后打开煤气灯开关，将煤气灯点燃。

（2）煤气灯火焰的调节：调节煤气的开关或螺旋针，使火焰保持适当的高度。这时煤气燃烧不完全并且产生炭粒，火焰呈黄色，温度不高。向上旋转灯管调节空气进入量，使煤气燃烧完全，这时火焰由黄变蓝，直至分为三层，称为正常火焰（与酒精喷灯火焰相同，图 9.4）。

当空气或煤气的进入量调节不合适时，也会产生和酒精喷灯相同的不正常火焰，如图 9.5 所示。遇到不正常火焰，要关闭煤气开关，待灯管冷却后重新调节再点燃。

（3）煤气灯的熄灭：煤气灯使用完毕，应先关闭煤气龙头，使火焰熄灭，再将针形阀和灯管旋紧。煤气中含有大量的 CO，应注意切勿让煤气逸散到室内，以免发生中毒和引起火灾。

使用煤气灯时应注意，煤气有毒，而且煤气和空气混合到一定比例时，遇火源即可发生爆炸，所以，不用时一定要注意把煤气开关关紧，离开实验室时再检查一下是否关好。

9.1.4　电炉

电炉由底盘和在其上盘绕的电阻丝等组成（图 9.7），电炉丝是一种镍铬合金，根据功率，有 500W、800W、1000W、2000W 等数种。电炉的优点是加热面积大，受热均匀，温度可以由控制开关和外接调压变压器调节控制，适合给盛有较多流体的横截面积较大的容器加热，在实验室广泛使用。

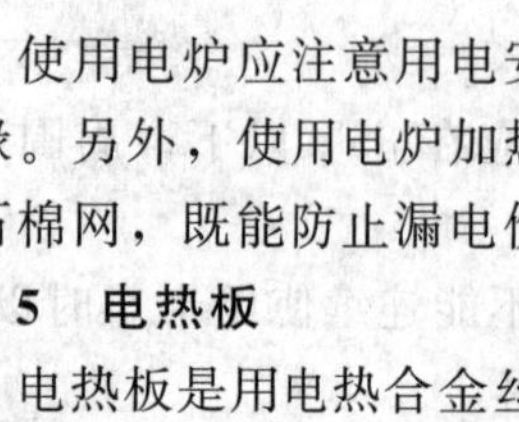

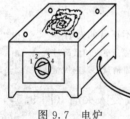

图 9.7　电炉

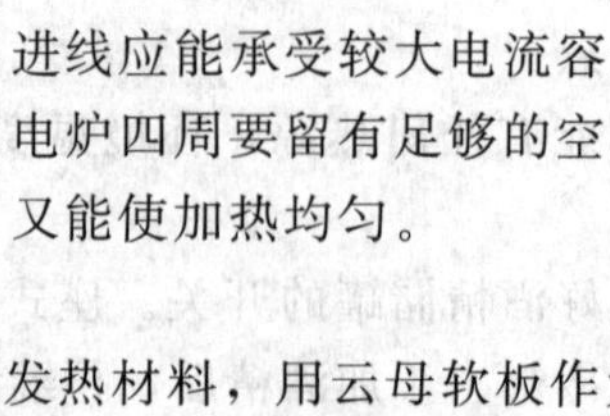

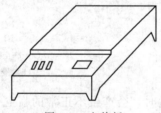

图 9.8　电热板

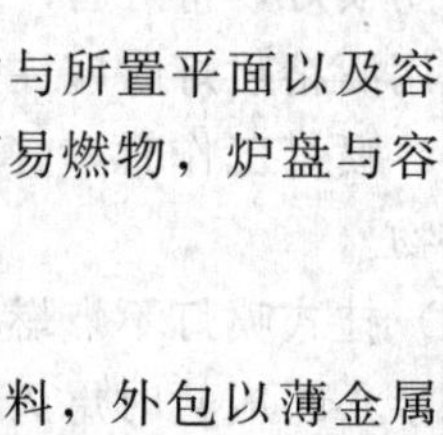

图 9.9　电热套

使用电炉应注意用电安全，进线应能承受较大电流容量，电炉与所置平面以及容器间应绝缘。另外，使用电炉加热时，电炉四周要留有足够的空间，远离易燃物，炉盘与容器间应加石棉网，既能防止漏电伤人，又能使加热均匀。

9.1.5　电热板

电热板是用电热合金丝作为发热材料，用云母软板作为绝缘材料，外包以薄金属板（铝板、不锈钢板等）进行加热的设备，见图 9.8。电热板和电炉使用方法大体相同，它比电炉受热更均匀，因其受热是平面的，不适合加热圆底容器，多用作水浴和油浴的热源，也常用于直接加热烧杯、锥形瓶等平底容器。电热板也可进行温度调节，有的甚至具有很好控温性能。

电热板的表面温度较高，注意使用安全，以防烫伤。

9.1.6　电热套

电热套（图 9.9）是实验室专门用于加热圆底容器的一种电加热设备，主要用于在圆底烧瓶内进行的回流、蒸馏等实验。电热套根据容积大小分为不同规格（如 100mL、250mL、500mL、1000mL 等），用于不同规格烧瓶的加热。

9.1.7　烘箱

烘箱是利用电热丝隔层加热使物体干燥的设备。烘箱型号很多，但基本结构相似，一般由箱体、电热系统和自动控温系统三部分组成（见图 7.2）。烘箱适用于比室温高 5～300℃（有的高 200℃）范围的烘焙、干燥、热处理等，烘箱温度可以随需要自行设定。

使用烘箱时应注意：

(1) 烘干玻璃或陶瓷仪器时，应先将水沥干，口朝下，并在底层放一承接盘接收滴下的水。散热板上不应放物品，以免影响热气流向上流动。

(2) 禁止烘焙易燃、易爆、易挥发及有腐蚀性的物品。

(3) 当需要观察工作室内样品情况时，可开启外道箱门，透过玻璃门观察。但尽量少开箱门，以免影响恒温。特别是当工作温度在 200℃以上时，开启箱门有可能使玻璃门骤冷而破裂。

9.1.8　马弗炉

马弗炉是一种通用的加热设备，依据外观形状可分为管式炉、箱式炉、坩埚炉（见图 9.10，图 9.11）。按加热元件区分有：电炉丝马弗炉、硅碳棒马弗炉、硅钼棒马弗炉。按额定温度来区分一般有 900℃、1000℃、1200℃、1300℃、1600℃、1700℃马弗炉。

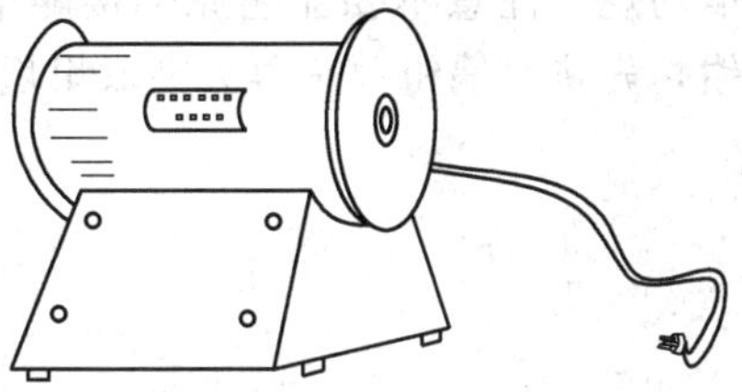

图 9.10　管式马弗炉

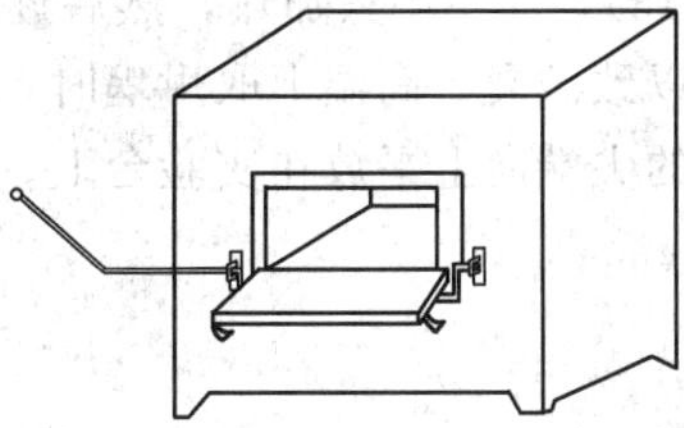

图 9.11　箱式马弗炉

马弗炉可用于样品灰化和一般小型钢件的淬火、退火、回火等，高温马弗炉还可用于金属、陶瓷的烧结、熔解等。高温炉的炉温用高温计测量。

使用马弗炉时应注意：

(1) 查看高温炉所接电源电压是否与电炉所需电压相符，热电偶是否与测量温度相符，热电偶正负极是否接对；

(2) 调节温度控制器至所需温度处，打开电源开关升温，当温度升至所需温度时即自动恒温；

(3) 灼烧完毕，先关电源，不要立即打开炉，一般当降至 200℃以下时方可打开，以免炉膛骤冷时碎裂。用坩埚钳取出样品；

(4) 高温炉应放置在水泥台上，炉周围不要放置易燃易爆及腐蚀性物品。

9.1.9　红外灯

红外加热是以电磁波方式进行能量传递，属于非接触性、无需传递媒介的加热技术，其热量传递速度和光速一样，所以可实现极高的加热效率。红外灯用于低沸点液体的加热或固体样品的快速干燥。使用时，受热容器应正对灯面，中间留有空隙，再用玻璃布或铝箔将容器和灯泡松松地包住，既保温又可防止灯光刺激眼睛，并能保护红外灯不被溅上冷水或其它液滴。

9.2　加热方法

加热方式主要有两种：一种是直接加热，即热源与受热物体间直接进行热交换；另一种是热浴间接加热，即用热源使热浴物质受热，热浴物质再与受热物体间进行热交换。

9.2.1　直接加热

用酒精灯、酒精喷灯、煤气灯、电炉或红外灯对容器进行加热为直接加热。

用酒精灯、喷灯或煤气灯加热试管时应该用试管夹，不要用手直接拿，以免烫手。加热液体时试管应稍倾斜，管口向上，管口不能对着别人或自己，以免溶液在煮沸时溅到脸上，造成烫伤。液体的量不能超过试管高度的 1/3。加热时，应使液体各部分受热均匀［图 9.12(a)］，先加热液体中部，再慢慢往下移动，然后不时地上下移动，不要集中加热某一部分，否则易造成局部沸腾而迸溅。试管中固体的加热方法不同于液体，管口应略向下倾斜，使释放出来的冷凝水珠不会倒流到试管的灼热处而使试管炸裂［图 9.12(b)］。

用直火加热烧杯、锥形瓶、烧瓶等玻璃器皿中的液体时，必须放在石棉网上，所盛液体不应超过烧杯的 1/2 或锥形瓶、烧瓶的 1/3。加热蒸发皿时，放在石棉网或泥三角上，所盛液体不要超过其容积的 2/3。在灼烧坩埚或加热固体时，坩埚要放在泥三角上，用氧化焰灼烧（图 9.13），先用小火加热，然后逐渐加大火焰灼烧，注意不要让还原焰接触坩埚底部，以防结炭以致破裂。高温下取坩埚时，要用坩埚钳，先将坩埚钳预热再去夹取坩埚，用后要将坩埚钳的尖端向上平放在实验台上。

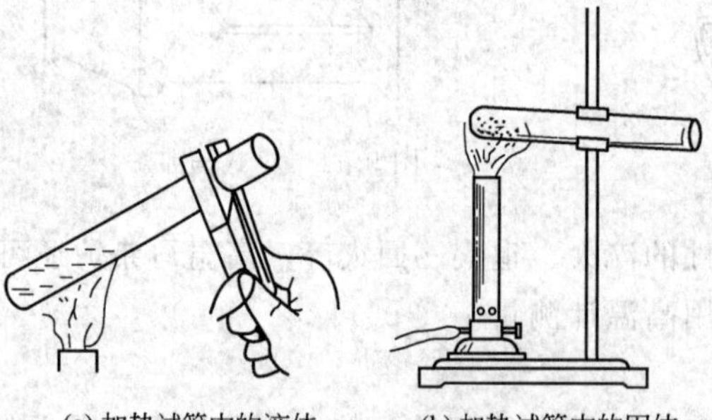

(a) 加热试管中的液体　(b) 加热试管中的固体

图 9.12　直接加热试管

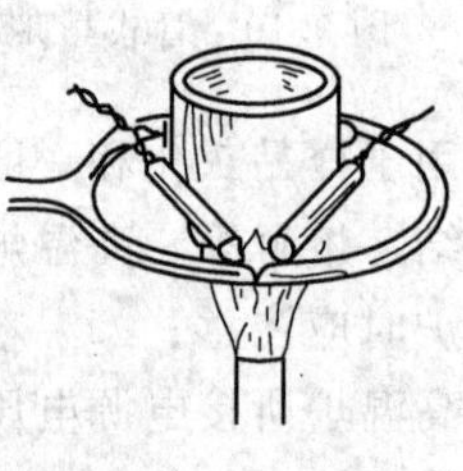

图 9.13　灼烧坩埚

直接加热时注意：若容器外有水，加热前应先擦干水；勿使容器底部接触灯的灯芯；加热时，应先均匀受热，再固定在药品部位加热；受热后容器不能立即与潮湿的或过冷的物体接触，以免由于骤冷而破裂。

9.2.2　热浴间接加热

当被加热的物质需要受热均匀，温度又要求在一定范围内时，可用特定的热浴加热。实验室常用的热浴有水浴、油浴、沙浴等。

9.2.2.1　水浴

当被加热物质要求受热均匀而温度不超过 100℃时，可采用水浴加热。它是通过热水加热盛在容器中的物质。水浴可以用煤气灯直接加热水浴锅，被加热的容器放在水浴锅的铜圈或者铝圈上（见图 9.14）。也可用大烧杯代替水浴锅加热。实验室经常用恒温水浴箱（图 9.15）加热。恒温水浴箱用电加热，可自动控制温度，能同时加热多个样品。水浴箱内盛水不要超过 2/3，被加热的容器不要碰到水浴箱底。

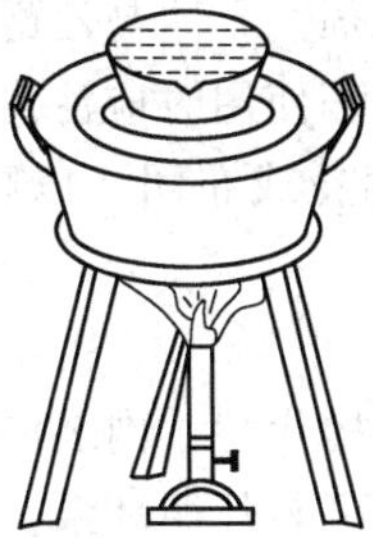

图 9.14　水浴锅加热

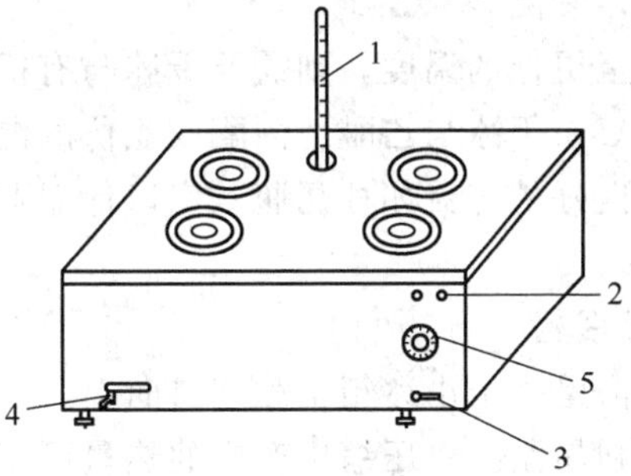

图 9.15　恒温水浴箱

1—温度计；2—指示灯；3—电源开关；
4—放水阀；5—温度调节钮

9.2.2.2　油浴

油浴就是使用油作为热浴物质的热浴方法。油浴最高温度比水浴高，一般在 100～250℃之间。常用的油有甘油、液状石蜡油、植物油、硅油和真空泵油等。甘油只能加热到 140～150℃，温度过高时易分解；石蜡油可加热到 220℃，温度过高虽不易分解，但时间长了会冒烟且易燃烧；硅油和真空泵油在 250℃以上时仍较稳定，但价格贵，在普通实验室中不常用。油浴操作方法与水浴相同，不过进行油浴要操作谨慎，防止油外溢或油浴升温过高，引起失火。

9.2.2.3　沙浴

沙浴就是使用沙石作为热浴物质的热浴方法。沙浴一般使用黄沙，沙升温很高，可达 400～600℃。沙浴操作方法与水浴基本相同，但由于沙比水、油的传热性差，故需沙浴的容器宜半埋在沙中，其四周沙宜厚，底部沙宜薄。沙浴中应插温度计，以控制温度，温度计的水银球应紧靠容器。使用沙浴时，桌面要铺石棉板，以防辐射热烤焦桌面。

9.3　冷却方法

在化学实验过程中，有些反应或操作过程需在低温下进行，因此需要选择合适的制冷技术。

9.3.1　自然冷却

将热的物质在空气中放置一段时间，使其自然冷却至所需温度。

9.3.2　鼓风冷却

对需要快速冷却的物质，可采用吹风机或鼓风机吹冷风来增强热交换，提高冷却效率。

9.3.3　冷水浴冷却

将需冷却的容器放入冷水中可以实现快速降温。根据需要还可用碎冰与水做成冰水浴，能冷却到 5～0℃。如果水的存在不影响欲冷却的物质或正在进行的反应，也可把干净的冰直接投入到欲冷物或反应混合物中。

9.3.4　冷冻剂冷却

如需冷却至 0℃以下时，可用碎冰与无机盐的混合物作为冷冻剂，即把盐研细，然后按一定的比例将其与碎冰均匀混合。实验室最常用的冷冻剂是食盐和碎冰的混合物，使用时，将食盐均匀地撒在碎冰上，可冷却到－5～－18℃。某些盐类溶于水时大量吸热，亦可作为冷却剂使用，参阅表 9.1。

如需冷至更低的温度，则需要干冰与有机溶剂混合作为冷冻剂。干冰与乙醇的混合物能冷却至－72℃；干冰与乙醚、丙酮或氯仿的混合物能达到－77℃。使用时应注意将混合物盛在绝热性能良好的容器如杜瓦瓶（广口保温瓶）中，上面盖上棉花或布团，以防蒸发太快，影响制冷效果。

9.3.5　低温浴槽

低温浴槽是一个小冰箱，冰室口向上，蒸发面用筒状不锈钢槽代替，内装酒精，外设压缩机循环氟利昂制冷。压缩机产生的热量可用水冷或风冷散去。可装外循环泵，使冷酒精与冷凝器连接循环，还可装温度计等指示器。反应瓶浸在酒精液体中。适于－30～30℃范围的反应使用。

表 9.1　用盐及水（冰）组成的冷却剂

盐　类	用量/g	温度/℃	
		始　温	冷　冻
	（每 100g 水）		
KCl	30	+13.6	+0.6
$CH_3COONa\cdot 3H_2O$	95	+10.7	−4.7
NH_4Cl	30	+13.3	−5.1
$NaNO_3$	75	+13.2	−5.3
NH_4NO_3	60	+13.6	−13.6
$CaCl_2\cdot 6H_2O$	167	+10.0	−15.0
	（每 100g 冰）		
NH_4Cl	25	−1	−15.4
KCl	30	−1	−11.1
NH_4NO_3	45	−1	−16.7
$NaNO_3$	50	−1	−17.7
NaCl	33	−1	−21.3
$CaCl_2\cdot 6H_2O$	204	0	−19.7

第 10 章　物质的分离和提纯技术

10.1　固体物质的溶解

物质以分子或离子的形式均匀分散到另一种物质中的过程，称为物质的溶解。

将固体物质溶解于某一溶剂时，通常要考虑温度对物质溶解度的影响和实际需要而取用适量溶剂。具体物质可查阅温度-溶解度曲线。

振荡和搅拌可加速溶解过程。

振荡盛放在试管中的液体时，液体的量不能超过试管容积的 1/3。振荡时，用拇指、食指和中指捏住试管的上部，用手腕的力量进行振荡操作。在烧瓶和锥形瓶中盛放液体时，不能超过体积的 1/2，振荡时，一般是手持瓶颈，用手腕的力量进行沿一个方向的圆周运动。

小口径的容器可以用手振荡，大口径的烧杯则不行，须用搅拌。用玻璃棒搅拌时，用手腕部的力量让玻璃棒在溶液中做圆周运动，玻璃棒和它的端点不能接触容器的内壁，不能使溶液外溅。

固体颗粒越小越利于溶解。如果固体颗粒太大不易溶解时，应先在洁净干燥的研钵中将固体研细，研钵中盛放固体的量不要超过其容量的 1/3。

加热一般也可加速溶解过程，应根据物质对热的稳定性选用直接加热或用水浴等间接加热方法。

10.2　蒸发、结晶和升华

10.2.1　蒸发

蒸发是使溶液中的溶剂气化，它能使溶液浓缩或溶质结晶析出。常用的蒸发容器是蒸发皿，蒸发皿中盛放溶液的量不超过容积的 2/3。如果液体量较多，蒸发皿一次盛不下，可随水分的不断蒸发而继续添加液体。注意不要使瓷蒸发皿骤冷，以免炸裂。在石棉网上或直火加热前应将外壁水擦干，蒸发时应用小火，加热时要不断用玻璃棒搅拌，防止暴沸。如果溶剂是可燃性物质，要放在水浴上加热蒸发。蒸发浓缩的程度与溶质溶解度的大小和对晶粒大小的要求及有无结晶水有关。若物质的溶解度较大，应加热到溶液表面出现晶膜时停止加热。若物质的溶解度较小或高温时溶解度虽大但室温时溶解度较小，降温后容易析出晶体，不必蒸至液面出现晶膜就可以冷却。

10.2.2　结晶

晶体从溶液中析出的过程称为结晶。结晶是提纯固态物质的重要方法之一。结晶时要求溶质的浓度达到饱和，通常有两种方法，一种是蒸发法，即通过蒸发或气化，减少一部分溶剂而使溶液达到饱和而析出晶体，此法主要用于溶解度随温度改变变化不大的物质（如氯化钠）；另一种是冷却法，即通过降低温度使溶液冷却达到饱和而析出晶体，这种方法主要用于溶解度随温度下降明显减小的物质（如硝酸钾）。有时需将两种方法结合使用。

晶体颗粒的大小与结晶条件有关，如果溶质的溶解度小，或溶液的浓度高，或溶剂的蒸发速度快，或溶液冷却得快，则析出的晶粒就细小；反之，就可得到较大的晶体颗粒。实际操作中，常根据需要，控制适宜的结晶条件，以得到大小合适的晶体颗粒。

当溶液发生过饱和现象时，可振荡容器，或用玻璃棒搅动，或用玻璃棒轻轻地摩擦器壁，或投入几小粒晶体（晶种），促使晶体析出。

要得到纯度较高的晶体，可把初次析出的晶体用适量溶剂溶解，再经过蒸发、冷却等操作，让物质重新结晶，此操作称为重结晶。

10.2.3　升华

固态物质吸热后不经过液态直接变成气态，叫做升华。容易升华的物质（如碘、硫、氯化汞、萘等）如含有不挥发性的杂质时，可以用升华来提纯。

10.3　固液分离技术

溶液与沉淀的分离方法主要有三种：倾析法、过滤法、离心分离法。

10.3.1　倾析法

当沉淀的相对密度较大或晶体的颗粒较大，静置后能很快沉降至容器的底部时，常用倾析法进行分离和洗涤。

如图 10.1 所示，待沉淀充分沉降后，将沉淀上部的溶液倾入另一容器中而使沉淀与溶液分离。如需洗涤沉淀时，只要向盛沉淀的容器内加入少量洗涤液，将沉淀和洗涤液充分搅动均匀，待沉淀沉降到容器的底部后，再用倾析法倾去溶液。如此反复操作两三遍，即能将沉淀洗净。

10.3.2　过滤法

过滤是最常用的固液分离方法之一。当沉淀和溶液经过过滤器时，沉淀留在过滤器上，溶液通过过滤器而进入容器中，所得溶液称为滤液。

影响过滤速度的因素主要有溶液的黏度、温度、过滤时的压力、过滤器孔隙的大小和沉淀物的状态等。过滤时，应考虑各种因素的影响而选用不同方法。溶液的黏度越小，过滤越快。热溶液比冷溶液过滤快。减压过滤比常压过滤快。过滤器的孔隙大小有不同规格，应根据沉淀颗粒的大小和状态而选择使用。孔隙太大，小颗粒沉淀易透过；孔隙太小，又易被小颗粒沉淀堵塞，使过滤难以继续进行。如果沉淀是胶状的，可在过滤前用加热的方法使其破

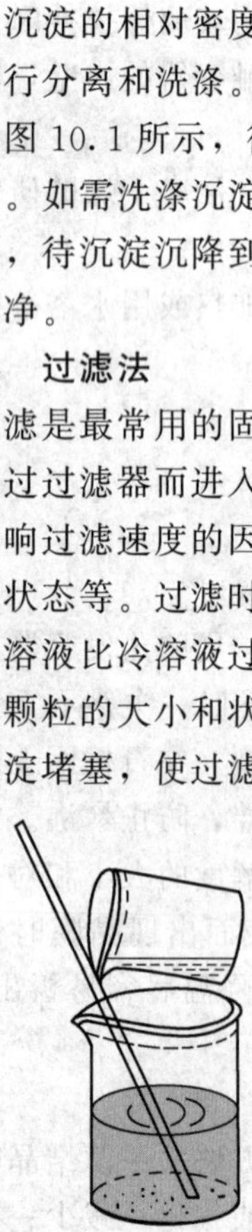

图 10.1　倾析法

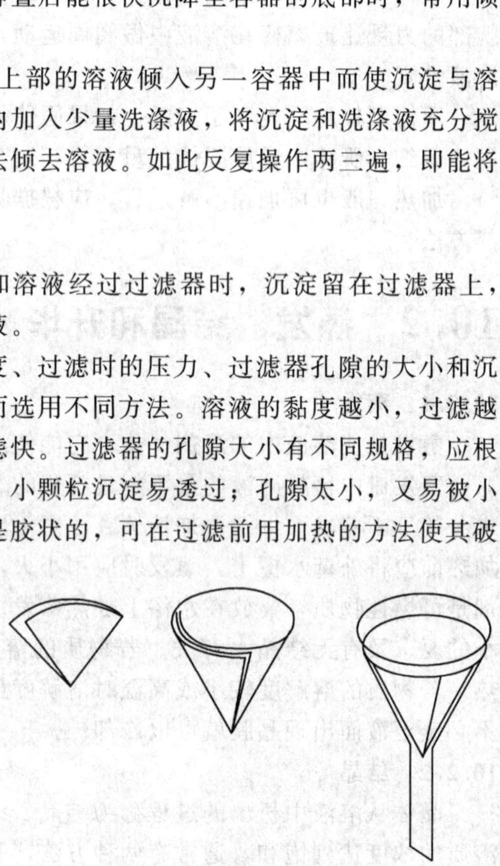

图 10.2　滤纸的折叠与安放

坏，以免胶状沉淀透过滤纸。

常用的过滤方法有常压过滤（普通过滤）、减压过滤及热过滤三种。

10.3.2.1　常压过滤

此法最为简单、常用。选择的漏斗大小应以能容纳沉淀量为宜。滤纸有定性滤纸和定量滤纸两种（无机定性实验常用定性滤纸），按照孔隙大小又分为“快速”、“中速”、“慢速”三种。根据沉淀的性质可选择不同类型的滤纸，如 $BaSO_4$、$CaC_2O_4 \cdot 2H_2O$ 等细晶形沉淀，应选用“慢速”滤纸过滤，而 $Fe_2O_3 \cdot nH_2O$ 等胶体沉淀，须选用“快速”滤纸过滤。

过滤前，先按图 10.2 所示将圆形或方形滤纸整齐地对折两次成扇形（方形滤纸需剪成扇形），为保证滤纸和漏斗密合，第二次对折时不要折死，在一层和三层之间将其展开成圆锥形（60°角），放入漏斗中（漏斗内壁应干净且干燥），如果上边缘不密合，可以稍稍改变滤纸折叠的角度，直到与漏斗密合为止。用手轻按滤纸，将第二次的折边折死，然后取出滤纸，将三层厚的紧贴漏斗的外层撕下一角，保存于干燥的表面皿上，备用。三层滤纸一边应放在漏斗出口短的一边，滤纸的大小应略低于漏斗边缘。用水湿润滤纸，轻压滤纸，赶走气泡，使滤纸与漏斗内壁吻合。为加快过滤速度，应使漏斗颈部形成完整的水柱。为此，加蒸馏水至滤纸边缘，让水全部流下，漏斗颈部内应全部被水充满。若未形成完整水柱，可用手指堵住漏斗下口，稍掀起滤纸的一边用洗瓶向滤纸和漏斗空隙处加水，使漏斗和锥体被水充满，轻压滤纸边，放开堵住口的手指，即可形成水柱。

过滤时要注意，漏斗应放在漏斗架上，调整漏斗的高度，以使漏斗出口管紧靠接受容器内壁。先用倾析法将溶液转移到滤纸上，待溶液流尽后再转移沉淀，以免影响过滤速度。溶液应沿着玻璃棒流入漏斗中，而玻璃棒的下端对着三层滤纸处，并尽可能接近滤纸，但不能接触滤纸，注意漏斗中的液面高度应略低于滤纸边缘（1cm 左右），见图 10.3。暂停转移溶液时，烧杯应沿玻璃棒使其嘴向上提起，至使烧杯直立，以免烧杯嘴上的液滴流失。

图 10.3　常压过滤

如果沉淀需要洗涤，应待溶液转移完毕后，往盛沉淀的容器中加入少量洗涤剂，充分搅拌并静置，待沉淀沉降后，将上层清液转入漏斗过滤，如此重复洗涤两三遍，最后将沉淀转移到滤纸上。

胶状沉淀能穿过滤纸，过滤前应先通过加热等破坏胶态，使其聚集成较大颗粒。

10.3.2.2　减压过滤

减压过滤又称吸滤或抽滤。这种方法可以加快过滤速度，还可以得到比较干燥的沉淀，但不宜用于过滤胶状沉淀和颗粒太小的沉淀。因为胶状沉淀在快速过滤时易透过滤纸，颗粒太小的沉淀易在滤纸上形成一层密实的沉淀，溶液不易透过。

减压过滤装置如图 10.4 所示，由循环水泵、安全瓶、吸滤瓶和布氏漏斗组成。利用循环水泵抽出吸滤瓶中的空气，使吸滤瓶内压力减小，造成瓶内与布氏漏斗液面上的压力差，从而加快过滤速度。

布氏漏斗上有许多小孔，漏斗颈插入单孔橡皮塞，与吸滤瓶相接。进行减压过滤时，漏斗颈下方的斜口应对准吸滤瓶的出气口，所用滤纸应比布氏漏斗的内径略小，但必须覆盖全部瓷孔。将滤纸平铺在漏斗内，用少量蒸馏水或相应溶剂润湿，然后开启水泵，使滤纸贴紧。过滤时，先将上部清液沿着玻璃棒注入漏斗中，注意加入的溶液不要超过漏斗容积的

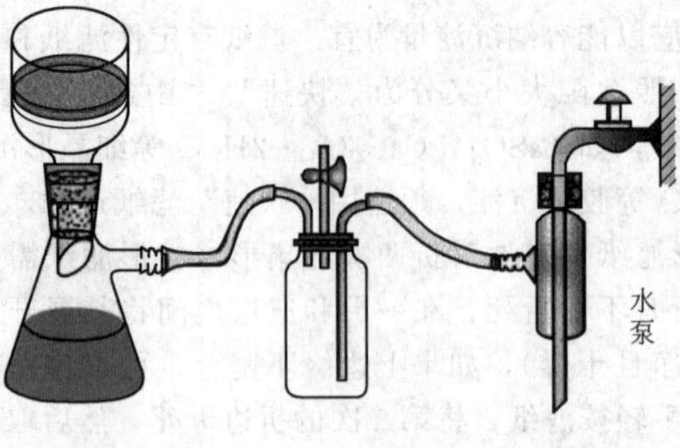

图 10.4　减压过滤装置

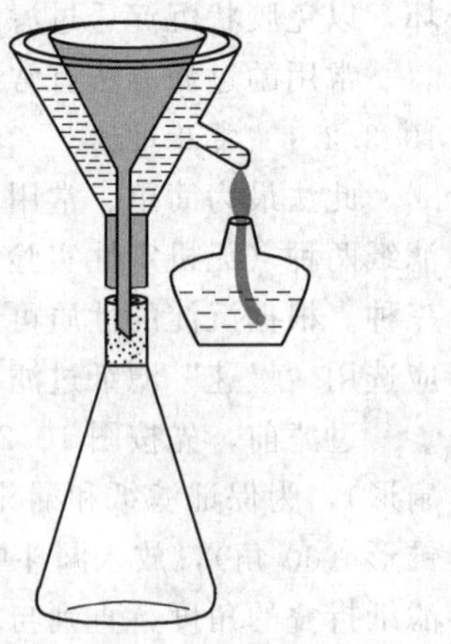

图 10.5　热过滤装置

2/3。等溶液流完后，再将沉淀转入滤纸中部进行抽滤。洗涤沉淀时，应暂停抽滤，加入溶剂使其与沉淀充分润湿后，再开泵将沉淀抽干，重复操作至达到要求为止。过滤完毕后，先拔掉连接吸滤瓶的橡皮管或打开安全瓶上方的活塞，再关水泵或水龙头。用玻璃棒轻轻掀起滤纸边缘，取出滤纸和沉淀，滤液由吸滤瓶上口倾出。

10.3.2.3　热过滤

某些物质在溶液温度降低时易析出结晶，为了滤除这类溶液中所含的其它难溶性杂质，通常使用热滤漏斗进行过滤（图 10.5），以防止溶质结晶析出。过滤时，把玻璃漏斗放在铜质的热滤漏斗内，热滤漏斗内装有热水以维持溶液的温度。也可以在过滤前把玻璃漏斗放在水浴上用蒸汽加热，趁热过滤。热过滤时最好选用颈部较短的玻璃漏斗，以免过滤时溶液在漏斗颈内停留过久，因降温析出晶体而堵塞。

10.3.3　离心分离法

当被分离的沉淀量很少或沉淀不易沉降时，常采用离心分离法。实验室常用电动离心机，操作简单而迅速。

电动离心机的底部有三个吸盘形橡胶吸脚，工作时应放在平整而坚实的台面上。离心时，将待分离溶液转移到离心试管中，一般溶液的量不超过离心试管容积的 1/2。另取一支同样大小的离心试管，加入等重量的水，将两支离心试管放入对称的转盘孔套中，以保持平衡。盖上保护盖。

先将变速器旋钮调到零处，然后打开电源开关，调节时间旋钮至所需值（注意：时间钮不可倒旋），调节转速旋钮使转速从小到大至适当转速（一般不超过 $2000r \cdot min^{-1}$）。离心结束后，慢慢调节转速至最小，关闭电源，待转盘停止转动（注意：切不可用手或物强行停止转盘转动），打开保护盖，取出离心试管。

由于离心作用，沉淀紧密地聚集于离心试管的底部，上方的溶液是澄清的。可用滴管小心地吸出上方清液，也可将其倾出。如果沉淀需要洗涤，可以加入少量的洗涤液，用玻璃棒充分搅拌后再进行离心分离。如此重复操作两三遍即可。

若需将沉淀分为数份以便进行处理时，可用下列方法移取：①沉淀量较大时，可用细玻璃匙或搅拌棒的勺头移取；②沉淀量较少时，可用滴管加少量蒸馏水或适宜的电解质溶液，将其混合均匀，随即用此滴管吸取。用后一方法移取的沉淀，必要时再将加入的液体尽量除去，以免影响进一步的处理。

离心管的加热一般应在水浴中进行。水浴加热时水面应高于离心管内的液面。

10.4　离子交换分离

离子交换分离法是利用离子交换剂与溶液中的离子发生交换反应而使离子分离的方法。离子交换分离法分离效果好，交换容量大，设备简单，不仅是分析化学中的常用分离方法，也是工业生产中的常用提纯方法。

凡具有离子交换能力的物质均可称为离子交换剂。天然的离子交换剂有黏土、沸石、淀粉、纤维素、蛋白质等，但目前更多使用的是合成的离子交换树脂。它分为阳离子交换树脂和阴离子交换树脂，分别能与溶液中的阳离子和阴离子发生交换反应。例如，磺酸型阳离子交换树脂 $R—SO_3^-—H^+$ 和阴离子交换树脂 $R—NH_3^+OH^-$，就分别具有与阳离子交换的 H^+ 和与阴离子交换的 OH^-。当天然水流经这些树脂时，其中的阳离子 Na^+、Mg^{2+} 和 Ca^{2+} 等就与 H^+ 发生交换反应：$R—SO_3H+Na^+ \longrightarrow R—SO_3Na+H^+$，阴离子 Cl^-、HCO_3^- 和 SO_4^{2-} 等与 OH^- 进行交换：$R—NH_3OH+Cl^- \longrightarrow R—NH_3Cl+OH^-$，然后 H^+ 与 OH^- 结合成 H_2O。经多次交换，最后得到含离子很少的水，常称为去离子水。

同其它离子交换反应一样，上述离子交换反应也是可逆的，所以用酸或碱浸泡使用过的离子交换树脂，就可以使其“再生”继续使用。

离子交换分离的步骤包括装柱、离子交换、洗脱与分离、树脂再生。

第 11 章 常用容量仪器及基本操作

11.1 量筒

量筒用于量取一定体积的液体，可根据需要选用不同容量的量筒。量筒有 5、10、50、100 和 1000（mL）等规格。取液时，如图 11.1 所示，先取下试剂瓶塞并把它倒置在桌上，一手拿量筒，一手拿试剂瓶（标签朝手心），然后倒出所需的试剂，最后将瓶口在量筒上靠一下，再竖起试剂瓶，以免留在瓶口的液滴流到瓶的外壁。观看量筒内液体的体积时按图 11.2 所示，使视线与量筒内液体的弯月面的最低处保持水平，偏高和偏低都会读不准而造成较大的误差。

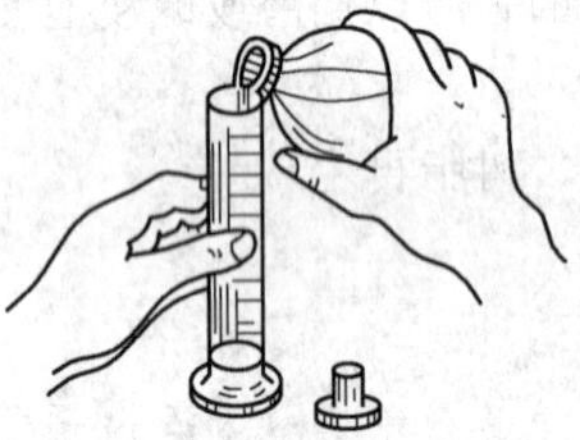

图 11.1　用量筒量取液体

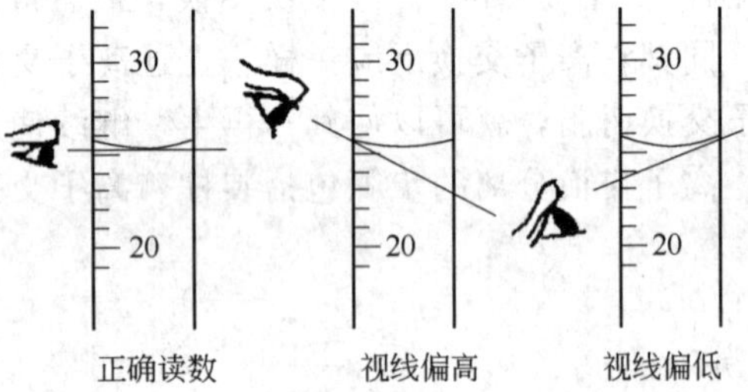

图 11.2　观看量筒内液体的容积

11.2 容量瓶

容量瓶是一种细颈梨形的平底玻璃瓶，由无色或棕色玻璃制成，带有玻璃磨口塞，颈上有一环形标线，一般表示在 20℃，当液体充满到标线时，液体体积恰好与瓶上标明的体积相等。容量瓶主要用来配制标准溶液或样品溶液。通常有 25mL、50mL、100mL、250mL、500mL、1000mL 等规格。

11.2.1 容量瓶的检查

容量瓶在使用之前首先要检查是否漏水。检查的方法是：在瓶中加水至标线附近，盖好瓶塞，将瓶外水珠擦拭干净，用左手按住塞子，其余手指拿住瓶颈标线以上部分，右手托住瓶底，把瓶倒立 2min（图 11.3），观察容量瓶口是否有水渗出，如果不漏水，将瓶直立，把瓶塞转动约 180°，再将瓶倒立 2min 检查。检查两次很有必要，因为有时瓶口与瓶塞不是任何位置都密合。经检查合格的容量瓶，应用橡皮筋将瓶塞系在瓶颈上，防止玻璃磨口塞沾污或搞错。

11.2.2 容量瓶的洗涤

容量瓶不允许用热水、刷子、去污粉等洗涤，小容量瓶可装满铬酸洗液浸泡一段时间，容积大的容量瓶则可加 10mL 铬酸洗液，塞紧瓶塞摇动片刻，停一会再摇动片刻，如此反复数次，然后再用自来水冲洗，倒出水后内壁不挂水珠，即可用蒸馏水润洗 2～3 次，每次用水 15～20mL。

11.2.3　溶液的配制

如用固体物质配制标准溶液（或样品溶液）时，应先将准确称量的固体物质置于小烧杯中，加入少量溶剂搅拌使其溶解。如溶解度较小，可盖上表面皿加热使其溶解完全，冷却至室温，再将溶液定量转移至容量瓶中。转移溶液的操作如图 11.4 所示，右手拿玻璃棒，左手拿烧杯，使烧杯嘴紧靠玻璃棒，而玻璃棒则悬空伸入容量瓶口中，棒的下端靠在瓶颈内壁上，使溶液沿玻璃棒和内壁流入容量瓶中。烧杯中溶液流完后，将烧杯沿玻璃棒轻轻上提，同时将烧杯直立，再将玻璃棒放回烧杯中。然后用溶剂洗涤玻璃棒和烧杯 3～4 次，将洗出液一并转移至容量瓶中。当加溶剂稀释至容量瓶容积的 3/4 时，应将容量瓶摇动片刻使溶液大致混匀（切记不能加塞倒置摇动），然后继续加溶剂至接近标线处，等 1～2min 让沾附在瓶颈内壁上的溶液流下后，再用滴管伸入瓶颈接近液面处，眼睛平视标线滴加溶剂至弯月面下缘与标线相切为止。盖好瓶塞，用左手食指按住塞子，其余手指拿住瓶颈标线以上部分，右手用指尖托住瓶底，将瓶倒转并摇动，再倒转过来，使气泡上升到顶，如此反复多次，使溶液充分混合均匀。

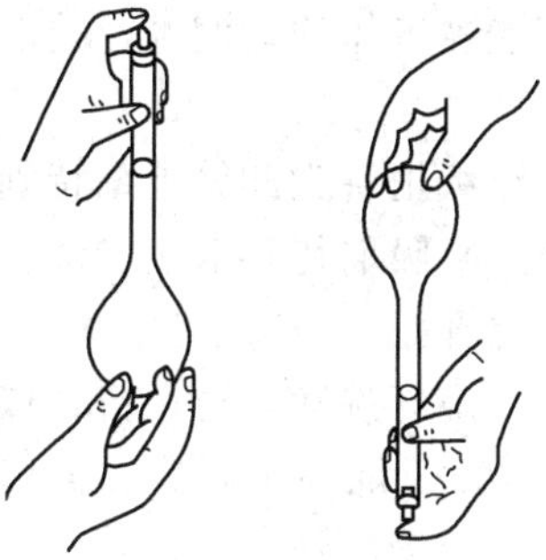

图 11.3　容量瓶的检漏

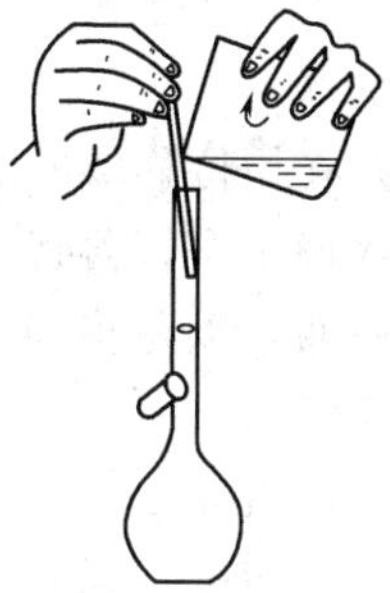

图 11.4　溶液转入容量瓶的操作

如果是浓溶液定量稀释，则用移液管移取一定体积的溶液于容量瓶中，按上述方法稀释至标线，摇匀。

容量瓶使用时应注意如下事项。

（1）热溶液应冷却至室温后，才能稀释至标线，否则可造成体积误差。

（2）需避光的溶液用棕色容量瓶配制。容量瓶不宜长期存放溶液，若配好的溶液需要长期保存，应转移到磨口试剂瓶中。

（3）容量瓶及移液管等有刻度的精确玻璃量器，均不宜放在烘箱中烘烤，也不能在电炉等仪器上加热。

（4）容量瓶如长期不用，磨口处应洗净擦干，并用纸片将磨口隔开。

11.3　移液管和吸量管

11.3.1　移液管

移液管是准确移取一定体积液体的量器，由一根细长而中间有膨大部分的玻璃管制成，在管口上端刻有标线，膨大部分写有液体到标线处的体积和标定该体积的温度（使用时的温度与标定移液管体积时的温度不一定相同，必要时可做校正)。常用的移液管有 5mL、10mL、20mL、25mL、50mL 等规格。

11.3.1.1　移液管的检查

合格的移液管除了放出的体积准确外，对孔径的大小也有一定的要求。所有规格的移液管中的液体全部自由流完的最长时间不能超过 1min，最短时间见表 11.1。

表 11.1　移液管中液体全部自由流完的最短时间

移液管容积/mL	5	10	25	50	100
自由流完时间/s	10	20	25	30	40

如自由流出时间超过规定范围，表示出口孔径太大（太快）或过小（太慢），都会使管壁滞留的液体超过允许量的范围，而导致流出液体的体积不准确，是不宜使用的。

11.3.1.2　移液管的洗涤

移液管使用前用少量洗液洗涤后，依次用自来水、蒸馏水分别洗涤三次外，还必须用所要移取的液体润洗 2～3 次，以保证被吸液体的浓度保持不变。润洗的具体方法是：吸取少许待移取液于移液管中，两手平托移液管，用两手的大拇指和食指转动移液管，使待移取液浸润整个管壁后，从管嘴放出。如果洗涤后的移液管不能被液体均匀润湿，挂液珠，则需用洗液等重新洗涤。

应注意，在用待移取的液体润洗移液管之前，要用滤纸把管尖和管外壁特别是球部以下的管外壁的水擦干净，再将移液管插入容量瓶（或储液瓶）吸取待移取液润洗。另外，不能让溶液流回原瓶，以免将容量瓶（或储液瓶）中的液体稀释。

为了避免流回原瓶，也可采用下面方法洗涤。将一小烧杯洗净，再用待移取液将烧杯润洗三次，每次用液体 2～3mL，倒入待移取的液体约 15mL 于烧杯中，然后将移液管球部以下的外壁用滤纸擦干，插入烧杯中按前述洗涤方法，将移液管洗涤三次。

11.3.1.3　液体的移取

用移液管移取液体时，用右手大拇指和中指拿住移液管颈标线以上的地方，将移液管插入待移取液体液面以下 1～2cm 处［见图 11.5(a)］，左手拿洗耳球，先把洗耳球内空气挤出，然后将球的尖嘴紧接移液管的上口，慢慢放松洗耳球，使液体徐徐吸入移液管中，随着移液管内液面的上升，应下移移液管，以免产生空吸。当液面升至标线以上时，移去洗耳球，立即用右手食指按住管口，垂直地将移液管提高至液面以上，微微松开食指，或用拇指和中指轻轻转动移液管，让液体慢慢流出，使液面平稳下降，直到液体的弯月面与标线相切时，立即用食指压紧管口，取出移液管。若移液管外悬挂液滴，可将管尖靠住容器内壁，使液滴流下。把准备承接液体的容器稍微倾斜，将移液管移入容器中，使移液管垂直，管尖靠着容器内壁，松开食指，让管内液体全部沿器壁流下，如图 11.5(b) 所示。停留 10～15s 后，取出移液管，切勿把残留在管尖的液体吹去，因为在校正移液管时，并没有把这部分体

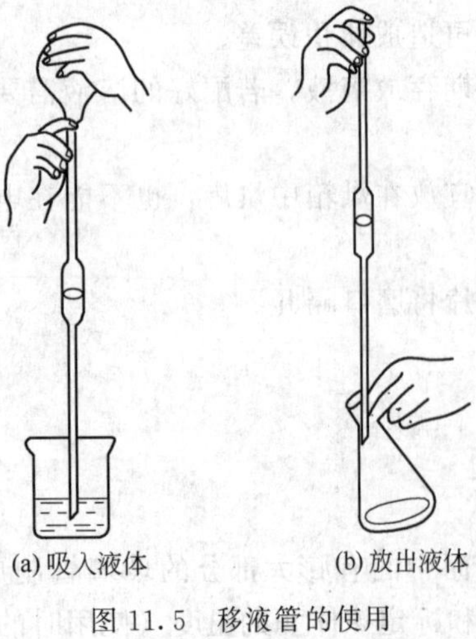

(a) 吸入液体　(b) 放出液体

图 11.5　移液管的使用

积计算在内。

11.3.2　吸量管

吸量管是具有分度的玻璃管，用来准确移取不同体积的液体。常用的吸量管有 1mL、2mL、5mL、10mL 等规格，其准备、洗涤及使用方法与移液管相同，但使用时要注意，无论是移液管还是吸量管，若管口上刻有“吹”字的，使用时须将管内液体全部流出，末端的液体也应吹出，不允许保留。

吸量管是用来移取小体积液体用的，如果量取 5mL、10mL、25mL 等整数较大的体积时，应采用相对应的移液管，而不要使用吸量管。使用吸量管时，总是将液面由某一分度（最高标线），降到另一分度（低标线），两分度之间的体积即为所需的体积，一般不将溶液直接放到吸量管底部，尽量避免使用尖端刻度。

移液管及吸量管使用后，应洗净放在管架上。

另外，如果在实验中取用少量或微量液体，还会用到移液枪。

11.4　滴定管

滴定管是由细长而均匀的玻璃管制成的，下端是一尖嘴管，中间有一节制阀门控制溶液的流量和速度。它是滴定时准确测量溶液体积的量器。

常量分析的滴定管容积有 50mL 和 25mL，其最小刻度为 0.1mL，读数可估计到 0.01mL。另外，还有容积为 10mL、5mL、2mL、1mL 的半微量或微量滴定管，最小刻度为 0.05mL、0.01mL 或 0.005mL，它们的形状各异。

滴定管一般分为酸式滴定管和碱式滴定管两种。酸式滴定管下端带有玻璃旋塞，用来装酸性溶液或氧化性溶液，不宜盛放碱性溶液，因为碱性溶液能腐蚀玻璃，使旋塞难以转动。碱式滴定管用来装碱性溶液，它的下端连接一乳胶管，管内有一玻璃珠以控制溶液的流速，乳胶管下端再连接一个尖嘴玻璃管。凡是能与乳胶管起反应的氧化性溶液，如 $KMnO_4$、I_2 等及酸性溶液均不能装在碱式滴定管中。一般在滴定分析中，除强碱溶液外，都可采用酸式滴定管进行滴定。由于乳胶管易老化，碱式滴定管已逐渐不用，而改用酸碱通用型滴定管，其下端用聚四氟乙烯旋塞连通。

11.4.1　滴定前滴定管的准备

11.4.1.1　滴定管的检查

酸式滴定管使用前应检查活塞转动是否灵活，是否漏水。检查漏水的方法是先将活塞关闭，在滴定管内充满水，夹在滴定管架上垂直静置约 2min，观察管口及活塞两端是否有水渗出，然后，将活塞旋转 180°，再静置 2min，观察是否有水渗出。若前后两次均无水渗出，活塞转动也灵活，即可洗净使用，否则应在活塞上涂抹凡士林。

涂凡士林的方法是将活塞取出，用滤纸将活塞及活塞槽内的水擦干净，用手指蘸取少量凡士林在活塞两头涂上薄薄的一层，如图 11.6 所示；或者在活塞的大头部分涂上一薄层，在活塞槽尾部的内壁上涂一层，然后将活塞插入活塞槽内，朝同一方向旋转，直到整个活

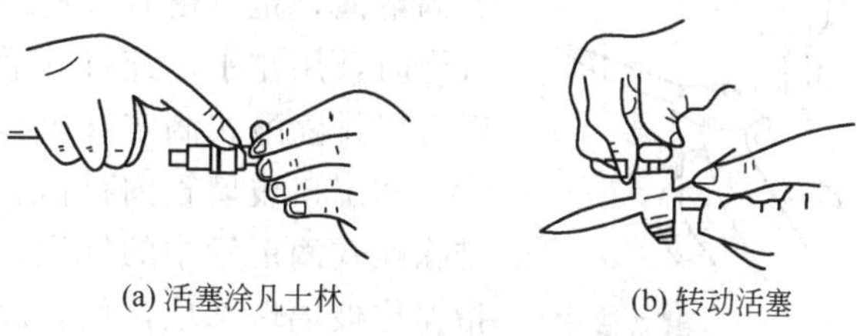

(a) 活塞涂凡士林　　(b) 转动活塞

图 11.6　旋塞涂油操作

塞透明为止。活塞不呈透明状，说明是水未擦干或涂的凡士林量少，遇此情况，则需重新处理。如经涂凡士林后仍渗水严重，则说明此滴定管的活塞磨口不密合，无法用涂凡士林的方法解决，必须更换滴定管。

若涂凡士林过多而使活塞孔或出口被凡士林堵塞，则必须清除。活塞孔被堵塞时，可取下活塞用细铜丝捅出凡士林，如下端出口被堵住时，则可将水充满全管，将下端出口浸在热水中加温片刻，然后打开活塞使管内的水突然冲下，将熔化的凡士林冲出来。如果仍不能除去出口处的堵塞物，则可采用四氯化碳等有机溶剂浸溶。

涂好凡士林经过检查合格的滴定管，可用橡皮圈将活塞固定好，以免活塞脱落打碎。

检查碱式滴定管是否漏水，先选择合适的乳胶管和玻璃珠，然后装满水，静置 2min，检查出口处是否有水渗出。若漏水，可更换一较大的玻璃珠即可，但玻璃珠也不宜过大，否则会给操作带来不便。

如果是聚四氟乙烯旋塞漏液，拧紧旋塞一侧的螺帽即可。

11.4.1.2 滴定管的洗涤

滴定管在使用前必须洗净，洗净后的滴定管内壁应能被水均匀润湿而不挂水珠。洗涤的方法一般是先用自来水冲洗，再用蒸馏水润洗 2～3 次，每次用水 10～15mL。若不能洗净，则可用铬酸洗液洗涤。洗涤的方法是：将铬酸洗液 10mL 倒入滴定管中（碱式滴定管应取下下端的乳胶管，套上旧的橡皮乳头，再倒入洗液），将滴定管逐渐向管口倾斜，转动滴定管，使洗液布满全管，然后打开活塞，将洗液放回原瓶中。如果内壁沾污严重，则需用洗液充满滴定管浸泡 10min 至数小时或用温热洗液浸泡 20～30min。然后用自来水冲洗干净，再用蒸馏水润洗 2～3 次。

11.4.2 操作溶液的装入

将溶液装入酸式或碱式滴定管之前，应将试剂瓶中的溶液摇匀，使凝结在瓶内壁上的水珠混入溶液，这在天气比较热、室温变化较大时更为必要。混匀后的操作溶液（在滴定分析中使用的标准溶液或待分析试液，通常称为操作溶液）应直接倒入滴定管中，不得用其它容器（如烧杯、漏斗、滴管等）来转移。转移溶液时，用左手持滴定管上部无刻度处，并使滴定管稍微倾斜，右手拿住试剂瓶，向滴定管中倒入溶液。小瓶可以手握瓶身（瓶签向手心），如为大试剂瓶，可将瓶放在桌边上，手拿瓶颈，使瓶倾斜，让溶液慢慢倾入滴定管中。

在正式装入操作溶液前，应先用操作溶液润洗滴定管内壁三次。第一次用 10mL 左右操作液。润洗时，两手平持滴定管，边转动边倾斜管身，使操作液洗遍全部内壁，然后，打开出口活塞，冲洗出口，尽量放出残留液。随后用 5～10mL 操作液重复润洗两次。对于碱式滴定管，应特别注意玻璃珠下方的洗涤。最后关好活塞，将操作液倒入，直到充满至“0”刻度以上为止。

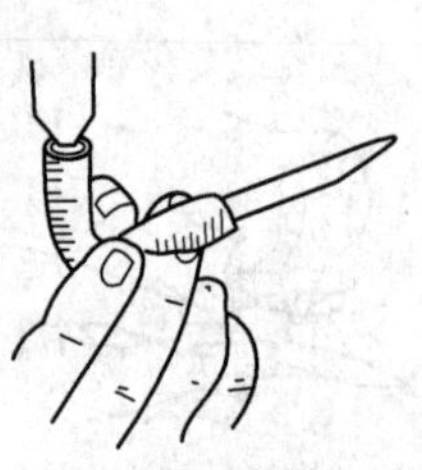
图 11.7 碱式滴定管排气泡的方法

滴定管内充满操作液后，应检查滴定管的出口下部尖嘴部分是否充满溶液，是否留有气泡。酸式滴定管的气泡，一般容易看出，当有气泡时，用左手迅速打开活塞，使溶液冲出管口，反复数次，这样一般可以排除酸式滴定管出口处的气泡。碱式滴定管的气泡往往在乳胶管内和出口玻璃管内存留。乳胶管内的气泡对光检查容易看出。为了排除碱式滴定管中的气泡，可一手斜持碱式滴定管，另一手拇指和食指捏住玻璃珠部位，使乳胶管向上弯曲翘起，并捏挤乳胶管中玻璃珠旁侧处，使溶液和气泡从管口向上喷出，即可排除气泡，如图 11.7

所示。

11.4.3　滴定管的读数

滴定管读数的准确与否，直接影响测定结果的准确性。为了正确读数，一般应遵守下列原则：

(1) 读数时应将滴定管取下，用右手大拇指和食指捏住滴定管上部无刻度处，使滴定管保持垂直，然后再读数。

(2) 由于表面张力的作用，滴定管内的液面呈弯月形。无色和浅色溶液的弯曲面比较清晰，读数时，视线应与弯月面下缘实线的最低点相切，读取与弯月面下缘实线的最低点相切的刻度，如图 11.2 所示。对于有色溶液，如 $KMnO_4$、I_2 等，其弯月面不够清晰，一般读取视线与液面两侧的最高处的刻度。

(3) 使用“蓝带”滴定管时，读数方法与上述不同。在这种滴定管中，液面呈现三角交叉点，读取交叉点与刻度相交点的读数，如图 11.8 所示。

(4) 为了读数准确，注入溶液或放出溶液后，需等 1～2min，使附着在壁上的溶液流下来后，再读数。每次读数前，应注意管出口的尖嘴上有无挂液滴，管嘴有无气泡。

(5) 每次滴定前应将液面调节在刻度 0.00mL 或“0”刻度以下附近位置，这样可固定在某一段体积范围内滴定，以减少系统误差。

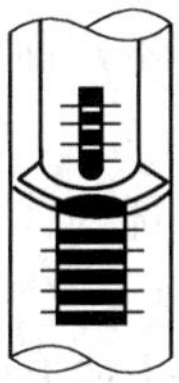

图 11.8　带“蓝带”滴定管读数

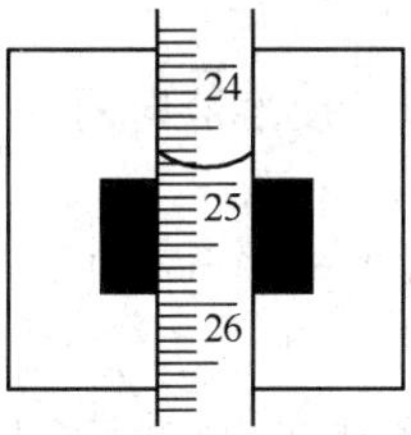

图 11.9　读数卡

图 11.10　滴定操作

(6) 读数必须读到小数点后第二位，即要求准确到±0.01mL。为了读取准确，可采用读数卡，它有利于初学者读数。读数卡由黑纸或涂有黑色长方形的白纸板制成。读数时，将读数卡放在滴定管背后，使黑色部分在弯月面下约 1cm 处，此时，可看到弯月面的反射层全部成为黑色（如图 11.9 所示），读此黑色弯月面下缘的最低点刻度。有色溶液应用白色卡片作为背景，读其两侧最高点的刻度。

11.4.4　滴定操作方法

使用滴定管时，应将滴定管垂直地夹在滴定管架上。滴定最好在锥形瓶中进行，必要时也可在烧杯中进行。

在滴定开始前，先将悬挂在滴定管尖嘴处的液滴除去，读出初读数。将滴定管下端尖嘴伸入锥形瓶或烧杯内约 1cm 处。使用酸式滴定管时，左手操作活塞，拇指在前，食指及中指在后，一起控制活塞。旋转活塞时，手指微微弯曲，轻轻向里扣住，手心不要顶住活塞小头一端，以免顶出活塞，使溶液溅漏。使用碱式滴定管时，用手指轻轻挤捏玻璃珠所在部位的乳胶管，使玻璃珠与乳胶管内壁间形成一缝隙，溶液即流出。注意不要使玻璃珠上下移动，不要捏玻璃珠下方的乳胶管，以免空气进入而形成气泡，影响读数。

滴定时，如图 11.10 所示，左手控制溶液流量，右手拿住锥形瓶颈部，向同一方向旋摇锥形瓶，使溶液做圆心旋转，这样滴下的溶液能较快地分散并进行化学反应。注意不要使瓶内溶液溅出。在接近终点时，滴定速度应放慢，以防滴定过量，每次加入 1 滴或半滴溶液，并不断摇动，直至到达终点。

无论使用酸式滴定管还是碱式滴定管，都必须掌握三种滴液的方法：第一，连续滴加的方法，即一般的速度“见滴成线”的方法；第二，控制一滴一滴加入的方法，做到需一滴就能只加一滴的熟练操作；第三，学会使液滴悬而不落，只加半滴或不到半滴的方法。滴加半滴的方法是：使溶液悬挂于管口悬而不落，用锥形瓶内壁将其碰落于锥形瓶中，然后用洗瓶中的蒸馏水冲下。

开始滴定时，速度可稍快，呈“见滴成线”，3～4 滴/s，但不能使溶液呈流水状放出。临近终点时，速度要减慢，应一滴或半滴地加入，滴一滴，摇几下，再加，再摇，并用洗瓶加少量蒸馏水吹洗锥形瓶内壁，使附着溶液全部流下；然后，再半滴、半滴地加入，直至准确到达终点为止。

滴定结束后，滴定管内剩余溶液应弃去，不要倒回原瓶中，以免沾污操作溶液。随后，洗净滴定管，用蒸馏水充满全管，备用。

滴定操作时应注意以下几点：

(1) 每次滴定都要从“0”刻度或接近“0”刻度的任一刻度开始，这样可以减少系统误差。

(2) 滴定时，要根据反应情况控制滴定速度，接近终点时速度要慢，应半滴、半滴地加入。

(3) 旋摇锥形瓶时，应微动腕关节，使溶液向同一方向做圆周运动，不能前后振动，以免溶液溅出。

(4) 滴定时，要观察液滴落点周围溶液颜色变化，不要关注滴定管上部的体积而忽略滴定反应的进行。

(5) 在滴加半滴溶液时，使溶液悬挂在出口管嘴上形成半滴，用锥形瓶内壁将它沾落后，必须用少量蒸馏水吹洗锥形瓶内壁。

附：容量器皿的校准

容量器皿的实际容积常常与它所表示的体积（容器上刻度值所指示的容积数）不相符合。因此，在准确度要求较高的分析中，必须对容量器皿进行校准。

容量器皿的校准可采用称量法。其原理是称量量器中所放出或所容纳的水的质量，并根据该温度下水的密度，计算出该量器在 20℃（通常以 20℃为标准温度）时的容积。由质量换算成容积时必须考虑三个因素，即温度对水密度的影响、空气浮力对称量水质量的影响、温度对玻璃容积的影响。

为了方便起见，把上述三个因素综合校准后得到的值列成表，见表 11.2，这样，根据表中的数值，便可计算某一温度下，一定质量的纯水相当于 20℃时所占的实际容积。

校正方法：

滴定管的校正：将蒸馏水注入洗净的滴定管到刻度“0”处，记录水温，然后放出一段水（如 5mL 或 10mL），注入已称重的具塞称量瓶中称量，准确到 0.01g，如此反复进行，直至放出水至刻度为“50”处。例如，21℃时，由滴定管中放出 10.03mL 水，其质量为 10.04g，由表 11.2 查得 21℃时每毫升水为 0.9970g，故其实际容积为 10.04/0.9970＝10.07mL，容积误差为 10.07－10.03＝0.04mL。

表 11.2　不同温度下用纯水充满 1L（20℃）玻璃容器的水的质量

（空气中用黄铜砝码称量）

温度/℃	1L 水的质量/g	温度/℃	1L 水的质量/g	温度/℃	1L 水的质量/g
0	998.24	14	998.04	28	995.44
1	998.32	15	997.93	29	995.18
2	998.39	16	997.80	30	994.91
3	998.44	17	997.66	31	994.68
4	998.48	18	997.51	32	994.34
5	998.50	19	997.35	33	994.05
6	998.51	20	997.18	34	993.75
7	998.50	21	997.00	35	993.44
8	998.48	22	996.80	36	993.12
9	998.44	23	996.60	37	992.80
10	998.39	24	996.38	38	992.46
11	998.32	25	996.17	39	992.46
12	998.32	26	995.93	40	991.77
13	998.14	27	995.69		

移液管的校正：将移液管洗净，吸取蒸馏水至标线以上，调节液面与弯月面相切，按前述的使用方法将水放入已称重的锥形瓶中，称量。两次质量之差为量出水的质量。计算即得移液管的真实体积。重复校正以得到精确结果。

容量瓶的校正：将洗净的容量瓶晾干称重，然后，注入蒸馏水至标线处，附着于瓶外壁的水滴应用滤纸吸干，称量。两次质量之差即为容量瓶中水的质量，计算即得容量瓶的实际容积。

第 12 章　电光仪器及其使用

12.1　称量仪器

天平是化学实验室不可缺少的重要称量仪器。根据对质量准确度的要求不同，可选用不同类型的天平进行称量。常用的天平种类很多，如台秤、半自动电光天平和电子天平等。台秤和半自动电光天平是根据杠杆原理设计而制成的。电子天平则是利用电磁力来平衡样品的重力，以测得样品的精确质量。实验者应根据实验过程对称量准确度的不同要求，选择不同类型的天平进行称量，以便既能快速称量，又能满足实验准确度的要求。由于半自动电光天平目前已较少使用，下面主要对台秤和电子天平的使用方法及注意事项做一介绍。

12.1.1　台秤的使用

台秤又叫托盘天平，是实验室粗称药品和物品不可缺少的称量仪器，最大称量为 500g 的天平的最小准称量为 0.5g，最大称量为 200g 的天平的最小准称量为 0.2g。

12.1.1.1　构造

托盘天平构造如图 12.1 所示，通常横梁架在底座上，横梁中部有指针与刻度盘相对，根据指针在刻度盘上左右摆动情况，判断天平是否平衡，并给出称量量。横梁左右两端上边各有一秤盘，用来放置试样（左盘）和砝码（右盘）。由天平构造可知其工作原理是杠杆原理，横梁平衡时力矩相等，若两臂等长则砝码质量就与试样质量相等。

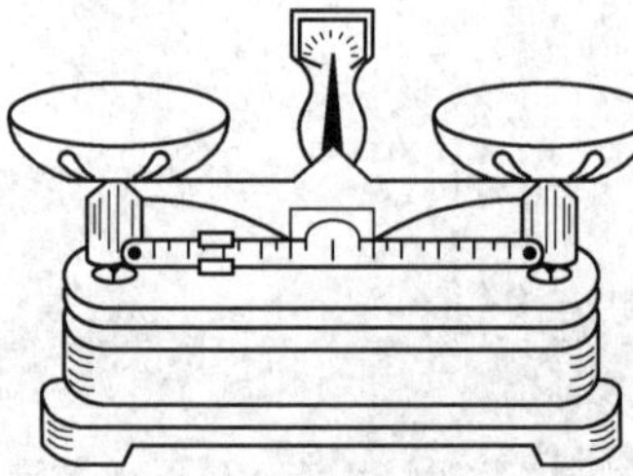

图 12.1　托盘天平

12.1.1.2　称量

称量前，应先将游码拨至游码标尺“0”处，检查指针是否停在刻度盘的中间位置。如果不在中间位置，可调节托盘下侧的平衡螺丝。当指针在刻度盘从中间向左右摆动的格数相等或指针停摆时停在刻度盘的中间位置时，台秤即处于平衡状态，此时指针的停点称为零点。

称量时，左盘放称量物，右盘放砝码，砝码用镊子夹取，10g 或 5g 以下的质量，可移动游码标尺上的游码。当添加砝码或移动游码到台秤的指针停在刻度盘的中间位置，台秤处于平衡状态，此时指针所停的位置称为停点。零点与停点相符时（允许偏差 1 小格以内），砝码的质量就是称量物的质量。

12.1.1.3　注意事项

（1）不能称量热的物品。

（2）化学药品不能直接放在托盘上，应根据情况决定将称量物放在洁净的烧杯、表面皿或称量纸上。

（3）称量后将砝码放回砝码盒，游码拨到“0”处，秤盘清洁后放在一侧，或用橡皮圈架起，以防台秤摆动。

（4）整个称量过程应保持台秤整洁。

12.1.2　电子天平的使用

电子天平是最新发展的一类天平，已逐渐进入化学实验室为学生使用。与其它种类的天平不同，电子天平应用了现代电子控制技术进行称量，无论采用何种控制方式和电路结构，其称量依据都是电磁力平衡原理。其特点是称量准确可靠，显示快速清晰并且具有自动检测系统、简便的自动校准装置和超载保护等装置。常用电子天平的称量精确度从 0.1g 至 0.1mg。一般称量精度在 0.001g 以上的带有防风玻璃罩，用于精确称量，0.01g 以下的不带防风罩，用于一般称量。称量范围一般为 200g。

12.1.2.1　电子天平的使用方法

（1）使用前观察水平仪是否水平，如不水平，用水平脚调整水平。清洁天平。

（2）接通电源，轻按"POWER"（或"On/Off"）键，开启天平，天平显示自检（所有字段闪现等），当天平回零时，就可以正常工作了。

（3）简单称量：打开天平侧门，将样品放在天平盘上（化学试剂不能直接接触天平盘），关闭侧门，待电子显示屏上闪动的数字稳定下来，出现指示符"→"，读取数字，即为样品的称量值。

（4）去皮称量：将空容器或称量纸放在天平盘上，显示其质量值。轻按"TARE"（或"→0/T←"）键，此时显示屏上显示数值为 0，此过程称为去皮。向空容器中或称量纸上加药品，所显示的数值即为样品净重值，如将容器从天平上移去，去皮重量值会以负值显示，此值将一直保留到再次按"TARE"键或关机。

（5）称量完毕，取下被称物，按住"POWER"（或"On/Off"）键直到显示出现"Off"字样，然后松开该键，拔下电源插头，清洁天平，盖上防尘罩。

12.1.2.2　称量方法

（1）直接称量法

当固体试样没有吸湿性，在空气中性质稳定时，可用直接法称量。将称量纸或外壁干燥的其它容器放在电子天平的天平盘上，按"TARE"键去皮，然后用角匙将固体试样逐渐加到称量纸上或容器内，直到显示屏上显示所需质量的数值为止。

（2）差减（递减）称量法

有些试样易吸水或在空气中性质不稳定，要求准确称量时，可用差减法称取。先在一个干燥的称量瓶中装入试样，在天平上准确称量，设称得的质量为 m_1，再从称量瓶中倾倒出一部分试样于容器中，然后再准确称得质量为 m_2，前后两次称量的质量之差 m_1-m_2，即所取的试样质量。如果将装有试样的称量瓶放在天平盘上先去皮，则转移试样后再次称量时显示屏上所显示的数值即为所取试样的质量。

12.1.2.3　电子天平的使用规则与维护

（1）天平室应避免阳光照射，保持干燥，防止腐蚀性气体的侵袭。天平应放在牢固的台上避免震动。

（2）天平箱内应保持清洁，要定期放置和更换硅胶，以保持干燥。

（3）称量物体不得超过天平的负载。

（4）不得在天平上称量热的或散发腐蚀性气体的物质。

（5）称量的样品，必须放在适当的容器中，不得直接放在天平盘上。

12.2　酸度计

pH 计（亦称酸度计）是一种常用的仪器设备，主要用来精密测量液体介质的 pH 值，也可以用铂电极（或适当的离子选择性电极）和参比电极测量电动势（或氧化还原电势），广泛应用于工业、农业、科研、环保等领域。它是用一支复合电极（或一对电极）插在被测溶液中，由于被测溶液的酸度（或离子浓度）不同而产生不同直流毫伏电动势，将此电动势输入到电位计后，经过电子转换，最后在指示器上指示出测量结果。pH 计能在 0～14 pH 值范围内使用。pH 计有台式、便携式、表型式等多种，读数指示器有数字式和指针式两种（目前常用的为数字式）。pH 计的型号有多种，如雷磁 25 型、pHS-2 型、pHS-25 型、pHS-10B 型、pHS-3C 型等，但基本原理、操作步骤大致相同。本书主要介绍 pHS-3C 型酸度计，简要说明操作步骤及使用注意事项。

12.2.1　基本原理及构造

pHS-3C 型酸度计是一种实验室用的精密数字显示 pH 计，其测量范围宽，重复性误差小。也可以用铂电极（或适当的离子选择性电极）和参比电极测量电动势（或氧化还原电势）。

仪器由电极、高阻抗直流放大器、功能调节器（斜率和定位）、数字电压表和电源等组成。

pH 指示电极、参比电极、被测试液组成测量电池。指示电极的电极电势随被测溶液的 pH 值变化而变化，而参比电极的电极电势不随 pH 值的变化而变化，它们符合能斯特方程中电极电势与离子活度之间的关系。目前实验室常用的电极为复合电极，其优点是使用方便，不受氧化性或还原性物质的影响，且平衡速度较快。仪器设置了稳定的定位调节器和斜率调节器。前者是用来抵消测量电池的起始电位，使仪器的示值与溶液的实际 pH 值相等；而后者通过调节放大器的灵敏度使 pH 值整量化。

pHS-3C 型酸度计的面板结构如图 12.2 所示。

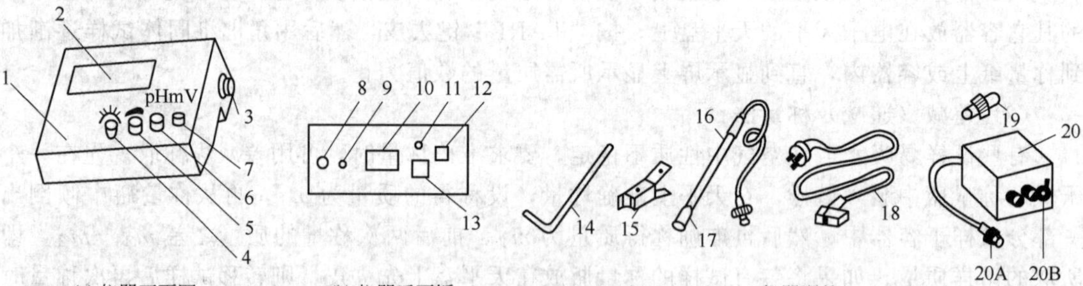

图 12.2　pHS-3C 型酸度计

1—前面板；2—显示屏；3—电极梗插座；4—温度补偿调节旋钮；5—斜率补偿调节旋钮；6—定位调节旋钮；7—选择旋钮（pH 或 mV）；8—测量电极插座；9—参比电极插座；10—铭牌；11—保险丝；12—电源开关；13—电源插座；14—电极梗；15—电极夹；16—复合电极；17—电极套；18—电源线；19—短路插头；20—电极插转换器；20A—转换器插头；20B—转换器插座

12.2.2　pH 值的测定方法

（1）开机前准备　安装好电极梗及电极夹，pH 复合电极安装在电极架上，拔下复合电极下端的电极保护套，拉下上端的橡皮套并使加液口外露，用去离子水清洗电极。

（2）打开仪器后部的电源开关，将测量选择开关调到 pH 挡，此时 pH 指示灯亮，预热半小时。

（3）用温度计测量被测溶液的温度，如 25℃，调节温度旋钮至所测温度值 25℃。调节斜率旋钮至最大值。

（4）标定 仪器使用前先要进行标定。下列（4）、（5）、（6）为标定步骤。将清洗过的复合电极放入混合磷酸盐的标准缓冲溶液（pH＝6.86）中，使溶液淹没电极头部的玻璃球，轻轻摇匀，待读数稳定后，调节定位旋钮，使显示值为该溶液 25℃时标准 pH 值 6.86。

（5）将电极取出，洗净、吸干，放入邻苯二甲酸氢钾标准缓冲溶液（pH＝4.00）中，摇匀，待读数稳定后，调节斜率旋钮，使显示值为该溶液 25℃时标准 pH 值 4.00。

（6）取出电极，洗净、吸干，再次放入混合磷酸盐的标准缓冲溶液，摇匀，待读数稳定后，调定位旋钮，使显示值为 6.86。取出电极，洗净、吸干，放入邻苯二甲酸氢钾的缓冲溶液中，摇匀，待读数稳定后，再调节斜率旋钮，使显示值为 4.00。重复上述操作（4）和（5），直到两标准溶液的测量值与标准 pH 值相符为止。

标定时一般第一次用 pH＝6.86 的缓冲溶液，第二次用接近溶液 pH 值的缓冲溶液，如果被测溶液为酸性时，缓冲溶液应选 pH＝4.00；如被测溶液为碱性，则选 pH＝9.18 的缓冲溶液。一般情况下，在 24h 内仪器不需再标定。经标定的仪器定位及斜率调节旋钮不应再有变动。定位过程结束后，进入测量状态。

（7）测量 pH 值 用去离子水清洗电极头部，吸干，再用被测溶液冲洗电极一次。将电极浸入被测溶液中，沿台面摇动盛液器皿，使溶液均匀，在显示屏上读出溶液的 pH 值。

若被测溶液与定位溶液的温度不同时，则先调节“温度”调节旋钮，使白线对准被测溶液的温度值，再将电极插入被测溶液中，沿台面摇动盛液器皿，使溶液均匀，在显示屏上读数稳定后读出溶液的 pH 值。

（8）完成测试后，移走溶液，用去离子水冲洗电极，吸干，套上电极保护套，关闭电源，结束实验。

12.2.3 mV 值测定

（1）将铂电极（或适当的离子选择性电极）和参比电极及电源分别插入相应的插座中，两电极夹在电极架上。

（2）将测量选择开关调到 mV 挡。

（3）用去离子水清洗电极并吸干。

（4）把两种电极插入待测溶液中，摇匀溶液，仪器显示的数值即是该电极（或电池）的电极电势（或电池的电动势）mV 值，还可自动显示正负极。

12.2.4 注意事项

（1）仪器的输入端（包括电极插孔与插头）必须保持干燥清洁。电极的引出端，必须保持干净和干燥，绝对防止短路。

（2）复合电极不用时，要浸泡在电极浸泡液中，切忌用洗涤液或其它吸水性试剂浸洗。使用前，检查玻璃电极前端的球泡。正常情况下，电极应该透明而无裂纹，球泡内要充满溶液，不能有气泡存在。使用时，将电极加液口上所套的橡胶套拉下，以保持电极内氯化钾溶液的液压差。

(3) 在使用复合电极时，溶液一定要超过电极头部的陶瓷孔。电极插入溶液后要充分搅拌均匀（2～3min），待溶液静止后（2～3min）再读数。

(4) 用标准溶液标定时，首先要保证标准缓冲溶液的精度，否则将引起严重的测量误差。仪器标定好后，不能再动定位和斜率旋钮，否则必须重新标定。

12.2.5　复合电极

把 pH 玻璃电极和参比电极组合在一起的电极就是 pH 复合电极。相对于两个电极而言，复合电极最大的好处就是使用方便。pH 复合电极主要由电极球泡、玻璃支持杆、内参比电极、内参比溶液、外壳、外参比电极、外参比溶液、液接界、电极帽、电极导线、插口等组成。

pH 复合电极可分为可充式复合电极和非可充式复合电极。可充式复合电极即在电极外壳上有一加液孔，当电极的外参比溶液流失后，可从加液孔重新补充 KCl 溶液。而非可充式复合电极内装凝胶状 KCl，不易流失也无加液孔。可充式复合电极的特点是参比溶液有较高的渗透速率，液接界电位稳定重现，测量精度较高，而且当参比溶液减少或受污染后可以补充或更换 KCl 溶液，但缺点是使用较麻烦。可充式复合电极使用时应将加液孔打开，以增加液体压力，加速电极响应，当参比溶液液面低于加液孔 2cm 时，应及时补充新的参比溶液。实验室较常用的是可充式复合电极，见图 12.3。

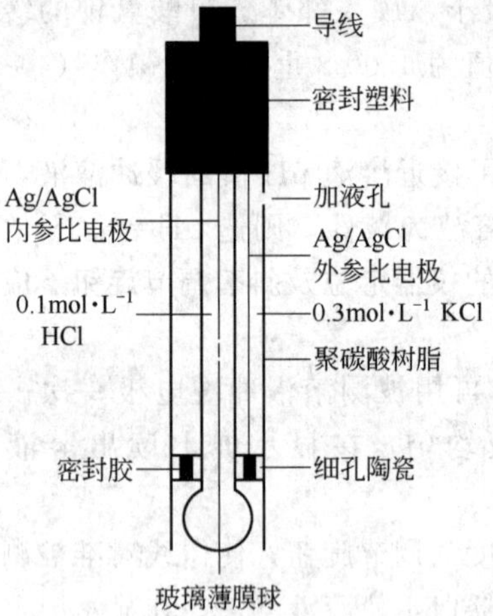

图 12.3　pH 复合电极

pH 复合电极使用前必须浸泡在含 KCl 的 pH＝4.00 缓冲溶液中，这样才能对玻璃球泡和液接界同时起作用。为了使 pH 复合电极使用更加方便，一些进口的 pH 复合电极和部分国产电极，都在 pH 复合电极头部装有一个密封的塑料小瓶，内装电极浸泡液，电极头长期浸泡其中，使用时拔出洗净即可，非常方便。这种保存方法不仅方便，而且对延长电极寿命也是非常有利的，但是塑料小瓶中的浸泡液不要受污染。

要正确使用 pH 复合电极。球泡前端不应有气泡，如有气泡应用力甩去。电极从浸泡液中取出后，应在去离子水中晃动或冲洗，取出吸干，不要擦拭球泡（否则由于静电感应电荷转移到玻璃膜上，会延长电势稳定的时间），应使用被测溶液冲洗电极。复合电极插入被测溶液后，将溶液轻摇几下再静止放置，这样会加快电极的响应。在黏稠性试样中测试之后，电极必须用去离子水反复冲洗多次，以除去黏附在玻璃膜上的试样。有时还需先用其它溶剂洗去试样，再用水洗去溶剂，浸入浸泡液中活化。电极应避免接触强酸强碱或腐蚀性溶液，如果测试此类溶液，应尽量减少浸入时间，用后仔细清洗干净。避免在无水乙醇、浓硫酸等脱水性介质中使用，它们会损坏球泡表面的水合凝胶层。

附：缓冲溶液的配制及 pH 与温度的关系

1. pH 4.00 的缓冲溶液：用邻苯二甲酸氢钾（G.R.）10.12g，溶于 1000mL 的高纯去离子水中。

2. pH 6.86 的缓冲溶液：用磷酸二氢钾（G.R.）3.387g、磷酸氢二钠（G.R.）3.533g，溶于 1000mL 的高纯去离子水中。

3. pH 9.18 的缓冲溶液：用四硼酸钠（G.R.）3.80g，溶于 1000mL 的高纯去离子水中。

配制 pH 值为 6.86 和 9.18 的缓冲溶液所用的水，应预先煮沸 15～30min，除去溶解的 CO_2，在冷却过程中应避免与空气接触，以防止 CO_2 的污染。见表 12.1。

表 12.1　不同温度下缓冲溶液的 pH 值

温度/℃	$0.05mol \cdot kg^{-1}$ 邻苯二甲酸氢钾溶液	$0.05mol \cdot kg^{-1}$ 混合磷酸盐溶液	$0.05mol \cdot kg^{-1}$ 四硼酸钠溶液	温度/℃	$0.05mol \cdot kg^{-1}$ 邻苯二甲酸氢钾溶液	$0.05mol \cdot kg^{-1}$ 混合磷酸盐溶液	$0.05mol \cdot kg^{-1}$ 四硼酸钠溶液
5	4.00	6.95	9.39	35	4.02	6.84	9.11
10	4.00	6.92	9.33	40	4.03	6.84	9.07
15	4.00	6.90	9.28	45	4.04	6.84	9.04
20	4.00	6.88	9.23	50	4.06	6.83	9.03
25	4.00	6.86	9.18	55	4.07	6.83	8.99
30	4.01	6.85	9.14	60	4.09	6.84	8.97

12.3　电导率仪

12.3.1　基本原理

在电解质溶液中，带电的离子在电场的影响下，产生移动而传递电子，因此具有导电作用。其导电能力的强弱可用电阻 R 或电导 G 表示。电导是电阻的倒数：

$$G=\frac{1}{R} \tag{12.1}$$

电阻 R 的单位为欧姆(Ω)，电导 G 的单位为西门子(S)，显然，$1S=1\Omega^{-1}$。电导的单位西门子太大，常用毫西门子(mS)、微西门子(μS) 表示。

因此，将两个电极（通常为铂电极或铂黑电极）插入溶液中，测出两电极间的电阻 R，即测出了电导的大小。根据欧姆定律，温度一定时，电阻与电极的间距 l(cm) 成正比，与电极的截面积 $A(cm^2)$ 成反比：

$$R=\rho\times\frac{l}{A} \tag{12.2}$$

式中，ρ 为电阻率或比电阻，单位为 Ω · cm，是长 1cm、截面积 $1cm^2$ 导体的电阻，其大小决定于物质的本性。根据电导与电阻的关系，可得：

$$G=\frac{1}{R}=\frac{1}{\rho\frac{l}{A}}=\frac{l}{\rho}\times\frac{A}{l}=\kappa\times\frac{A}{l} \tag{12.3}$$

式中，κ 为电导率，单位为 $S\cdot cm^{-1}$，它是长 1cm、截面积 $1cm^2$ 的导体的电导。对某一电极而言，电极面积 A 和两极间距 l 是固定不变的，因此 l/A 是常数，称为电极常数或电导池常数，用 J 表示。则

$$G=\kappa\times\frac{1}{J} \tag{12.4}$$

电解质溶液的电导率指相距 1m、电极面积为 $1m^2$ 的两平行电极间充以溶液时所具有的电导。但它仅说明溶液的导电性能与几何尺寸间的关系，未体现出溶液浓度与导电性能的关系。因此，有必要引入摩尔电导率的概念：相距为 1m 的两个平行电极之间装有含 1mol 电解质的溶液所具有的电导，用符号 Λ_m 表示。

若电解质溶液的浓度为 $c(\mathrm{mol \cdot L^{-1}})$，则含有 1mol 电解质溶液的体积为 $\frac{1}{c} \times 10^{-3}\,\mathrm{m^3}$，此时溶液的摩尔电导率等于电导率和溶液体积的乘积：

$$\Lambda_m = \kappa V_m = \kappa \times \frac{1}{c} \times 10^{-3} \tag{12.5}$$

摩尔电导率的单位为 $\mathrm{S \cdot m^2 \cdot mol^{-1}}$。摩尔电导率的数值通常是通过测定溶液的电导率 κ，用上式计算得到。

电导率仪的测量原理（图 12.4）是：由振荡器发生的音频交流电压加到电导池电阻与量程电阻所组成的串联回路中时，如溶液的电压越大，电导池电阻越小，量程电阻两端的电压就越大，电压经交流放大器放大，再经整流后推动直流电表，由电表直接可读出电导值。

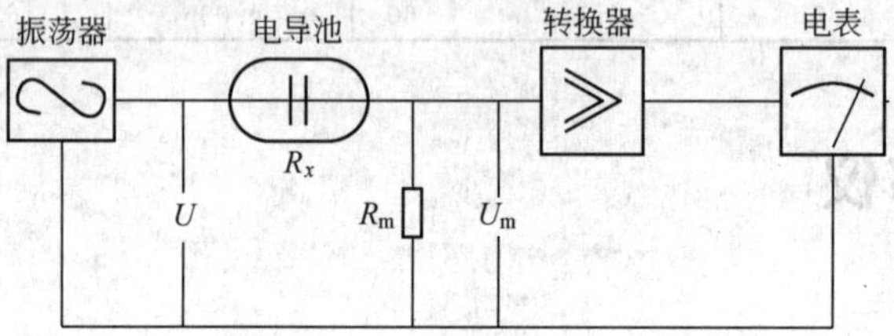

图 12.4　电导率仪测量原理图

溶液的电导取决于溶液中所有共存离子的导电性质的总和。对于单组分溶液，电导 G 和浓度 c 之间有下面关系式：

$$G = \frac{l}{1000} \times \frac{A}{l} Zkc \tag{12.6}$$

式中　A——电极面积，$\mathrm{cm^2}$；
l——电极间距离，cm；
Z——每个离子上的电荷数；
k——常数。

12.3.2　DDS-11A 型电导率仪

DDS-11A 型电导率仪是实验室常用的电导率测量仪表，它除能测定一般液体的电导率外，还能满足测量高纯水的电导率的需要，因此被广泛用于水质检测、水中含盐量、含氧量的测定。该仪器有 0～10mV 信号输出，可接自动电子电位差计进行连续记录用于电导滴定，测出低浓度弱酸及混合酸等。

DDS-11A 型电导率仪的面板结构如图 12.5 所示。

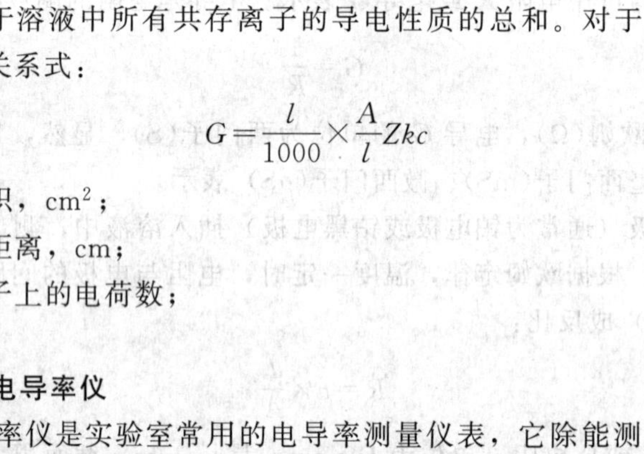

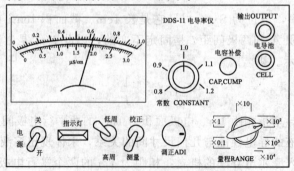

图 12.5　DDS-11A 型电导率仪的面板结构

12.3.2.1　仪器使用方法

（1）未开电源开关前，观察表针是否指零，如不为零，可调整表头上的螺丝使指针指零。

（2）将校正、测量开关扳在“校正”位置。

（3）插接电源线，打开电源开关，并预热数分钟（待指针完全稳定下来为止），调节“调正”调节器使电表满度指示。

（4）根据液体电导率的大小，选用低周或高周，一般电导率低于 $300\mu S\cdot cm^{-1}$用低周，$300\sim10^4\mu S\cdot cm^{-1}$用高周。

（5）将“量程”选择开关置在合适的倍率挡上，若事先不知被测液体电导率高低，可先置于最大的电导率挡，再逐挡下降，以防表头指针打弯。

（6）电极的选择。当被测溶液的电导率低于 $10\mu S\cdot cm^{-1}$，使用 DJS-1 型光亮电极，$10\sim10^4\mu S\cdot cm^{-1}$用 DJS-1 型铂黑电极。使用这两种电极时应把电极常数调节器调节在与所配套的电极的常数相对应的位置上。例如，若配套电极的常数为 0.95，则应把电极常数调节器调节在 0.95 处。

当被测溶液的电导率大于 $10^4\mu S\cdot cm^{-1}$，以至用 DJS-1 型铂黑电极测不出时，则使用 DJS-10 型铂黑电极。这时应把电极常数调节器调节在所配套的电极的常数的 1/10 位置上。例如：若电极的常数为 9.8，则应使电极常数调节器指在 0.98 位置上，再将测得的读数乘以 10，即为被测溶液的电导率。

（7）接好电导池。用电极夹夹紧电极的胶木帽，并通过电极夹把电极固定在电极杆上。将电极插头插入电极插口内，旋紧插口上的紧固螺丝，再将电极浸入待测溶液中。

（8）校正测量。将校正、测量开关扳到校正位置，将调正（ADI）旋钮旋到电表指针指示满刻度。注意：为了提高测量精度，当使用$\times10^4\mu S\cdot cm^{-1}$挡或$\times10^3\mu S\cdot cm^{-1}$挡时，校正必须在接好电导池的情况下进行。将校正、测量开关扳到测量位置，读得表针的指示数，再乘以量程选择开关所指的倍数，即为此溶液的电导率。例如量程选择开关扳在 $0\sim0.1\mu S\cdot cm^{-1}$一挡，指针指示为 0.6，则被测液的电导率为 $0.06\mu S\cdot cm^{-1}$（$0.6\times0.1\mu S\cdot cm^{-1}=0.06\mu S\cdot cm^{-1}$）。又如量程选择开关扳在 $0\sim100\mu S\cdot cm^{-1}$一挡，电表指示为 0.9，则被测液的电导率为 $90\mu S\cdot cm^{-1}$（$0.9\times100\mu S\cdot cm^{-1}=90\mu S\cdot cm^{-1}$），其余类推。重复测定一次，取其平均值。

（9）用（1）、（3）、（5）、（7）、（9）、（11）各挡（即将量程旋钮旋到黑线位置）时，则读数应读表面上面的黑线刻度（0～1.0）；而当用（2）、（4）、（6）、（8）、（10）各挡（即将量程旋钮旋到红线位置）时，读数应读表面下面的红线刻度（0～3.0）。如图 12.6 所示。

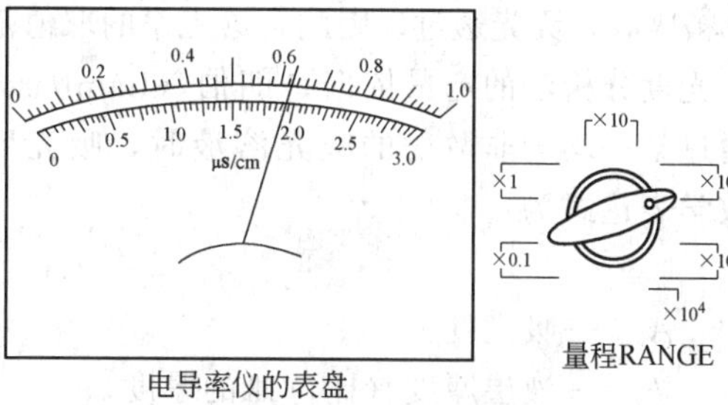

电导率仪的表盘

图 12.6　DDS-11A 型电导率仪表头面板

测量读数：当量程旋钮打在红色挡次上时，表盘上相应读红色的刻度；当旋钮打在黑色挡次上时，表盘上读黑色刻度。

如图所示的读数为：$(1.5+8\times0.05+3/5\times0.05)\times10^2=1.93\times10^2=193$

（10）当用 $0\sim0.1\mu S\cdot cm^{-1}$ 或 $0\sim0.3\mu S\cdot cm^{-1}$这两挡测量高纯水时，先把电极引线插入电极插孔，在电极未浸入溶液之前，调节电容补偿调节钮使电表指示为最小值（此最小值即为电极铂片间的漏电阻，由于此漏电阻的存在，使得调节电容补偿调节钮时电表指针不能达到零点），然后开始测量。

当量程开关扳在“×0.1”，低周高周钮扳在低周，但电导池插口未插接电极时，电表就有指示，这是正常现象，因为电极插口及接线有电容存在。只要调节“电容补偿”便可将此指示调为零，但不必这样做，只需待电极引线插入插口后，再将指示调为最小值即可。

如果要了解在测量过程中电导的变化情况，把 10mV 输出接至自动电位差计即可。

测量完毕，断开电源。电极用去离子水荡洗后，浸到去离子水中备用。

12.3.2.2　注意事项

（1）电极的引线不能潮湿，否则将导致测量不准。

（2）高纯水被盛入容器后应迅速测量，否则电导率变化很快，因为空气中的 CO_2、SO_2 溶入水中变成离子会影响电导率的数值。

（3）盛被测溶液的容器必须清洁，无离子沾污。

（4）每测一份样品后，都要用去离子水冲洗电极，并用滤纸吸干，但不能擦。

12.4　分光光度计

分光光度计是通过测量物质对光的吸收程度而进行定性、定量分析的仪器。

12.4.1　基本原理

白光通过棱镜或衍射光栅，会色散成不同波长的单色光。当一束平行的单色光通过有色溶液时，光的一部分被吸收，一部分透过溶液，一部分被器皿表面反射。光度分析都采用同样材质和相同厚度的比色皿盛装试液及参比溶液，反射光的强度不变，反射光的影响可相互抵消。

在光度分析中，将透射光强度与入射光强度之比称为溶液的透光率，用 T 表示：

$$T=\frac{I_t}{I_0}\times 100\% \tag{12.7}$$

透光率 T 与吸光度 A 有如下关系：

$$A=-\lg T$$

显然，溶液的透光率越小，说明它对光的吸收越多，则吸光度越大。当 $I_0=I_t$ 时，$T=100\%$，$A=0$，表明入射光全部透过，吸收为零；而当 $I_t=0$ 时，$T=0$，$A=\infty$，表明入射光全部被吸收，无光透过。因此，透光率的取值范围为 0～100%，对应的吸光度 A 为∞～0。

光度分析法的定量依据是朗伯（Lambert）-比尔（Beer）定律：当一束平行的单色光垂直通过某一均匀非散射的吸光溶液时，吸光度 A 与液层的厚度 b 及溶液的浓度 c 成正比。其数学表达式为：

$$A=Kbc \tag{12.8}$$

式中　A——吸光度；

b——液层厚度（比色皿的厚度）；

c——吸光物质的浓度；

K——比例系数。

当浓度 c 的单位为 $mol\cdot L^{-1}$ 时，比例系数 K 称为摩尔吸光系数，用 ε 表示。

在比色分析中，通常在测定未知浓度（c_1）样品的同时，与一已知浓度（c_2）的标准物做比较，然后分别测出两者的吸光度（A_1 和 A_2）。从朗伯-比尔定律可知：$A_1=\varepsilon b_1 c_1$，

$A_2=\varepsilon b_2 c_2$。

因为测定成分相同，处理也一样，故 ε 值相同，加之比色时用同样的比色皿 $b_1=b_2$，所以，被测溶液与标准溶液吸光度的比值也就等于其浓度的比值。即：

$$\frac{A_1}{A_2}=\frac{c_1}{c_2} \tag{12.9}$$

实际工作中为了简便起见，常常是事先测定一系列不同浓度标准溶液的吸光度，然后以吸光度对标准浓度作图，得一标准曲线，以后在相同的条件下测得待测物质的吸光度，便可从标准曲线上查到相应的浓度数值。

12.4.2　分光光度计的构造

无论哪一类分光光度计都配有下列组成部分：光源、单色光器、比色皿、检测器系统以及电源，其组成顺序见图 12.7。

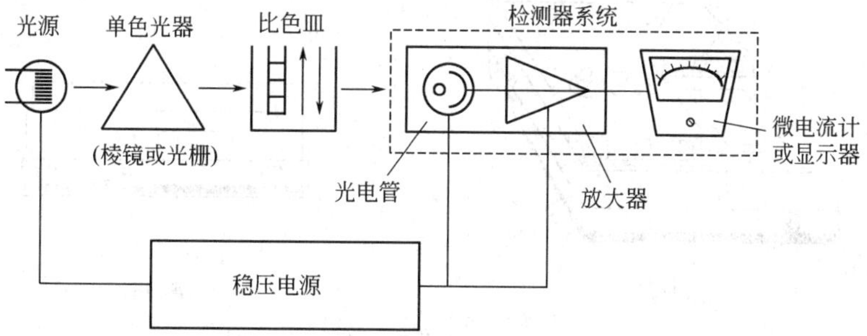

图 12.7　分光光度计基本结构示意图

（1）光源

可见光的连续光谱可由一般的白炽灯泡发出，要求光源发光强度高，光亮均匀、稳定、寿命长。几乎所有可见分光光度计均采用稳压调控的钨灯。7220 型分光光度计的光源是寿命较长的碘钨灯。

（2）单色光器

单色光器是将混合光分散成单色光的装置。常见的单色光器有滤光片、棱镜或衍射光栅，后两者效果较好。它们能在较宽范围内分离出相对纯波长的光线。7220 型分光光度计采用的是光栅分光。

（3）比色皿

比色皿是用于盛装溶液的容器，用无色玻璃制造。它按光经长度区分有 0.5cm、1cm、2cm、3cm 四种规格。由于比色皿是仪器的主要元件，各皿之间透光能力应该一致，所以在使用时要特别爱护，切不可损坏光面。透光面不能用手摸，若有溶液溢出皿外，只能用滤纸轻轻吸干，再用擦镜纸轻擦。每次用过后须洗净，切不可用毛刷刷洗。

比色皿的定位装置共分四个位置，它的每个位置都可以使相应的比色皿处于光路上。

（4）检测器

分光光度计的检测器包括两部分，即光电元件和读数系统。光电元件可以是硒光电池，也可以是光电管或光电倍增管，其作用是将通过比色皿的光线能量转变成电能。读数系统可以是微电流计，也可以是数字显示。7220 型分光光度计采用光电管作为受光器，将光信号转为电信号，经前置放大器放大，信号进入 A/D 转换器，A/D 转换器将模拟信号转换成数字信号送往单片机进行数据处理。操作者将自己要做的事通过键盘输入到单片机中，单片机将各种处理结果通过显示窗口或打印机告诉操作者。

可见分光光度计型号较多，如 72 型、721 型、722 型、723 型、7220 型，这里介绍 7220 型可见分光光度计。

12.4.3　7220 型可见分光光度计

7220 型分光光度计是较为常用的一种数字显示分光光度计。它以碘钨灯为光源，光栅为色散元件，可用波长范围是 330～800nm，波长精度 2nm，波长重现性为 0.5nm，单色光带宽 6nm，吸光度显示范围为 0～1.999，吸光度的精度为 0.004（$A=0.5$），试样架可置四个吸收池。

12.4.3.1　仪器介绍

仪器外观及各部分名称见图 12.8。

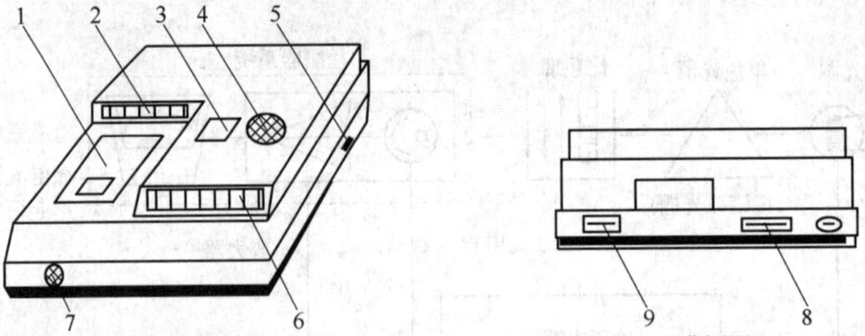

图 12.8　7220 型分光光度计示意图

1—样品室门；2—显示窗；3—波长显示窗；4—波长调节旋钮；5—仪器电源开关；6—仪器操作键盘；7—样品池拉手；8—打印机输出接口；9—电源插座

（1）样品室门　打开样品室门将样品放入样品池，关上门后可进行测量。

（2）显示窗　显示测量值。可根据不同需要显示透光率（$\%T$）、吸光度（ABS）以及浓度（CONC），并能显示错误值。

（3）波长显示窗　显示正在测量的波长值。

（4）波长调节旋钮　用于调节波长，转动此旋钮，调节出所需要的波长数值，并显示在显示窗。

（5）电源开关　面向仪器操作键盘，电源开关在仪器的右侧。

（6）操作键区　根据需要进行仪器测量及功能转换。

（7）样品池拉手　拉动样品池拉手可使被测样品依次进入光路。

（8）打印机输出接口。

（9）电源插座。

仪器操作键区有八个操作键（见图 12.9），七个工作方式指示灯（a、b、c、d 与操作键 1 有关，e、f、g 与操作键 4 有关）。当用户每选用一种工作方式时，该指示灯亮，当进行测量时，每按一次操作键，其对应指示灯点亮一次，点亮时间与按键时间长短一致。

工作方式选择键可选择四种工作方式，分别是透光率（$\%T$）、吸光度（ABS）、浓度（CONC）和建曲线。

调 100 选择键即调 $100\%T$ 或 ABS0，按此键后仪器内单片机对当前样品采样，调整电气系统放大量，并使显示器显示为 $T=100.0$ 或 $A=0.000$。按下此键后，仪器所有键被封

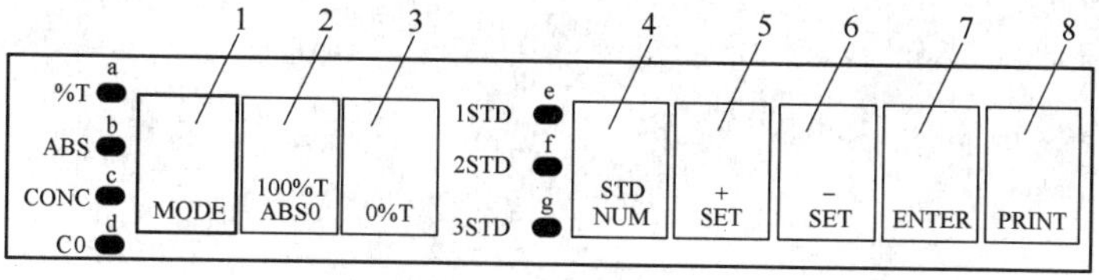

图 12.9　7220 型分光光度计仪器操作键区正面图

1—工作方式选择键；2—调 100 选择键；3—调零选择键；4—选标样点；
5—置数加；6—置数减；7—确认；8—打印

锁，当调整 T=100%结束后，显示 T=100.0 或 A=0.000 后键释放，此键只在透光率及光密度挡起作用。

调零选择键（0%T）用来调整仪器零点，显示器显示 0.0（注意：应在全挡光的情况下，调零。此键只在透光率挡起作用）。

12.4.3.2　仪器使用方法

（1）使用前，应检查仪器各部件是否正常。接通电源，预热 20min。

（2）转动波长调节旋钮（在波长显示窗上观察），选取所需波长。

（3）按 MODE 键，调到 T 状态。将黑色挡光棒置于光路中，调 T 为 0%。

（4）将参比溶液置于光路中，按 100%T ABS 0 键，待显示屏显示 100.0 时，即表示已调好 T=100%。重复操作（3）和（4），使 100%和 0%稳定。

（5）按 MODE 键，调到 ABS 状态，此时显示应为 0.000（如不为零再按一次调 100 选择键）。拉动样品室拉手，依次将标准溶液和被测溶液送入光路，从显示窗口中读取相应的吸光度值并记录。

（6）使用完毕，关好电源，关好样品室门，洗净比色皿。

12.4.3.3　注意事项

（1）分光光度计属精密仪器，须放置在固定而且不受振动的仪器台上，不能随意搬动，严防振动、潮湿和强光直射。

（2）比色皿的好坏对吸光度数值影响很大，要保持比色皿的清洁、干净和透明度。盛液量以达到比色皿容积 2/3 左右为宜。若不慎将溶液流到比色皿的外表面，则必须先用滤纸吸干，再用擦镜纸擦净。不可用手拿比色皿的光学面，禁止用毛刷等物摩擦比色皿的光滑面。

（3）仪器连续使用时间不应超过 2h，以防电光系统疲劳。每次使用后需要间歇半小时以上才能再用。

第 3 篇　实验选编

第 13 章 化学反应基本原理

实验 1 酸碱解离平衡与沉淀溶解平衡

【实验目的】

1. 进一步理解酸、碱的概念。

2. 理解弱电解质的解离平衡、同离子效应的基本原理。

3. 掌握缓冲溶液的组成、性质及配制方法。

4. 掌握沉淀溶解平衡原理和溶度积规则的运用。

5. 了解沉淀生成、溶解、分步沉淀和沉淀转化的基本原理。

6. 练习 pH 试纸使用等基本操作。

【实验原理】

1. 酸碱的概念

酸碱质子理论认为：凡是能给出质子（H^+）的物质都是酸；凡是能结合质子（H^+）的物质都是碱；既能给出质子又能接受质子的物质称为两性物质。酸、碱既可以是分子，也可以是带电荷的离子。酸给出质子后成为该酸的共轭碱，碱接受质子后为该碱的共轭酸。共轭酸和共轭碱的关系可用下式表示：

$$\text{酸} \rightleftharpoons \text{质子} + \text{碱} \tag{13.1}$$

可根据测定溶液 pH 值的方法，确定溶液的酸碱性。

2. 弱电解质的解离平衡

弱酸、弱碱等弱电解质在水溶液中仅部分解离，它们的解离过程是可逆的，存在着分子与水合离子间的解离平衡。

$$HA(aq) + H_2O(l) \rightleftharpoons A^-(aq) + H_3O^+(aq) \tag{13.2}$$

$$B^-(aq) + H_2O(l) \rightleftharpoons HB(aq) + OH^-(aq) \tag{13.3}$$

3. 同离子效应

在弱电解质溶液中，加入与其含有相同离子的强电解质，解离平衡向生成弱电解质的方向移动，使弱电解质的解离度下降。这种现象称为同离子效应。

4. 缓冲溶液

由弱酸及其共轭碱（如 HAc-NaAc、H_2CO_3-$NaHCO_3$）或弱碱及其共轭酸（如 $NH_3 \cdot H_2O$-NH_4Cl）组成的混合溶液能够在一定程度上抵抗外加少量酸、碱或稀释，而本身 pH 值不发生显著变化，这种溶液称为缓冲溶液，缓冲溶液的这种作用称为缓冲作用。其 pH 值计算公式为：

$$pH = pK_a^{\ominus} - \lg \frac{c(\text{弱酸})}{c(\text{共轭碱})} \tag{13.4}$$

缓冲溶液的缓冲能力与组成缓冲溶液的弱酸（或弱碱）及其共轭碱（或酸）的浓度有

关。当弱酸（或弱碱）与其共轭碱（或酸）浓度较大时，其缓冲能力较强。同时，缓冲能力还与共轭酸碱对的浓度比有关，当比值接近 1 时，其缓冲能力最强，此时 $pH = pK_a^\ominus$，因此配制一定 pH 值的缓冲溶液时，可选其 $pK_a^\ominus$ 与 pH 值相近的弱酸及其共轭碱。

5. 沉淀溶解平衡

（1）溶度积规则

在难溶电解质的饱和水溶液中，未溶解的固体与溶解后形成的离子之间存在着平衡：

$$A_mB_n(s) \rightleftharpoons mA^{n+} + nB^{m-} \tag{13.5}$$

$$K_{sp}^\ominus(A_mB_n) = \left[\frac{c(A^{n+})}{c^\ominus}\right]^m \left[\frac{c(B^{m-})}{c^\ominus}\right]^n \tag{13.6}$$

$$Q(A_mB_n) = \left[\frac{c'(A^{n+})}{c^\ominus}\right]^m \left[\frac{c'(B^{m-})}{c^\ominus}\right]^n \tag{13.7}$$

式中，$K_{sp}^\ominus(A_mB_n)$ 和 $Q(A_mB_n)$ 分别代表 A_mB_n 的溶度积和离子积。

根据溶度积规则，可以判断沉淀的生成或溶解。

当 $Q < K_{sp}^\ominus$ 时，溶液为不饱和溶液，无沉淀析出。

当 $Q = K_{sp}^\ominus$ 时，溶液为饱和溶液，反应达到沉淀溶解平衡。

当 $Q > K_{sp}^\ominus$ 时，溶液为过饱和溶液，有沉淀析出，直至 $Q = K_{sp}^\ominus$。

（2）分步沉淀

若某一溶液中同时含有两种或两种以上的离子都能与同一种沉淀剂发生反应生成沉淀，但由于形成的沉淀在溶液中的溶解度不同，这些离子并非同时沉淀，而是按一定的顺序析出沉淀。这种先后沉淀的现象称为分步沉淀。一般情况下，被沉淀离子浓度相同时，同类型的难溶电解质，溶度积小的先沉淀，溶度积大的后沉淀；不同类型的难溶电解质，溶解度小的先沉淀，溶解度大的后沉淀。

（3）沉淀的转化

一种难溶电解质转化为另一种难溶电解质的过程称为沉淀的转化。沉淀能否发生转化及转化的完全程度，取决于沉淀的类型、沉淀的溶度积大小及试剂浓度。对同类型的难溶电解质，转化方向是溶度积大的向溶度积小的转化；对不同类型的难溶电解质，转化方向是溶解度大的向溶解度小的转化。

【仪器和试剂】

仪器：试管，量筒，烧杯，点滴板。

试剂及用品：HCl（$0.1mol \cdot L^{-1}$、$6mol \cdot L^{-1}$），HAc（$0.1mol \cdot L^{-1}$），NaOH（$0.1mol \cdot L^{-1}$），$NH_3 \cdot H_2O$（$0.1mol \cdot L^{-1}$、$6mol \cdot L^{-1}$），NaAc（$0.1mol \cdot L^{-1}$、固），$SbCl_3$（$2mol \cdot L^{-1}$ 酸化），$AgNO_3$（$0.1mol \cdot L^{-1}$），NH_4Cl（$0.1mol \cdot L^{-1}$、固），NH_4Ac（$0.1mol \cdot L^{-1}$），Na_2CO_3（$0.1mol \cdot L^{-1}$），$MgCl_2$（$0.1mol \cdot L^{-1}$），$BaCl_2$（$0.5mol \cdot L^{-1}$），NaCl（$0.1mol \cdot L^{-1}$、$0.5mol \cdot L^{-1}$），K_2CrO_4（$0.1mol \cdot L^{-1}$），$Pb(NO_3)_2$（$0.1mol \cdot L^{-1}$），Na_2S（$0.1mol \cdot L^{-1}$），$(NH_4)_2C_2O_4$（饱和），甲基橙，酚酞，pH 试纸。

【实验步骤】

1. 不同酸、碱溶液 pH 的测定

取八小块 pH 试纸分置于点滴板的凹穴中，依次滴加浓度为 $0.1mol \cdot L^{-1}$ 下列溶液：HCl、HAc、$NH_3 \cdot H_2O$、NaOH、NH_4Cl、NaAc、NH_4Ac、Na_2CO_3，观察 pH 试纸的颜色，与标准比色卡做比较，并计算理论值。

试　剂	HCl	HAc	$NH_3 \cdot H_2O$	NaOH	NH_4Cl	NaAc	NH_4Ac	Na_2CO_3
pH（测定）								
pH（理论计算）								

2. 同离子效应

（1）在一支试管中加入 1mL $0.1mol \cdot L^{-1}$ HAc 溶液和一滴甲基橙指示剂，混合均匀，观察溶液的颜色。将溶液均分于两支试管中，在其中一支试管（另一支为对照）中加入少量 NaAc 固体，摇动试管使其溶解，观察溶液颜色的变化。说明原因。

（2）在一支试管中加入 1mL $0.1mol \cdot L^{-1}$ $NH_3 \cdot H_2O$ 溶液和一滴酚酞指示剂，混合均匀，观察溶液的颜色。将溶液均分于两支试管中，在其中一支试管（另一支为对照）中加入少量 NH_4Cl 固体，摇动试管使其溶解，观察溶液颜色的变化。说明原因。

3. 缓冲溶液的配制和性质

（1）在一只小烧杯中加入 5mL $0.1mol \cdot L^{-1}$ HAc 和 5mL $0.1mol \cdot L^{-1}$ NaAc 溶液，摇匀后用 pH 试纸测定其 pH。将此溶液均分于两支试管中，在其中一支试管中加入两滴 $0.1mol \cdot L^{-1}$ HCl 溶液；另一支试管中加入两滴 $0.1mol \cdot L^{-1}$ NaOH 溶液，摇匀后用 pH 试纸分别测定其 pH，观察其 pH 是否有变化？

（2）在一支试管中加入 10mL 蒸馏水，用 pH 试纸测定其 pH。将 10mL 蒸馏水均分于两支试管中，在其中一支试管中加入两滴 $0.1mol \cdot L^{-1}$ HCl 溶液，摇匀后测定其 pH；在另一支试管中加入两滴 $0.1mol \cdot L^{-1}$ NaOH 溶液，摇匀后测定其 pH，观察其 pH 有何变化？

比较缓冲溶液与蒸馏水两组实验结果，说明缓冲溶液的缓冲作用。

4. 弱酸的解离

取一支试管加入 5 滴纯水，再加 1 滴 $2mol \cdot L^{-1}$ $SbCl_3$ 溶液（加有盐酸），有何现象？然后加入 $6mol \cdot L^{-1}$ HCl 至溶液变清为止，再加水稀释，又有什么现象？用平衡移动的原理说明之。

5. 沉淀的生成和溶解

（1）在两支试管中分别加入 1mL $0.1mol \cdot L^{-1}$ $MgCl_2$ 溶液，逐滴加入 $6mol \cdot L^{-1}$ $NH_3 \cdot H_2O$，直至有白色 $Mg(OH)_2$ 沉淀生成，其中一支试管中加入数滴 $6mol \cdot L^{-1}$ HCl 溶液；另一支试管中加入少量 NH_4Cl 固体，摇匀后，观察两支试管中原有沉淀是否溶解？解释实验现象并写出化学反应方程式。

（2）在一支试管中加入 5 滴 $0.5mol \cdot L^{-1}$ $BaCl_2$ 溶液，再加入 2 滴饱和 $(NH_4)_2C_2O_4$ 溶液，观察沉淀的生成。弃去上清液，在沉淀物上滴加数滴 $6mol \cdot L^{-1}$ HCl 溶液，观察试管中原有沉淀是否溶解？解释实验现象并写出化学反应方程式。

6. 分步沉淀和沉淀的转化

（1）在一支试管中加入 2 滴 $0.1mol \cdot L^{-1}$ NaCl 溶液和 2 滴 $0.1mol \cdot L^{-1}$ K_2CrO_4 溶液，摇匀，然后逐滴加入 $0.1mol \cdot L^{-1}$ $AgNO_3$ 溶液，观察生成沉淀的颜色变化，解释实验现象并写出化学反应方程式。

（2）在一支试管中加入 5 滴 $0.1mol \cdot L^{-1}$ $Pb(NO_3)_2$ 溶液，再加入 10 滴 $0.5mol \cdot L^{-1}$ NaCl 溶液，有白色沉淀生成，在沉淀中滴加数滴 $0.1mol \cdot L^{-1}$ Na_2S 溶液，观察沉淀的颜色变化，解释实验现象并写出化学反应方程式。

【思考题】

1. 使用pH试纸测定溶液的pH值时，怎样才是正确的操作方法？

2. 何谓同离子效应？何谓盐效应？在氨水溶液中，分别加入下列各物质后，氨的解离度α及溶液的pH如何变化？

（1）$NH_4Cl(s)$　（2）$H_2O(l)$　（3）$NaCl(s)$　（4）$NaOH(s)$

3. 通过计算说明下列溶液是否具有缓冲能力？

（1）10.0mL 0.10mol·L^{-1} NaOH溶液和20.0mL 0.10mol·L^{-1} NH_4Cl溶液混合；

（2）10.0mL 0.10mol·L^{-1} NaOH溶液和20.0mL 0.10mol·L^{-1} HAc溶液混合。

4. 以下说法是否正确？请说明原因。

（1）用NaOH溶液分别中和等体积的pH值相同的HCl溶液和HAc溶液，消耗的NaOH的物质的量相同。

（2）如果在缓冲溶液中加入大量的强酸或强碱，其pH也能够保持基本不变。

（3）如果要配制pH=9左右的缓冲溶液，可选择NH_3-NH_4Cl作为缓冲对。

（4）沉淀的转化方向是由溶解度大的转化为溶解度小的。

实验2　氧化还原反应与电化学

【实验目的】

1. 掌握电极电势与氧化还原反应的关系。

2. 掌握浓度、介质酸碱性对电极电势及氧化还原反应方向的影响。

3. 了解原电池的组成和工作原理，学会原电池电动势的测量方法。

4. 了解氧化性和还原性的相对性。

5. 了解电化学腐蚀的基本原理。

【实验原理】

1. 浓度对电极电势和氧化还原反应的影响

当氧化态物质的浓度增大或还原态物质的浓度减小时，电极电势升高，氧化态物质在水溶液中的氧化能力增强，还原态物质的还原能力降低；相反，当氧化态物质的浓度减小或还原态物质的浓度增大时，电极电势降低，还原态物质的还原能力增强，氧化态物质的氧化能力降低。尤其是加入某种配位剂（如氨水）或沉淀剂（如S^{2-}），会使金属离子浓度大大降低，从而使电极电势值发生大幅度改变，甚至能导致氧化还原反应方向和电池正负极的改变。如$\varphi^{\ominus}(Cu^{2+}/Cu^{+})=0.17V$，$\varphi^{\ominus}(I_2/I^{-})=0.536V$，在标准状态下，$I_2$是氧化剂，能把$Cu^{+}$氧化为$Cu^{2+}$，同时$I_2$自身被还原为$I^{-}$。但生成的$I^{-}$立即与$Cu^{+}$反应，生成CuI沉淀：

$$I_2+2Cu^{+} \longrightarrow 2Cu^{2+}+2I^{-} \tag{13.8}$$

$$Cu^{+}+I^{-} \longrightarrow CuI\downarrow \tag{13.9}$$

显然，在溶液中加入I^{-}，由于生成CuI沉淀，还原态物质$c(Cu^{+})$明显下降，$\varphi(Cu^{2+}/Cu^{+})$升高，Cu^{2+}的氧化能力增强。实际上在Cu^{2+}、Cu^{+}溶液中加入I^{-}，原来电对中的Cu^{+}已转化为CuI沉淀，在此条件下组成了一个新的电对Cu^{2+}/CuI，电极反应为：

$$Cu^{2+}(aq)+I^{-}(aq)+e^{-} \longrightarrow CuI(s) \tag{13.10}$$

若溶液中Cu^{2+}和I^{-}的浓度均为标准浓度，此时电极Cu^{2+}/CuI处于标准状态，则：$\varphi(Cu^{2+}/Cu^{+})=\varphi^{\ominus}(Cu^{2+}/CuI)=0.857V>\varphi^{\ominus}(I_2/I^{-})$，上述氧化还原反应逆向进行，即：

$$4I^{-}+2Cu^{2+} \longrightarrow 2CuI\downarrow+I_2 \tag{13.11}$$

在铜锌原电池中，当增大 Cu^{2+}、Zn^{2+} 浓度时，它们的电极电势 φ 值都分别增大；反之，则 φ 值减小。如果在原电池中保持某一半电池的离子浓度不变，而改变另一半电池的离子浓度，则会使原电池的电动势发生改变。

2. 介质酸碱性对氧化还原反应的影响

（1）介质酸碱性对氧化还原反应产物的影响

高锰酸钾在酸性、中性和强碱性介质中分别被还原为无色的 Mn^{2+}、棕色的 MnO_2 沉淀、绿色的 MnO_4^{2-}，说明介质酸度对氧化还原反应产物有影响。

（2）介质酸碱性对氧化还原反应方向的影响

在酸性介质中，IO_3^- 与 I^- 反应生成 I_2 而使淀粉变蓝，其反应式为：

$$IO_3^- + 5I^- + 6H^+ = 3I_2 + 3H_2O \quad (13.12)$$

在碱性介质中，I_2 歧化成无色的 IO_3^- 和 I^-。其反应式为：

$$3I_2 + 6OH^- = IO_3^- + 5I^- + 3H_2O \quad (13.13)$$

由此可见，介质的酸碱性对氧化还原反应的方向会产生影响。

3. 电极电势的应用

水溶液中氧化还原反应的方向、顺序可根据电极电势的数值加以判断。自发进行的氧化还原反应，氧化剂电对的电极电势代数值应大于还原剂电对的电极电势代数值。

4. 氧化性和还原性的相对性

一种元素有多种氧化态时，氧化态居中的物质（如 H_2O_2）一般既可作氧化剂，又可作还原剂。

【仪器和试剂】

仪器：试管，量筒，烧杯，铜电极，锌电极，pHS-3C 型酸度计，盐桥，导线若干。

试剂及用品：H_2SO_4（2mol·L^{-1}），NaOH（2mol·L^{-1}、6mol·L^{-1}），$NH_3 \cdot H_2O$（浓），$CuSO_4$（0.1mol·L^{-1}、1mol·L^{-1}），$ZnSO_4$（1mol·L^{-1}），$KMnO_4$（0.01mol·L^{-1}、0.1mol·L^{-1}），$SnCl_2$（0.2mol·L^{-1}），KSCN（0.1mol·L^{-1}），$FeCl_3$（0.1mol·L^{-1}），Na_2SO_3（0.2mol·L^{-1}），KBr（0.1mol·L^{-1}），KI（0.1mol·L^{-1}），KIO_3（0.1mol·L^{-1}），NaCl（0.1mol·L^{-1}），$K_3[Fe(CN)_6]$（0.1mol·L^{-1}），H_2O_2（3%），CCl_4，酚酞，细铜丝，锌片，铁钉。

【实验步骤】

1. 浓度对氧化还原反应的影响

在一支试管中加入 10 滴 0.1mol·L^{-1} $CuSO_4$ 溶液，再加入 10 滴 0.1mol·L^{-1} KI 溶液，观察现象。再加入 10 滴 CCl_4 溶液，充分振荡，观察 CCl_4 层颜色变化，并写出有关反应方程式。

2. 介质的酸碱性对氧化还原反应的影响

（1）对反应产物的影响　取三支试管，分别加入 0.01mol·L^{-1} $KMnO_4$ 溶液 2 滴；在第一支试管中加入 3 滴 2mol·L^{-1} H_2SO_4 溶液，在第二支试管中加入 6 滴 6mol·L^{-1} NaOH 溶液，在第三支试管中加入 6 滴蒸馏水，然后分别往三支试管中逐滴加入 0.2mol·L^{-1} Na_2SO_3 溶液，观察各试管中溶液的颜色有何不同？解释产生上述现象的原因，并写出有关反应方程式。

（2）对反应方向的影响　在试管中加入 10 滴 0.1mol·L^{-1} KI 溶液和 2～3 滴 0.1mol·L^{-1}

KIO_3 溶液，混合后，观察有无变化。再加入几滴 $2mol \cdot L^{-1}$ H_2SO_4 溶液，观察有无变化。再逐滴加入 $2mol \cdot L^{-1}$ NaOH 溶液，使混合溶液呈碱性，观察反应现象。解释产生上述现象的原因，并写出有关反应方程式。

3. 电极电势的应用

(1) 判断氧化还原反应的顺序

在试管中加入 10 滴 $0.1mol \cdot L^{-1}$ $FeCl_3$ 溶液和 4 滴 $0.1mol \cdot L^{-1}$ $KMnO_4$ 溶液，摇匀后再逐滴加入 $0.2mol \cdot L^{-1}$ $SnCl_2$ 溶液，并不断摇动试管，待 $KMnO_4$ 溶液刚一褪色后（$SnCl_2$ 溶液不能过量！），加入 1 滴 $0.1mol \cdot L^{-1}$ KSCN 溶液，观察现象。继续滴加 $0.2mol \cdot L^{-1}$ $SnCl_2$ 溶液，观察溶液颜色变化。解释实验现象，并写出有关离子反应方程式。

$$\varphi^{\ominus}(MnO_4^-/Mn^{2+})=1.507V, \varphi^{\ominus}(Fe^{3+}/Fe^{2+})=0.771V, \varphi^{\ominus}(Sn^{4+}/Sn^{2+})=0.151V$$

(2) 判断氧化还原反应的方向

① 将 10 滴 $0.1mol \cdot L^{-1}$ KI 溶液与 2 滴 $0.1mol \cdot L^{-1}$ $FeCl_3$ 溶液在试管中混匀后，加入 6 滴 CCl_4，充分振荡，观察 CCl_4 层颜色有什么变化？

② 将 $0.1mol \cdot L^{-1}$ KBr 溶液代替 $0.1mol \cdot L^{-1}$ KI 溶液进行与①同样的实验，观察 CCl_4 层颜色有什么变化？根据以上实验结果说明电极电势与氧化还原反应方向之间的关系。

$$\varphi^{\ominus}(Br_2/Br^-)=1.066V, \varphi^{\ominus}(I_2/I^-)=0.536V$$

4. 氧化性和还原性的相对性（设计性实验）

用 $0.01mol \cdot L^{-1}$ $KMnO_4$ 溶液、$0.1mol \cdot L^{-1}$ KI、3% H_2O_2、$2mol \cdot L^{-1}$ H_2SO_4 溶液、CCl_4 设计一个实验，证明 H_2O_2 既有氧化性又有还原性，并写出有关离子反应方程式。

5. 原电池电动势的测量及浓度对原电池电动势的影响

(1) 原电池电动势的测量

按图 13.1 装置原电池，往左边的烧杯中加入约 20mL $1mol \cdot L^{-1}$ $ZnSO_4$ 溶液，往右边烧杯中加入约 20mL $1mol \cdot L^{-1}$ $CuSO_4$ 溶液，分别将锌片和铜片插入左右两个烧杯中，用盐桥将左右两个烧杯相连接。将左边半电池的引线与酸度计（伏特计）负极相连接，右边半电池的引线与酸度计正极相连，将酸度计的 pH-mV 开关置于"+mV"挡，测定电池电动势。

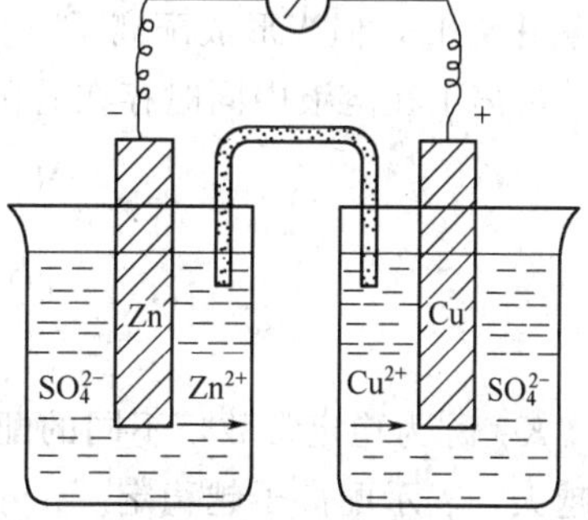

图 13.1　原电池装置示意图

(2) 浓度对原电池电动势的影响

① 取出盐桥，在 $CuSO_4$ 溶液中加入 10mL 浓 $NH_3 \cdot H_2O$ 充分搅拌，直到沉淀完全溶解，形成深蓝色溶液。用盐桥将此烧杯与装 $ZnSO_4$ 溶液的烧杯相连接，测定此时电池电动势，观察电动势有何变化，这种变化是怎样引起的？

② 取出盐桥，在 $ZnSO_4$ 溶液中加入 10mL 浓 $NH_3 \cdot H_2O$ 充分搅拌，直到沉淀完全溶解，用盐桥将此烧杯与装 $CuSO_4$ 溶液的烧杯相连接，测定此时电池电动势有何变化，并解释上面的实验结果。

6. 金属的电化学腐蚀

将一小段铜丝绕在一颗无锈的铁钉中部，放入试管，用 $0.1mol \cdot L^{-1}$ NaCl 溶液浸没之，再加 1 滴酚酞和 1 滴 $0.1mol \cdot L^{-1}$ $K_3[Fe(CN)_6]$ 溶液，摇匀，静置一段时间后（不要晃动），仔细观察铁和铜周围的现象，用所学的知识解释之。

同样如果把一条锌片紧绕在一颗无锈铁钉中部，置于上述同样溶液中，将会发生怎样的腐蚀？以试验说明之。

【思考题】

1. 在不同介质中 $KMnO_4$ 的还原产物是什么？在何种介质中 $KMnO_4$ 的氧化性最强？

2. 如何判断氧化剂和还原剂的强弱及氧化还原反应进行的方向？

3. 为什么 H_2O_2 既可作为氧化剂，又可作为还原剂？在何种情况下可作为氧化剂？何种情况下可作为还原剂？

4. 将铜片插入盛有0.1mol·L^{-1} $CuSO_4$ 溶液的烧杯中，银片插入盛有0.1mol·L^{-1} $AgNO_3$溶液的烧杯中，若加氨水于 $CuSO_4$ 溶液中，电池电动势如何变化？若加氨水于 $AgNO_3$溶液中，情况又如何？

实验3　配位反应与配位平衡

【实验目的】

1. 了解配离子与简单离子的区别。

2. 了解配合物的生成及配离子的相对稳定性。

3. 理解配位平衡与酸碱平衡、沉淀溶解平衡、氧化还原平衡之间的关系。

【实验原理】

配合物的组成一般可分为内界和外界两个部分。中心离子和配位体组成配合物的内界，配合物中除中心离子和配位体以外的部分为外界。当简单离子（或化合物）形成配离子（或配合物）后，其某些性质会发生改变，如颜色、溶解度、氧化还原性质等。例如 Fe^{3+} 能将 I^- 氧化为 I_2，但当形成配离子（如 FeF_6^{3-}）后，Fe^{2+} 又能把 I_2 还原为 I^-。

配离子在溶液中同时存在着配合过程和解离过程，即存在着配位平衡，如：

$$Ag^+ + 2NH_3 \rightleftharpoons [Ag(NH_3)_2]^+ \qquad (13.14)$$

$$K^{\ominus}_{稳} = \frac{c\{[Ag(NH_3)_2]^+\}/c^{\ominus}}{\frac{c(Ag^+)}{c^{\ominus}}\left[\frac{c(NH_3)}{c^{\ominus}}\right]^2} \qquad (13.15)$$

$K^{\ominus}_{稳}$ 称为稳定常数，不同的配离子具有不同的稳定常数，对于同种类型的配离子，$K^{\ominus}_{稳}$ 值越大，表示配离子越稳定。

根据平衡移动原理，改变中心离子或配位体的浓度会使配位平衡发生移动，配位平衡同溶液的 pH 值、沉淀反应、氧化还原反应以及溶剂的量等，都有密切的联系。

由配离子组成的盐类称为配盐，配盐与复盐不同，配盐电离出来的配离子一般较稳定，在水溶液中仅有极小部分解离成为简单的离子；而复盐则全部解离为简单离子。例如：

配盐

$$K_4[Fe(CN)_6] = 4K^+ + [Fe(CN)_6]^{4-} \qquad (13.16)$$

$$[Fe(CN)_6]^{4-} \rightleftharpoons Fe^{2+} + 6CN^- \qquad (13.17)$$

复盐

$$KAl(SO_4)_2 \cdot 12H_2O = K^+ + Al^{3+} + 2SO_4^{2-} + 12H_2O \qquad (13.18)$$

螯合物是由中心离子和多基配位体配位而成的具有环状结构的配合物。螯合物的稳定性高，是目前应用最广泛的一类配合物。螯合物的环上有几个原子就称为几元环，一般五元环或六元环的螯合物是比较稳定的。

【仪器和试剂】

仪器：试管，滴管，烧杯。

试剂：$HgCl_2$（0.1mol·L^{-1}），KI（0.1mol·L^{-1}），$CuSO_4$（0.1mol·L^{-1}），$NH_3 \cdot H_2O$（6mol·L^{-1}），$BaCl_2$（0.1mol·L^{-1}），NaOH（0.1mol·L^{-1}，2mol·L^{-1}），$FeCl_3$（0.1mol·L^{-1}），$K_3[Fe(CN)_6]$（0.1mol·L^{-1}），KSCN（0.1mol·L^{-1}，25%），NH_4F（1mol·L^{-1}），$AgNO_3$（0.1mol·L^{-1}），KBr（0.1mol·L^{-1}），$Na_2S_2O_3$（0.1mol·L^{-1}），$NH_3 \cdot H_2O$（2mol·L^{-1}），$CoCl_2$（0.5mol·L^{-1}），CCl_4，丙酮，磺基水杨酸（0.03mol·L^{-1}），H_2SO_4（2mol·L^{-1}），$NiCl_2$（0.1mol·L^{-1}），丁二酮肟（1%），无水乙醇，EDTA（0.1mol·L^{-1}）。

【实验步骤】

1. 配离子的生成和组成

(1) 在试管中加入3～4滴0.1mol·L^{-1} $HgCl_2$溶液（注意有毒!），逐渐滴加0.1mol·L^{-1} KI溶液，观察红色HgI_2沉淀生成，再继续加入过量KI溶液，观察由于生成无色HgI_4^{2-}配离子而沉淀溶解。写出反应方程式。

(2) 取一支试管，加入0.1mol·L^{-1} $CuSO_4$溶液1mL，逐滴加入6mol·L^{-1} $NH_3 \cdot H_2O$溶液，边加边振荡，开始时先生成浅蓝色$Cu_2(OH)_2SO_4$沉淀，继续加入氨水，试管中的沉淀又溶解而生成深蓝色的$[Cu(NH_3)_4]^{2+}$溶液。写出反应方程式。

在试管中再多加一些氨水，将此溶液分成三份，一份加入0.1mol·L^{-1} $BaCl_2$溶液，一份加入0.1mol·L^{-1} NaOH溶液，观察沉淀情况，另一份加少许无水乙醇，可看到蓝色硫酸四氨合铜的晶体。

取三支试管，加入少量0.1mol·L^{-1} $CuSO_4$溶液，一份加入0.1mol·L^{-1} $BaCl_2$溶液，一份加入0.1mol·L^{-1} NaOH溶液，观察沉淀情况，另一份加少许无水乙醇，观察现象，写出反应方程式。

根据上面实验结果，说明配合物$[Cu(NH_3)_4]SO_4$的内界和外界的组成。

2. 简单离子和配离子的区别

(1) 在试管中加入少量0.1mol·L^{-1} $FeCl_3$溶液，然后逐滴加入少量2mol·L^{-1} NaOH溶液，观察现象，写出反应式。

以0.1mol·L^{-1} $K_3[Fe(CN)_6]$溶液代替$FeCl_3$做同样的试验，观察现象有何不同，并解释之。

(2) 在试管中加入少量0.1mol·L^{-1} $FeCl_3$溶液，加2滴0.1mol·L^{-1} KI溶液，然后加入5～6滴CCl_4，振荡后观察CCl_4层的颜色，写出反应式。

以$K_3[Fe(CN)_6]$溶液代替$FeCl_3$溶液，做同样的试验，观察现象，比较二者有何不同，并解释之。

3. 配离子稳定性的比较

(1) 在试管中加入少量0.1mol·L^{-1} $FeCl_3$溶液，加几滴0.1mol·L^{-1} KSCN溶液，观察现象，然后再加入少量1mol·L^{-1} NH_4F溶液至溶液由红色变为无色，解释之。

(2) 在试管中加入少量0.1mol·L^{-1} $AgNO_3$溶液，滴加少量0.1mol·L^{-1} KBr溶液，观察浅黄色AgBr沉淀的生成，然后将沉淀分成两份。在一份中加入少量0.1mol·L^{-1} $Na_2S_2O_3$溶液，观察沉淀是否溶解。在另一份中加入2mol·L^{-1}氨水，观察沉淀是否溶解。

根据实验结果分别比较 $[Fe(SCN)_6]^{3-}$ 和 $[FeF_6]^{3-}$，$[Ag(NH_3)_2]^+$ 和 $[Ag(S_2O_3)_2]^{3-}$ 配离子的稳定性大小。

4. 配位平衡的移动

（1）在一支25mL试管中加入3滴0.1mol·L^{-1} $FeCl_3$ 溶液，然后加入3滴0.1mol·L^{-1} KSCN溶液，加水10mL稀释后，将溶液分成三份：第一份加入0.1mol·L^{-1} $FeCl_3$ 溶液5滴，第二份加入0.1mol·L^{-1} KSCN溶液5滴。第三份留作比较，观察现象，比较实验结果，并解释之。

（2）在一试管中加入0.5mol·L^{-1} $CoCl_2$ 溶液，滴加少量0.1mol·L^{-1} KSCN溶液，观察溶液颜色有何变化，然后再加入少量25% KSCN溶液，观察生成蓝紫色溶液（生成了 $[Co(SCN)_4]^{2-}$）。将此溶液分为两份：一份加入5～6滴丙酮，振荡，观察溶液和丙酮层的颜色变化；另一份加水稀释，观察颜色又有何变化，解释以上实验现象。

（3）在试管中加入少量0.1mol·L^{-1} $CuSO_4$ 溶液，滴加6mol·L^{-1}氨水至生成的沉淀刚好溶解为止。观察溶液颜色。然后将此溶液加水稀释，观察沉淀又复生成，解释以上现象。

（4）在试管中按上面试验制取含 $[Cu(NH_3)_4]^{2+}$ 配合物的溶液，然后逐滴加入2mol·L^{-1} H_2SO_4 溶液，观察现象，解释之。

5. 螯合物的生成

（1）在几乎无色的0.01mol·L^{-1} $FeCl_3$ 溶液（1滴0.1mol·L^{-1} $FeCl_3$＋9滴 H_2O）中，加入2滴0.03mol·L^{-1}磺基水杨酸溶液后，观察溶液的颜色。然后再加入2滴0.1 mol·L^{-1} EDTA溶液，观察溶液的颜色，解释之。

（2）在试管中加5滴0.1mol·L^{-1} $NiCl_2$ 溶液及1滴6mol·L^{-1} $NH_3 \cdot H_2O$ 使溶液呈碱性，然后加入2滴1%丁二酮肟溶液，观察现象，解释之。

【思考题】

1. 如何区分硫酸铁铵和铁氰化钾这两种物质？说明配盐和复盐的不同。

2. KSCN溶液检查不出 $K_3[Fe(CN)_6]$ 溶液中的 Fe^{3+}，是否表明溶液中无游离的 Fe^{3+} 存在？为什么 Na_2S 溶液不能使 $K_4[Fe(CN)_6]$ 溶液产生FeS沉淀，但饱和 H_2S 溶液就能使 $Cu(NH_3)_4SO_4$ 溶液产生CuS沉淀？

3. 一个具有氧化性的金属离子形成配合物后氧化能力总是减弱。而一个具有还原性的金属离子若形成稳定配合物，则还原能力增强。为什么？试举例说明。

4. 总结实验中的现象，说明哪些因素影响配位平衡。

5. 硫氰化铁溶液呈血红色，用哪些方法可使其褪色？

6. 写出磺基水杨酸和EDTA的结构，标明配位原子的位置。

实验4 吸附与胶体

【实验目的】

1. 熟悉溶胶的制备和性质。

2. 了解溶胶的聚沉方法。

3. 加深理解固体在溶液中的吸附作用。

【实验原理】

胶体溶液（溶胶）是一种高度分散的多相系统，要制备比较稳定的胶体溶液，原则上有两种方法：分散法和凝聚法。分散法就是在一定条件下将大颗粒的分散质粒子变小使其分散为胶粒的方法，如用机械粉碎、超声波粉碎等。实验室制备溶胶一般采用凝聚法，凝聚法就是将分子或离子相互聚合成胶体粒子的方法，通常又分为以下两种。

(1) 改换介质法　当一种溶液加入到另一种对溶质来说是难溶的，而对溶剂来说是相溶的液体中时，便会降低溶质的溶解度，使其分子凝聚起来，成为难溶状态的微粒分散在溶剂中，所得的溶液即为胶体溶液。本实验中硫溶胶的制备即采用该方法。

(2) 化学凝聚法　通过化学反应使生成物呈饱和状态，然后粒子再相互结合成溶胶。最常用的是复分解反应和水解反应。例如，加热使 $FeCl_3$ 溶液水解，往酒石酸锑钾溶液中通入 H_2S 气体（或加入 H_2S 水溶液），生成难溶的 $Fe(OH)_3$、Sb_2S_3。

$$FeCl_3 + 3H_2O \xlongequal{100℃} Fe(OH)_3(\text{溶胶}) + 3HCl \tag{13.19}$$

$$2KSb(C_4H_4O_6)_2 + 3H_2S = Sb_2S_3(\text{溶胶}) + K_2C_4H_4O_6 + 3H_2C_4H_4O_6 \tag{13.20}$$

溶胶具有三大特性：丁达尔效应、布朗运动和电泳，其中常用丁达尔效应来区别于真溶液，用电泳来验证胶粒所带的电性。

胶团的扩散双电层结构及溶剂化膜是溶胶暂时稳定的原因。若向溶胶中加入电解质、加热或加入带异号电荷的溶胶，都会破坏胶团的双电层结构和溶剂化膜，导致溶胶的聚沉。电解质使溶胶聚沉的能力主要取决于与胶粒所带电荷相反的离子电荷数，电荷数越高，聚沉能力越强。

固体具有较大的表面能，因而具有吸附作用，以降低自己的表面能。固体在溶液中对溶质的吸附可以是分子吸附，也可以是离子吸附。例如，活性炭对品红的吸附即为分子吸附，而土壤通常发生的是离子交换吸附，溶胶的胶核通常采取离子选择吸附。

$$\boxed{\text{黏土}} \cdot Ca^{2+} + 2NH_4^+ = \boxed{\text{黏土}} \cdot 2NH_4^+ + Ca^{2+} \tag{13.21}$$

【仪器和试剂】

仪器：电子天平，试管，烧杯，量筒，酒精灯，石棉网，漏斗，漏斗架，暗箱及光源，电泳仪。

试剂及用品：HAc(6mol·L^{-1})，H_2S（饱和），$FeCl_3$（2%），酒石酸锑钾（0.5%），硫的乙醇饱和溶液，KNO_3（0.1mol·L^{-1}），$BaCl_2$（0.01mol·L^{-1}），$AlCl_3$（0.01mol·L^{-1}），NaCl（2mol·L^{-1}），K_2SO_4（0.01mol·L^{-1}），$K_3[Fe(CN)_6]$（0.01mol·L^{-1}），NH_4Ac（2mol·L^{-1}），$(NH_4)_2C_2O_4$（2mol·L^{-1}），活性炭，品红溶液，土壤样品。

【实验步骤】

1. 溶胶的制备

按下述各方法制备溶胶，保留所得溶胶，供下步实验使用。

(1) 改换介质制备硫溶胶　在盛有 4mL 水的试管中，逐滴加入硫的乙醇饱和溶液 10 滴，边加边摇动，观察所得硫溶胶的颜色。

(2) 利用水解反应制备 $Fe(OH)_3$ 溶胶　取 25mL 蒸馏水于小烧杯中，加热煮沸后，逐滴加入 4mL 2% $FeCl_3$ 溶液，并不断搅拌。加完后继续煮沸 1～2min，观察溶液颜色的变化。写出 $Fe(OH)_3$ 溶胶的胶团结构。

(3) 利用复分解反应制备 Sb_2S_3 溶胶　取 20mL 0.5%酒石酸锑钾溶液于小烧杯中，逐滴加入饱和 H_2S 溶液（在通风橱中进行），并不断搅拌，直至溶液变为橙红色为止。所得溶胶保留待用，写出 Sb_2S_3 溶胶的胶团结构。

2. 溶胶的性质

(1) 溶胶的光学性质——丁达尔效应（演示）

取前面自制的 $Fe(OH)_3$ 溶胶和 Sb_2S_3 溶胶，分别装入试管中，放入丁达尔效应的暗箱中，用灯光照射，在与光线垂直的方向观察丁达尔效应，如图 13.2 所示。解释所观察到的现象。

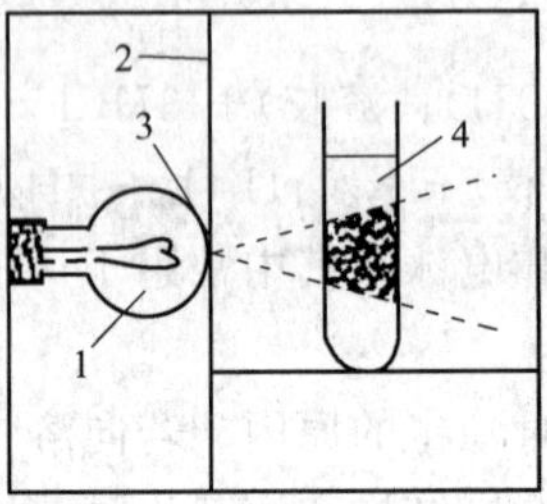

图 13.2　丁达尔效应

1—灯泡；2—隔板；

3—洞口；4—溶胶

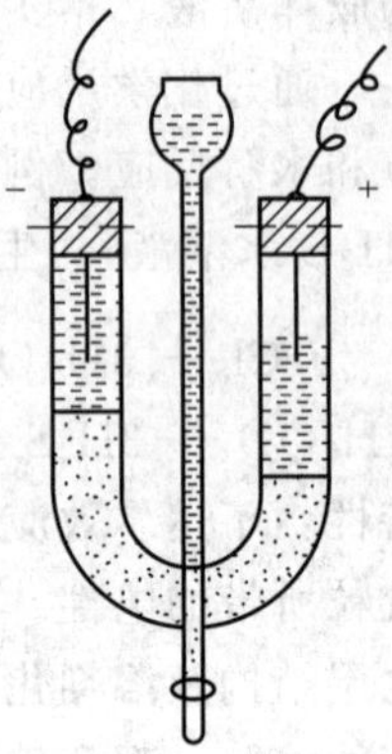

图 13.3　简单电泳装置

(2) 溶胶的电学性质——电泳（演示）　如图 13.3 所示，取一个 U 形电泳仪，将 6～7mL 蒸馏水由中间漏斗注入 U 形管内，滴加 4 滴 $0.1mol \cdot L^{-1}$ KNO_3 溶液，然后缓缓地注入自制的 $Fe(OH)_3$ 溶胶，分别插入碳棒，接通直流电源，电压调至 30～40V，20min 后，观察现象，并解释之。

3. 溶胶的聚沉

(1) 电解质对溶胶的聚沉作用

① 取三支试管，各加入 2mL 自制的 Sb_2S_3 溶胶，边振荡边向各试管中一滴一滴分别加入 $0.01mol \cdot L^{-1}$ $AlCl_3$ 溶液、$0.01mol \cdot L^{-1}$ $BaCl_2$ 溶液和 $2mol \cdot L^{-1}$ NaCl 溶液，直至出现聚沉现象（溶胶变为浑浊）为止，记下各电解质所需的滴数，并解释溶胶开始聚沉所需电解质溶液的量与电解质中离子电荷的关系。

② 取三支试管，各加入 2mL 自制的 $Fe(OH)_3$ 溶胶，分别滴加 $2mol \cdot L^{-1}$ NaCl 溶液、$0.01mol \cdot L^{-1}$ K_2SO_4 溶液和 $0.01mol \cdot L^{-1}$ $K_3[Fe(CN)_6]$ 溶液，边加边振荡，直至出现聚沉现象为止，记下各种电解质所需的滴数，比较三种电解质的聚沉能力。

(2) 异电荷溶胶的相互聚沉　将 1mL $Fe(OH)_3$ 溶胶和 1mL Sb_2S_3 溶胶混合，振荡试管，观察现象，并加以解释。

(3) 加热对溶胶的聚沉作用　在试管中加入 2mL Sb_2S_3 溶胶，加热至沸，观察有何变化，并加以解释。

4. 固体在溶液中的吸附作用

(1) 取一支试管，滴入 10 滴蒸馏水，再滴加 1～2 滴品红溶液，此时溶液呈红色，加入少许活性炭，振荡 1～2 min 后，静置，观察溶液是否还有颜色，解释所观察到的现象。

(2) 在两只小烧杯中，各取土样 1g，一只烧杯中加入 5mL $2mol \cdot L^{-1}$ NH_4Ac 溶液，另

一只中加入 5mL 蒸馏水，用玻棒搅拌，使土和溶液充分混合，便于进行交换作用。静置片刻，将两只烧杯中的溶液分别过滤在两支试管中，若滤液不澄清，可再过滤一次，向所得的滤液中加入 2 滴 $6mol \cdot L^{-1}$ HAc 溶液酸化，微热，然后加入 4～5 滴 $2mol \cdot L^{-1}$ $(NH_4)_2C_2O_4$ 溶液，若有白色沉淀产生，表示土壤中的 Ca^{2+} 被置换出来。

【思考题】

1. 将 $FeCl_3$ 溶液加到冷水中，能否得到 $Fe(OH)_3$ 溶胶？为什么？加热时间能否过长？为什么？

2. 怎样使溶胶聚沉？不同电解质对不同溶胶的聚沉作用有何不同？

3. 溶胶稳定存在的原因是什么？

4. 用等体积的 $0.05mol \cdot L^{-1}$ KI 溶液和 $0.04mol \cdot L^{-1}$ $AgNO_3$ 溶液混合制备 AgI 溶胶，用电解质 $Mg(NO_3)_2$ 和 K_3PO_4 使之聚沉。问哪个对此溶胶聚沉能力大？

第 14 章 化学量及常数的测定

实验 5 酸碱溶液的标定

【实验目的】

1. 练习滴定操作。

2. 学习用邻苯二甲酸氢钾作为基准物质标定氢氧化钠溶液的原理及方法。

3. 学会用已知浓度标准溶液标定未知浓度溶液的方法。

【实验原理】

邻苯二甲酸氢钾（$KHC_8H_4O_4$，摩尔质量 204.2g·mol^{-1}）摩尔质量大，易纯化，且不易吸收水分，是标定碱溶液的一种良好的基准物质。用其标定 NaOH 溶液时，可用酚酞作指示剂指示滴定终点，滴定反应式为：

$$KHC_8H_4O_4 + NaOH \xlongequal{} KNaC_8H_4O_4 + H_2O \tag{14.1}$$

利用已知浓度的 NaOH 标准溶液，即可确定盐酸溶液的浓度。

【仪器和试剂】

仪器：酸（碱）式滴定管，锥形瓶（250mL），移液管（25.00mL），电子天平（0.1mg）。

试剂：NaOH（0.1mol·L^{-1}），HCl（0.1mol·L^{-1}），邻苯二甲酸氢钾（s），酚酞。

【实验步骤】

1. 称量基准物

在分析天平上准确称取 0.4～0.6g 邻苯二甲酸氢钾三份（准确至 0.1mg），分别置于 250mL 锥形瓶中，加 50mL 蒸馏水，温热使之溶解，冷却。加 1～2 滴酚酞指示剂。

2. 标定 NaOH 溶液

分别用 0.1mol·L^{-1}的 NaOH 溶液滴定上述溶液至无色变为微红色，30s 内不褪色，即为终点。记录所耗 NaOH 溶液的体积。

3. 标定 HCl 标准溶液

用 25.00mL 移液管取待标定的 HCl 溶液于锥形瓶中。加 1～2 滴酚酞指示剂。用上述 0.1mol·L^{-1}的 NaOH 标准溶液滴定至溶液由无色变为淡红色，记录所消耗的 NaOH 溶液的体积。平行滴定三份。

【数据处理】

1. NaOH 溶液的标定

$$c(NaOH) = \frac{m(KHC_8H_4O_4)}{M(KHC_8H_4O_4)V(NaOH)} \tag{14.2}$$

编　　号	Ⅰ	Ⅱ	Ⅲ
倾出前(称量瓶＋邻苯二甲酸氢钾)质量/g			
倾出后(称量瓶＋邻苯二甲酸氢钾)质量/g			
m(邻苯二甲酸氢钾)/g			
NaOH 终读数/mL			
NaOH 初读数/mL			
V(NaOH)/mL			
c(NaOH)/mol·L^{-1}			
c(NaOH) 平均值/mol·L^{-1}			
相对平均偏差			

2. HCl 溶液的标定

$$c(\mathrm{HCl})=\frac{c(\mathrm{NaOH})V(\mathrm{NaOH})}{25.00} \tag{14.3}$$

编　　号	Ⅰ	Ⅱ	Ⅲ
V(HCl)/mL	25.00	25.00	25.00
NaOH 终读数/mL			
NaOH 初读数/mL			
V(NaOH)/mL			
c(NaOH)/mol·L^{-1}			
c(HCl)/mol·L^{-1}			
c(HCl) 平均值/mol·L^{-1}			
相对平均偏差			

【思考题】

1. 在酸碱滴定中，每次指示剂的用量仅为 1～2 滴，为什么不可多用？

2. 若邻苯二甲酸氢钾加水后加热溶解，不等其冷却就进行滴定，对标定结果有无影响？为什么？

3. NaOH 溶液的浓度应保留几位有效数字？为什么？

实验 6　摩尔气体常数的测定

【实验目的】

1. 了解置换法测定摩尔气体常数的原理和方法。

2. 掌握理想气体状态方程式和气体分压定律的有关计算。

3. 练习测量气体体积的操作以及分析天平、气压计的使用。

【实验原理】

从理想气体状态方程式可知：

$$R=\frac{pV}{nT} \tag{14.4}$$

通过一定的方法测得理想气体的 p、V、n、T，即可算出摩尔气体常数 R。

本实验通过一定量的金属镁与过量的稀硫酸反应，置换出氢气：

$$Mg + H_2SO_4 = MgSO_4 + H_2\uparrow \tag{14.5}$$

氢气的物质的量（n）可根据准确称量的镁条的质量（m_{Mg}）求出，氢气的体积（V）由量气管测出，实验时的温度（T）和压力（p）由温度计和气压计读出。由于氢气是在水面上收集的，气体中还混有水蒸气，所以气压计读出的压力（p）是混合气体的总压。实验温度下水的饱和蒸气压 $p(H_2O)$ 可由附录查出或根据表中的数据插值计算。根据分压定律，氢气的分压 $p(H_2)$ 可由下式求得：

$$p(H_2) = p - p(H_2O) \tag{14.6}$$

根据以上所得各项数据，可计算得到摩尔气体常数 R。

【仪器和试剂】

仪器：分析天平，量气管（50mL，也可用 50mL 碱式滴定管代替），试管（25mL），长颈漏斗，橡皮管，滴定管夹，烧瓶夹，量筒（10mL），滴管，气压计，精密温度计。

试剂：H_2SO_4（$3mol\cdot L^{-1}$），镁条。

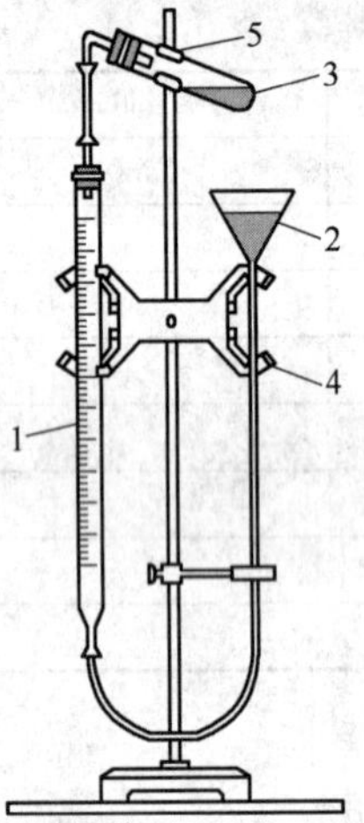

图 14.1　气体体积测量装置

1—量气管；2—长颈漏斗；3—试管；4—滴定管夹；5—烧瓶夹

【实验步骤】

1. 装置安装

按图 14.1 所示，将橡皮管一端接量气管，另一端接长颈漏斗，由漏斗往量气管内注水至略低于刻度“0”的位置。上下移动漏斗以赶尽附着在橡皮管和量气管内壁的气泡，然后将试管与量气管另一端连接，并将胶塞塞紧。

2. 检查装置气密性

将漏斗上下移动一段距离，若量气管内液面只在初始时刻稍有升降，以后便维持不变（观察 3～5min），即表明装置不漏气。若液面不断升降，则表明装置漏气，应重复检查各接口处是否严密。经检查与调整后，再重复实验，直至不漏气为止，再把漏斗移至原来的位置。

3. 称取镁条

用分析天平准确称取两份已擦去表面氧化物的镁条，每份质量为 0.0300～0.0350g。

4. 摩尔气体常数 R 的测定

(1) 取下试管，用滴管加入 3～5mL 的 $3mol\cdot L^{-1}$ 硫酸（切勿使酸液沾湿液面上端的试管壁），将试管按一定倾斜度固定好，将已称好的镁条用水稍微润湿后小心贴在试管壁上部，避免与酸液接触，然后将试管的塞子塞紧。检查量气管液面是否处于“0”刻度以下，再次检查装置的气密性。

(2) 上下移动漏斗，使其液面与量气管液面在同一水平位置，记下量气管液面位置 V_1。将试管底部略微抬高，使镁条与酸液接触，这时，反应产生的氢气进入量气管，管内的水被压入漏斗。为避免量气管内压力过大造成漏气，可适当下移漏斗，使两边液面大体保持同一水平。

(3) 反应完毕，待试管冷却至室温，再次移动漏斗，使其液面与量气管液面处于同一水平，记下液面位置 V_2。2min 后，再记录液面位置，直至两次读数一致，即表明管中气体温度已与室温相同。

(4) 测量并记录室温与大气压。

【数据处理】

1. 数据与结果记录于下表中。

实验序号	Ⅰ	Ⅱ
室温 T/K		
大气压 p/Pa		
镁条质量 m_{Mg}/g		
反应前量气管液面读数 V_1/mL		
反应后量气管液面读数 V_2/mL		
氢气的体积 V/mL		
氢气的物质的量 n/mol		
室温下水的饱和蒸气压 $p(H_2O)$/Pa		
氢气的分压 $p(H_2)$/Pa		
摩尔气体常数 R		
R 平均值		

2. 计算相对误差，分析误差产生原因。

【思考题】

1. 在读取量气管液面刻度时，为什么要使漏斗和量气管两个液面在同一水平面上？

2. 讨论下列情况对实验结果有何影响：①量气管中的气泡未赶尽；②反应过程中实验装置漏气；③镁条表面有氧化膜；④反应过程中，从量气管中压入漏斗的水过多而使水从漏斗中溢出。

实验 7　二氧化碳分子量的测定

【实验目的】

1. 学习气体相对密度法测定分子量的原理和方法。
2. 加深理解理想气体状态方程式和阿伏伽德罗定律。
3. 掌握启普发生器的使用，掌握气体的净化和干燥的方法。

【实验原理】

根据阿伏伽德罗定律，同温同压下，同体积的任何气体含有相同数目的分子。因此，在同温同压下，同体积的两种气体的质量之比等于它们的分子量之比，即

$$\frac{m_A}{m_B}=\frac{M_A}{M_B}=d \tag{14.7}$$

式中，m_A、m_B 分别代表 A、B 两种气体的质量；M_A 和 M_B 分别代表 A、B 两种气体的分子量。

本实验是把同体积的二氧化碳气体与空气（其平均分子量为 29.0）相比，这样，二氧化碳的分子量可按下式计算：

$$M_{CO_2}=\frac{m_{CO_2}}{m_{空气}}\times 29.0 \tag{14.8}$$

一定体积 V 的二氧化碳气体质量 m_{CO_2} 可直接从电子天平上称出。根据实验时的大气压

p 和温度 T，利用理想气体状态方程式，可计算出同体积的空气的质量：

$$m_{空气}=\frac{pV\times 29.0}{RT} \tag{14.9}$$

从而测定二氧化碳气体的分子量。

【仪器和试剂】

仪器：启普发生器，洗气瓶，锥形瓶（250mL），台秤，电子天平，温度计，气压计，橡皮管，橡皮塞等。

试剂及用品：HCl（$6\text{mol}\cdot\text{L}^{-1}$），$H_2SO_4$，$CuSO_4$ 溶液，$NaHCO_3$ 饱和溶液，无水 $CaCl_2$，大理石等。

【实验步骤】

按图 14.2 连接好 CO_2 气体的发生和净化装置。

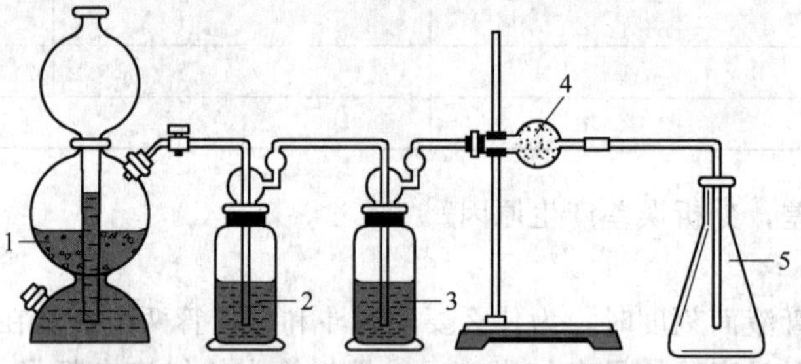

图 14.2　制取、净化和收集 CO_2 装置图

1—大理石＋稀盐酸；2—$CuSO_4$ 溶液；3—$NaHCO_3$ 溶液；4—无水 $CaCl_2$；5—锥形瓶

取一个洁净而干燥的锥形瓶，选一个合适的橡皮塞塞入瓶口，在塞子上作一个记号，以固定塞子塞入瓶口的位置。在天平上称出（空气＋瓶＋塞子）的质量。

从启普发生器产生的 CO_2 气体，通过 $CuSO_4$ 溶液、$NaHCO_3$ 溶液、无水 $CaCl_2$，除去 H_2S、酸雾和水汽，经过净化和干燥后，导入锥形瓶内。因为 CO_2 气体的相对密度大于空气，所以必须把导气管插入瓶底，才能把瓶内的空气赶尽。4～5min 后，用燃着的火柴在瓶口检查 CO_2 已充满后，再慢慢取出导气管用塞子塞住瓶口（应注意塞子是否在原来塞入瓶口的位置上）。在天平上称出（CO_2 气体＋瓶＋塞子）的质量，重复通入 CO_2 气体和称量的操作，直到前后两次（CO_2 气体＋瓶＋塞子）的质量相符为止（两次质量相差不超过 1～2mg）。这样做是为了保证瓶内的空气已完全被排出并充满了 CO_2 气体。

最后在瓶内装满水，塞好塞子（注意塞子的位置），在台秤上称量，精确至 0.1g。记下室温和大气压。

【数据处理】

项　　目	数值
室温 T/K	
大气压 p/Pa	
（空气＋瓶＋塞子）的质量 m_A/g	
（CO_2 气体＋瓶＋塞子）的质量 m_B/g	

续表

项　　目	数值
(水+瓶+塞子)的质量 m_C/g	
瓶的容积 $V=(m_C-m_A)\div 1.00$/mL	
瓶内空气的质量 $m_{空气}$/g	
瓶和塞子的质量 $m_D=(m_A-m_{空气})$/g	
CO_2 气体的质量 $m_{CO_2}=(m_B-m_D)$/g	
CO_2 的分子量 M_{CO_2}	
百分误差$=\dfrac{M_{CO_2}(实)-M_{CO_2}(理)}{M_{CO_2}(理)}\times 100\%$	

【思考题】

1. 为什么当（CO_2＋瓶＋塞子）达到恒重时，即可认为锥形瓶中已充满 CO_2 气体？

2. 为什么（CO_2＋瓶＋塞子）的质量要在分析天平上称量，而（水＋瓶＋塞子）的质量可以在台秤上称量？

3. 为什么在计算锥形瓶的容量时不考虑空气的质量，而在计算 CO_2 的质量时，却要考虑空气的质量？

4. 说明 CO_2 净化干燥的原理。

5. 本实验中，对 CO_2 分子量测定结果影响最大的是哪一个步骤？实验时应注意什么问题？

实验 8　化学反应标准摩尔焓变的测定

【实验目的】

1. 掌握测定化学反应标准摩尔焓变的一般原理和方法。
2. 进一步练习温度计、移液管的使用方法。
3. 掌握数据的测定、记录、整理和计算。

【实验原理】

化学反应常伴随有能量的变化，通常是化学能与热能的转化。对任一化学反应，若反应过程中无非体积功，当产物的温度与反应物的温度相同时，该反应放出或吸收的热量称为该化学反应的热效应，也称反应热。若化学反应在定压条件下进行，反应的热效应称为定压热效应（Q_p）。若反应在标准状态下进行，反应的标准摩尔焓变（$\Delta_r H_m^{\ominus}$）在数值上等于 $Q_{p,m}$。因此通常可以用量热的方法测定化学反应的标准摩尔焓变。

热效应通常可以由实验测得。测定反应热的方法很多，量热计是测定反应热效应的常用仪器。本实验采用普通保温杯和分刻度为 0.1℃ 的温度计作为简易量热计（如图 14.3）。假设反应是在绝热的条件下进行，通过测定反应体系前后温度的变化和量热计的热容，可求得该反应的热效应。本实验以锌粉和硫酸铜溶液反应为例，相应的反应式如下：

$$Zn+Cu^{2+} \longrightarrow Cu+Zn^{2+} \qquad \Delta_r H_m^{\ominus}(298K)=-218.7kJ\cdot mol^{-1} \tag{14.10}$$

这个反应是放热反应，反应热效应的计算公式为：

$$Q_{p,\mathrm{m}}=\Delta_r H_m^{\ominus}=-\frac{\Delta T(CV\rho+C_p)}{n\times 1000} \tag{14.11}$$

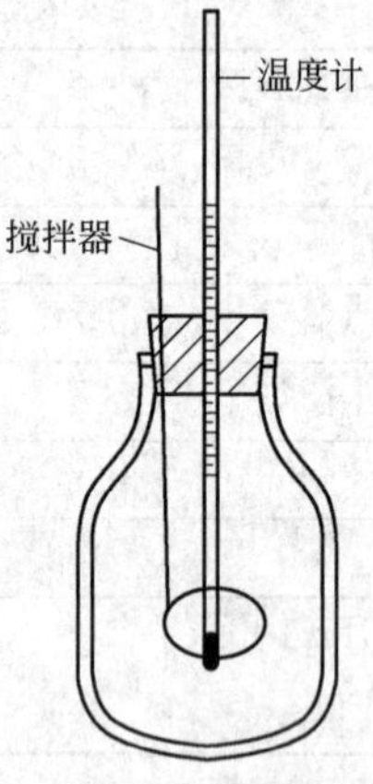

图 14.3　简易量热计装置图

式中　ΔT——反应前后溶液的温差，$\Delta T=T_2-T_1$，K；

C——溶液的比热容，$\mathrm{J\cdot g^{-1}\cdot K^{-1}}$（本实验采用的硫酸铜是稀溶液，故可将比热容视为水的比热容 $4.18\mathrm{J\cdot g^{-1}\cdot K^{-1}}$）；

V——溶液的体积，mL；

ρ——溶液的质量密度，近似等于 $1.02\mathrm{g\cdot mL^{-1}}$；

n——体积为 V 的溶液中 $CuSO_4$ 的物质的量，mol；

C_p——量热计的热容，$\mathrm{J\cdot K^{-1}}$。

量热计的热容是指量热计温度每升高 1℃所需要吸收的热量。

由于化学反应所产生的热量，除了使溶液温度升高外，还使保温杯温度升高，故要进行量热计热损失的测定和计算。

量热计热容的测定方法如下：往盛有一定质量（$m_{冷}$）、温度为 T_c 的冷水的量热计中，迅速加入相同质量、温度为 T_h 的热水，测得混合后水的温度为 T_f，则热水放出的热量 $Q_1=(T_h-T_f)Cm_{热}$，冷水吸收的热量 $Q_2=(T_f-T_c)Cm_{冷}$，量热计热容为

$$C_p=\frac{Q_1-Q_2}{T_f-T_c} \tag{14.12}$$

【仪器和试剂】

仪器：量筒（50mL），烧杯（100mL），移液管（100mL），水银温度计（0～50℃，且具有 0.1℃刻度），普通温度计（0～100℃），保温杯，电子天平，电炉。

试剂及用品：硫酸铜溶液（$0.2000\mathrm{mol\cdot L^{-1}}$）、锌粉（C. P.）。

【实验步骤】

1. 反应标准摩尔焓变的测定

(1) 用电子天平称取约 3g 锌粉。

(2) 用移液管移取 $0.2000\mathrm{mol\cdot L^{-1}}$ 的硫酸铜溶液 100.00mL，置于洁净、干燥的保温杯中，盖好盖子。

(3) 轻轻水平摇动保温杯至温度恒定（大约需 2min），读取反应前硫酸铜溶液的温度 T_1。

(4) 迅速向溶液中倒入称量好的锌粉，立即盖好盖子。为使反应完全，要水平轻轻摇动保温杯，摇动时注意不要使溶液溢出，同时不断读取并记录温度计读数，待温度不再上升时，继续测定 2min，记录反应后溶液温度上升的最高温度 T_2。

2. 量热计热容的测定

(1) 用量筒量取 50mL 蒸馏水，加入保温杯中，盖好盖子后，静置保温杯，至温度计温度不再变化，读出冷水的温度 T_c。

(2) 再用量筒量取 50mL 蒸馏水，加入小烧杯中，在电炉上加热至比 T_c 高出 20℃左右，读出热水的温度 T_h。

注意：由于热水的温度在 50℃左右，所以要用量程为 100℃的温度计来测量温度，不可以用量程为 50℃的温度计来测温，以免炸裂。

(3) 迅速将热水倒入保温杯中，盖严后水平摇动保温杯至温度不再上升（约需 1min），

读出混合后的最高水温 T_f。

【数据处理】

1. 量热计热容的测定

冷水温度 T_c/℃		水的比热容 C/J·g^{-1}·K^{-1}	4.18
热水温度 T_h/℃		热水放出的热量 Q_1/J	
冷、热水混合后温度 T_f/℃		冷水吸收的热量 Q_2/J	
冷水的质量 $m_{冷}$/g		量热计热容 C_p/J·K^{-1}	
热水的质量 $m_{热}$/g			

注：温度对体积的影响忽略不计，则 $m_{热}=m_{冷}$。

2. 反应标准摩尔焓变的测定

反应前的温度 T_1/℃		$CuSO_4$ 溶液的物质的量 n/mol	
反应后的温度 T_2/℃		$CuSO_4$ 溶液的密度 ρ/g·cm^{-3}	1.02
反应前后温度差 ΔT/℃		溶液的比热容 C/J·g^{-1}·K^{-1}	4.18
$CuSO_4$ 溶液的体积 V/mL		$\Delta_r H_m^{\ominus}$/kJ·mol^{-1}	
$CuSO_4$ 溶液的浓度 c/mol·L^{-1}			

【思考题】

1. 本实验中所用锌粉为何只需用台秤称量，而对 $CuSO_4$ 溶液的浓度和体积要求比较准确？

2. 本实验对所用量热器应有什么要求？是否允许有残留水滴？是否需要用 $CuSO_4$ 溶液润洗？为什么？

3. 试分析本实验测定结果产生误差的原因有哪些？你认为主要原因是什么？

实验 9　醋酸解离度和解离常数的测定

【实验目的】

1. 加深对解离度和解离常数概念的理解。
2. 了解酸度计的工作原理。
3. 学习使用酸度计测定醋酸解离度和解离常数的原理和方法。
4. 进一步熟悉溶液的配制及移液管和容量瓶的使用与操作。

【实验原理】

弱电解质在水溶液中仅部分解离，它们的解离过程是可逆的，可逆过程达到平衡状态时，以化学计量数为指数的产物的相对平衡浓度的乘积除以化学计量数为指数的反应物的相对平衡浓度的乘积，在一定的温度下是一定值，这一定值即为弱电解质的解离平衡的标准平衡常数（简称解离常数）$K^{\ominus}$。

弱酸的解离常数 $K_a^{\ominus}$，弱碱的解离常数 $K_b^{\ominus}$，都可通过测定平衡时溶液的 pH 来测定。本实验以醋酸为例。醋酸（HAc）是一元弱酸，在水溶液中存在着以下解离平衡：

$$HAc+H_2O \rightleftharpoons H_3O^+ + Ac^-$$

简写为

$$HAc \rightleftharpoons H^+ + Ac^-$$

若 c_0 为 HAc 的起始浓度；$c(H^+)$、$c(Ac^-)$、$c(HAc)$ 分别为 H^+、Ac^-、HAc 的平衡浓度；α 为解离度；$K_a^{\ominus}$为解离常数，在纯的 HAc 水溶液中若忽略水的解离，则

$$c(H^+)=c(Ac^-)=c_0\alpha \qquad c(HAc)=c_0(1-\alpha) \tag{14.13}$$

$$K_a^{\ominus}(HAc)=\frac{[c(Ac^-)/c^{\ominus}][c(H^+)/c^{\ominus}]}{c(HAc)/c^{\ominus}}=\frac{c_0\alpha^2/c^{\ominus}}{1-\alpha} \tag{14.14}$$

当 $\alpha<5\%$时，$K_a^{\ominus}(HAc)=c_0\alpha^2/c^{\ominus}$ (14.15)

温度一定时，用酸度计测定一系列已知准确浓度的 HAc 溶液的 pH 值即可计算出$c(H^+)$：

$$pH=-\lg c(H^+)/c^{\ominus} \tag{14.16}$$

将求出的 $c(H^+)$ 代入式(14.13) 即可求出一系列对应的 HAc 溶液的解离度 α。

$$\alpha=c(H^+)/c_0 \tag{14.17}$$

将 α 代入式(14.14) 或式(14.15) 中，即可求出醋酸的 $K_a^{\ominus}$，$K_a^{\ominus}$的值近似为一常数，取一系列 $K_a^{\ominus}$的平均值即为该温度下 HAc 的解离常数。

【仪器和试剂】

仪器：烧杯（50mL），移液管（5mL、10mL、25mL），容量瓶（50mL），pHS-3C 型酸度计，碱式滴定管（50mL），锥形瓶（250mL）。

试剂：HAc 溶液（$0.2mol\cdot L^{-1}$左右），NaOH 标准溶液（约 $0.20mol\cdot L^{-1}$），标准缓冲溶液（pH=4.00，pH=6.86），酚酞溶液。

【实验步骤】

1. 醋酸溶液浓度的标定

以酚酞为指示剂，用已知浓度的 NaOH 溶液标定醋酸溶液的浓度。

2. 配制不同浓度的醋酸标准溶液

用移液管分别移取 5.00mL、10.00mL、25.00mL 约 $0.2mol\cdot L^{-1}$的 HAc 溶液，把它们分别加入 50mL 容量瓶中，再用蒸馏水稀释至刻度线，摇匀，计算出这三种不同 HAc 溶液的准确浓度。

3. 测定醋酸溶液的 pH

把上述三种不同浓度的 HAc 溶液和原 HAc 标准溶液分别倒入四只干燥的 50mL 的烧杯中，按由稀到浓的顺序用酸度计依次测定它们的 pH，并换算成 $c(H^+)$，算出 α，再算出 $K_a^{\ominus}$。

【数据处理】

1. 醋酸溶液浓度的标定

滴定序号		Ⅰ	Ⅱ	Ⅲ
NaOH 的浓度/$mol\cdot L^{-1}$				
HAc 的体积/mL				
NaOH 的初读数/mL				
NaOH 的终读数/mL				
NaOH 的体积/mL				
HAc 的浓度/$mol\cdot L^{-1}$	测定值			
	平均值			

2. 醋酸的解离度和解离常数

温度______

溶液编号	$c_0(\mathrm{HAc})/\mathrm{mol \cdot L^{-1}}$	pH	$c(\mathrm{H^+})/\mathrm{mol \cdot L^{-1}}$	$\alpha/\%$	解离常数 $K_a^{\ominus}$	
					测定值	平均值
1						
2						
3						
4						

【思考题】

1. 相同温度下，不同浓度的 HAc 溶液的解离度是否相同？解离常数是否相同？为什么？“解离度越大，酸度越大”，这句话是否正确？为什么？

2. 用酸度计测定醋酸的解离度和解离常数的原理是什么？

3. 若所用 HAc 溶液的浓度极稀，是否还可以用 $K_a^{\ominus}(\mathrm{HAc})=c_0\alpha^2/c^{\ominus}$ 求解离常数？

4. 使用酸度计应注意哪些问题？

5. 实验测定的 HAc 解离常数是否与附录中所给的 $K_a^{\ominus}(\mathrm{HAc})$ 存在误差？为什么？

实验 10 化学反应速率和活化能的测定

【实验目的】

1. 了解浓度、温度和催化剂对反应速率的影响。

2. 掌握过二硫酸铵和碘化钾反应的平均反应速率的测定方法。

3. 学会利用实验数据计算反应级数、速率常数和活化能。

【实验原理】

在水溶液中，过二硫酸铵与碘化钾发生如下反应：

$$(NH_4)_2S_2O_8+3KI = (NH_4)_2SO_4+K_2SO_4+KI_3 \tag{14.18}$$

反应的离子方程式为：

$$S_2O_8^{2-}+3I^- = 2SO_4^{2-}+I_3^- \tag{14.19}$$

反应式(14.19) 进行缓慢，在不太长的一段时间内，浓度变化较小。所以，初始阶段的平均速率近似等于初始时的瞬时速率，实验中近似地用平均速率代替初始速率：

$$v=kc^m(S_2O_8^{2-}\ c^n(I^-)\approx\frac{-\Delta c(S_2O_8^{2-})}{\Delta t} \tag{14.20}$$

式中，$\Delta c(S_2O_8^{2-})$ 为 $S_2O_8^{2-}$ 在 Δt 时间内物质的量浓度的改变值；$c(S_2O_8^{2-})$、$c(I^-)$ 分别为两种离子初始浓度；k 为反应速率常数；m 和 n 分别为 $S_2O_8^{2-}$ 和 I^- 的反应级数；$m+n$为该反应的反应级数。

为了能够测定 $\Delta c(S_2O_8^{2-})$，在混合$(NH_4)_2S_2O_8$ 和 KI 溶液时，同时加入一定体积的已知浓度的 $Na_2S_2O_3$ 溶液和作为指示剂的淀粉溶液，这样在反应式(14.19) 进行的同时，也进行着如下的反应：

$$2S_2O_3^{2-}+I_3^- = S_4O_6^{2-}+3I^- \tag{14.21}$$

反应式(14.21) 进行得非常快，几乎瞬间完成，而反应式(14.19) 却慢得多，所以由反应式

(14.19) 生成的I_3^-立刻与$S_2O_3^{2-}$作用生成无色的$S_4O_6^{2-}$和I^-，因此，在反应开始阶段，看不到碘与淀粉作用而显示出来的特有蓝色，但是一旦$Na_2S_2O_3$耗尽，反应式(14.19) 继续生成的微量I_3^-立即使淀粉溶液显示蓝色。所以蓝色的出现就标志着反应式(14.21) 的完成。

从反应方程式(14.19) 和式(14.21) 的计量关系可以看出，$S_2O_8^{2-}$浓度的减少量等于$S_2O_3^{2-}$减少量的一半，即

$$\Delta c(S_2O_8^{2-})=\frac{\Delta c(S_2O_3^{2-})}{2} \tag{14.22}$$

由于$S_2O_3^{2-}$在溶液显蓝色时已全部耗尽，所以$\Delta c(S_2O_3^{2-})$实际就是反应开始时$Na_2S_2O_3$的初始浓度。因此，只要记下从反应开始到溶液出现蓝色所需要的时间Δt，就可以求出反应式(14.19) 的平均反应速率$-\frac{\Delta c(S_2O_8^{2-})}{\Delta t}$。

在固定$c(S_2O_3^{2-})$，改变$c(S_2O_8^{2-})$和$c(I^-)$的条件下进行一系列实验，测得不同条件下的反应速率，就能根据$v=kc^m(S_2O_8^{2-})\ c^n(I^-)$的关系推算反应的反应级数。

再由下式可进一步求出反应速率常数k：

$$k=\frac{v}{c^m(S_2O_8^{2-})c^n(I^-)} \tag{14.23}$$

根据阿累尼乌斯公式，反应速率常数k与反应温度有如下关系：

$$\lg k=\frac{-E_a}{2.303RT}+\lg A \tag{14.24}$$

式中，E_a为反应活化能；R为气体常数；T为热力学温度。因此，只要测得不同温度时的k值，以$\lg k$对$1/T$作图可得一直线，由直线的斜率可求得反应的活化能E_a：

$$\text{斜率}=\frac{-E_a}{2.303R} \tag{14.25}$$

【仪器和试剂】

仪器：秒表，温度计（273～423K），恒温水浴锅，烧杯（100mL，5个），量筒（10mL，4个）。

试剂：KI（$0.20mol\cdot L^{-1}$），$(NH_4)_2S_2O_8$（$0.20mol\cdot L^{-1}$），$Na_2S_2O_3$（$0.010mol\cdot L^{-1}$），KNO_3（$0.20mol\cdot L^{-1}$），$(NH_4)_2SO_4$（$0.20mol\cdot L^{-1}$），$Cu(NO_3)_2$（$0.020\ mol\cdot L^{-1}$），淀粉（0.2%），冰。

【实验步骤】

1. 浓度对反应速率的影响

在室温下，按表14.1编号1的用量分别量取KI、淀粉、$Na_2S_2O_3$溶液于100mL烧杯中，用玻棒搅拌均匀。再量取$(NH_4)_2S_2O_8$溶液，迅速加到烧杯中，同时按动秒表，立刻用玻棒搅拌均匀。观察溶液，到一出现蓝色，立即停表。记录反应时间和温度。

用同样的方法进行编号2～5实验。为了使溶液的离子强度和总体积保持不变，在2～5号实验中所减小的KI或$(NH_4)_2S_2O_8$的量分别用KNO_3和$(NH_4)_2SO_4$溶液补充。

2. 温度对反应速率的影响

按表14.1中4号实验的用量分别加入KI、淀粉、$Na_2S_2O_3$和KNO_3溶液于100mL烧杯中，搅拌均匀。在一个大试管中加入$(NH_4)_2S_2O_8$溶液，将烧杯和试管中的溶液控制在10℃左右，把试管中的$(NH_4)_2S_2O_8$溶液迅速倒入烧杯中，搅拌，记录反应时间和温度。

分别在高于室温 10℃、20℃、30℃左右的条件下重复上述实验，记录反应时间和温度。

表 14.1　浓度对反应速率的影响

实验编号		1	2	3	4	5
试剂用量/mL	0.20mol·L^{-1} KI	20.0	20.0	20.0	10.0	5.0
	0.010mol·L^{-1} $Na_2S_2O_3$	8.0	8.0	8.0	8.0	8.0
	0.2%淀粉溶液	4.0	4.0	4.0	4.0	4.0
	0.20mol·L^{-1} KNO_3	0	0	0	10.0	15.0
	0.20mol·L^{-1} $(NH_4)_2SO_4$	0	10.0	15.0	0	0
	0.20mol·L^{-1} $(NH_4)_2S_2O_8$	20.0	10.0	5.0	20.0	20.0
反应物初始浓度/mol·L^{-1}	$(NH_4)_2S_2O_8$					
	KI					
	$Na_2S_2O_3$					
反应时间 Δt/s						
$\Delta c(S_2O_8^{2-})$/mol·L^{-1}						
反应速率 v/mol·L^{-1}·s^{-1}						
$k/(mol\cdot L^{-1})^{1-m-n}\cdot s^{-1}$						

表 14.2　温度对反应速率的影响

实验编号	4	6	7	8
反应温度 T/K				
反应时间 Δt/s				
反应速率/mol·L^{-1}·s^{-1}				
$k/(mol\cdot L^{-1})^{1-m-n}\cdot s^{-1}$				
$\lg k$				
$\frac{1}{T}/K^{-1}$				

3. 催化剂对反应速率的影响

在室温下，按表 14.1 中 4 号实验的用量分别加入 KI、淀粉、$Na_2S_2O_3$ 和 KNO_3 溶液于 100mL 烧杯中，再分别滴加入 1 滴、5 滴、10 滴 0.020mol·L^{-1}的 $Cu(NO_3)_2$ 溶液，搅拌均匀，把 $(NH_4)_2S_2O_8$ 溶液迅速倒入烧杯中，搅拌，记录反应时间。为了使溶液的离子强度和总体积保持不变，不足 10 滴的用 0.20mol·L^{-1} $(NH_4)_2SO_4$ 溶液补充。

表 14.3　催化剂对反应速率的影响

实验编号	4	9	10	11
反应温度 T/K				
反应时间 Δt/s				
反应速率/mol·L^{-1}·s^{-1}				
$k/(mol\cdot L^{-1})^{1-m-n}\cdot s^{-1}$				
$\lg k$				
$\frac{1}{T}/K^{-1}$				

【数据处理】

1. 用表14.1中实验1、2、3的数据，按初始速率法求 m；用1、4、5的数据计算求出 n；再由式(14.23)求出反应速率常数 k，并把上述结果填入表14.1。

2. 用上述相同方法对表14.2和表14.3结果进行数据处理，并将实验结果填入表中相应位置。利用表14.2中各次实验的 k 和 T，以 $\lg k$ 对 $1/T$ 作一直线，求出直线的斜率，进而根据式(14.25)求出反应的活化能。

3. 根据实验结果讨论浓度、温度、催化剂对反应速率以及速率常数的影响。

【思考题】

1. 在向KI、淀粉和 $Na_2S_2O_3$ 混合溶液中加入 $(NH_4)_2S_2O_8$ 时，为什么必须越快越好？

2. 在加入 $(NH_4)_2S_2O_8$ 时，先计时后搅拌或者先搅拌后计时，对实验结果各有何影响？

3. 若用 I^-（或 I_3^-）的浓度变化来表示该反应的速率，则 v 和 k 是否和用 $S_2O_8^{2-}$ 的浓度变化表示的一样？

实验11　$I_3^- \rightleftharpoons I_2 + I^-$ 平衡常数的测定

【实验目的】

1. 了解测定 $I_3^- \rightleftharpoons I_2 + I^-$ 平衡常数的原理和方法，加深对化学平衡和平衡常数的理解。

2. 巩固滴定操作。

【实验原理】

碘溶解于碘化钾溶液，主要生成 I_3^-。在一定温度下，它们建立如下平衡：

$$I_3^- \rightleftharpoons I_2 + I^- \qquad (14.26)$$

其平衡常数是：

$$K^\ominus = \frac{[c(I^-)/c^\ominus][c(I_2)/c^\ominus]}{c(I_3^-)/c^\ominus} \qquad (14.27)$$

式中，$c(I^-)$、$c(I_2)$、$c(I_3^-)$ 为平衡时各组分的物质的量浓度。$K^\ominus$ 越大，表示 I_3^- 越不稳定，故 $K^\ominus$ 又称为 I_3^- 的不稳定常数。

为了测定上述平衡体系中各组分的平衡浓度，可将已知浓度的KI溶液与过量的固体碘一起振荡，达到平衡后用 $Na_2S_2O_3$ 标准溶液滴定上层清液，便可求得溶液中碘的总浓度，设这个总浓度为 c，则

$$c = c(I_2) + c(I_3^-) \qquad (14.28)$$

其中 $c(I_2)$ 可用 I_2 在纯水中的饱和浓度代替。根据式(14.28)可确定 $c(I_3^-) = c - c(I_2)$。

由于形成一个 I_3^- 要消耗一个 I^-，所以平衡时 $c(I^-)$ 的浓度为：

$$c(I^-) = c_0(I^-) - c(I_3^-) \qquad (14.29)$$

式中，$c_0(I^-)$ 为碘化钾的起始浓度。

将 $c(I^-)$、$c(I_2)$、$c(I_3^-)$ 代入式(14.27)，便可求出该温度下的平衡常数 $K^\ominus$。

【仪器和试剂】

仪器：电子天平，振荡器，量筒（10mL、100mL），移液管（50mL），吸量管（10mL），锥形瓶（250mL），碘量瓶（100mL、500mL），酸式滴定管（25mL），洗耳球。

试剂：I_2(s)，KI（0.100mol·L^{-1}、0.200mol·L^{-1}、0.300mol·L^{-1}），$Na_2S_2O_3$ 标准溶液（0.0500mol·L^{-1}），淀粉溶液（0.5%）。

【实验步骤】

1. 取三个100mL干燥的碘量瓶和一个500mL碘量瓶，按下表所列的量配好溶液。

编号	1	2	3	4
c(KI)/mol·L^{-1}	0.100	0.200	0.300	0
V(KI)/mL	50.0	50.0	50.0	0
$m(I_2)$/g	0.8	0.8	0.8	0.8
$V(H_2O)$/mL	0	0	0	250.0

2. 将上述配好的溶液在室温下强烈振荡25min，静置，待过量的固体 I_2 沉于瓶底后，取清液分析。

3. 在1～3号瓶中分别吸取上层清液5.00mL于锥形瓶中，加入约20mL蒸馏水，用 $Na_2S_2O_3$ 标准溶液滴定至淡黄色，然后加入1mL淀粉溶液，继续滴定至蓝色刚好消失，记下 $Na_2S_2O_3$ 标准溶液消耗的体积。

4. 于4号瓶中量取出100.0mL上层清液，以 $Na_2S_2O_3$ 标准溶液滴定，记录消耗的体积。

【数据处理】

列表记录有关数据，并进行相关计算。

编号		1	2	3	4
取样体积/mL		5.00	5.00	5.00	100.00
$Na_2S_2O_3$ 体积/mL	Ⅰ				
	Ⅱ				
	平均				
$Na_2S_2O_3$ 浓度/mol·L^{-1}					
总浓度 c/mol·L^{-1}					
$c(I_2)$/mol·L^{-1}		—	—	—	
$c(I_3^-)$/mol·L^{-1}					—
$c(I^-)$/mol·L^{-1}					—
$K^{\ominus}$					—
$K^{\ominus}$（平均）					—

【附注】

1. 由于碘容易挥发，吸取清液后应尽快滴定，不要放置太久，在滴定时不宜过于剧烈地摇动溶液。

2. 本实验所有含碘废液都要回收。

【思考题】

1. 在固体碘和KI溶液反应时，如果碘的量不够，对实验结果有何影响？碘的用量是否一定要准确称量？

2. 在实验过程中，如果出现下列情况，对实验结果将分别产生什么影响？

(1) 吸取清液进行滴定时不小心吸进一些碘微粒；

(2) 饱和的碘水放置很久才进行滴定；

(3) 三只碘量瓶没有充分振荡。

3. 用 $Na_2S_2O_3$ 标准溶液滴定时，为何滴定至淡黄色时再加入淀粉？

实验 12　凝固点降低法测定硫的分子量

【实验目的】

1. 了解凝固点降低法测定物质分子量的原理和方法。

2. 观察硫-萘体系冷却过程，练习绘制冷却曲线。

【实验原理】

当溶剂中溶解有溶质时，溶剂的凝固点就要降低。若溶质和溶剂不生成固溶体，而是形成难挥发的非电解质稀溶液时，溶液的凝固点下降值 ΔT_f 与溶质的浓度（b）或分子量（M）有如下关系：

$$\Delta T_f = T_f^0 - T_f = K_f b = K_f \frac{1000 m_B}{M m_A} \tag{14.30}$$

式中，ΔT_f 为凝固点下降值；T_f^0 为纯溶剂的凝固点；T_f 为溶液的凝固点；K_f 为溶剂摩尔凝固点下降常数，$K \cdot kg \cdot mol^{-1}$；$b$ 为溶质的质量摩尔浓度（即每 1000g 溶剂中所含溶质的物质的量），$mol \cdot kg^{-1}$；M 为溶质的分子量；m_B 和 m_A 分别表示溶质和溶剂的质量。

利用溶液凝固点下降与溶液浓度的关系，可测定溶质的分子量。本实验以一定量（m_A）的萘为溶剂（$K_f=6.9$），将一定量（m_B）的硫溶解其中，通过实验测得 ΔT_f，便可通过下式算出硫的分子量：

$$M = 1000 K_f \frac{m_B}{m_A \Delta T_f} \tag{14.31}$$

纯溶剂的凝固点就是它的液相和固相共存时的平衡温度。若将纯溶剂逐步冷却，在未凝固之前，温度将随时间均匀下降。凝固时由于放出热量（熔化热），使因冷却而散失的热量得到了补偿，故温度将保持不变，直到全部液体凝固后温度才再继续均匀下降。其冷却曲线如图 14.4(a) 所示，A 点所对应的温度 T^0 为纯溶剂的凝固点。但实际过程中常发生过冷现象，即在超过其凝固点以下才开始析出固体，当开始结晶时由于放出热量，温度又开始上升，待液体全部凝固，温度再均匀下降。这种冷却曲线如图 14.4(b) 所示，B 点所对应的温度 T^0 才是溶剂的凝固点（一般可加强搅拌来避免或减弱过冷现象）。

溶液的凝固点是该溶液的液相与溶剂的固相共存时的平衡温度。若将溶液逐步冷却，其冷却曲线与纯溶剂不同，因为当溶剂一旦开始从溶液中结晶析出，溶液的浓度便随着增大，

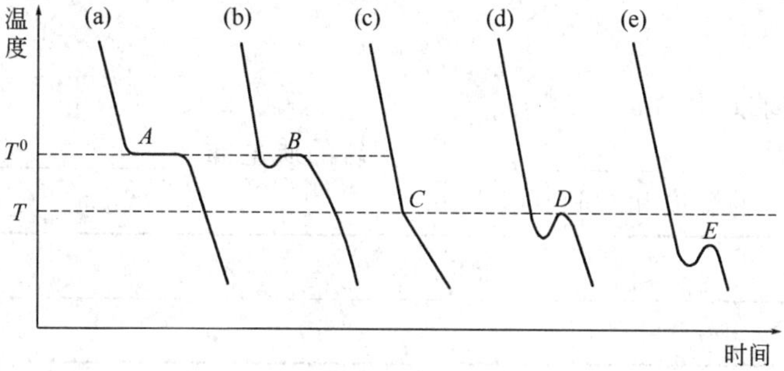

图 14.4　冷却曲线

溶液的凝固点也随之进一步下降。但又因为在溶剂结晶析出的同时伴有热量放出，温度下降的速率就与溶剂第一次开始凝固析出之前有所不同，因而在冷却曲线（c）上就出现一个转折点 C，这个转折点对应的温度就是溶液的凝固点，它相当于溶剂从溶液中第一次开始凝固析出的温度。这时如有过冷现象，则会出现冷却曲线（d）上的 D 点，这时温度回升后出现的最高点才是溶液的凝固点。如果过冷现象严重，则得冷却曲线（e），就会使凝固点的测定结果偏低。

【仪器和试剂】

仪器：电子天平，烧杯（高型，600mL），刻度温度计（50～100℃，精确至 0.1℃），大试管（50mL），线圈搅棒，煤气灯或酒精灯。

试剂：萘（A. R.），硫黄粉（升华硫），环己烷（C. P.）。

【实验步骤】

1. 纯萘凝固点的测定

按图 14.5 所示安装仪器。用电子天平称取 20.0g 萘，小心倒入一个大试管中，塞上胶塞。加热至大部分萘开始熔化时，取下胶塞，换上装有 1/10（K）刻度温度计和线圈搅棒的胶塞，继续加热至萘全部熔化后，停止加热。在不停搅拌下，在 85～75℃温度区间每隔 30s 记录一次时间和温度读数（可用放大镜观察温度）。

2. 硫萘溶液凝固点的测定

将上述试管中的萘重新加热至全部熔化，慢慢取出温度计和搅棒（连胶塞），小心将事先称好的硫粉（1.00g 左右）倒入试管内，重新装上温度计和搅棒，继续加热和搅拌使硫溶于萘中，得到的硫萘溶液应是均匀透明的。若有不溶的残余硫，可取下水浴烧杯，隔着石棉网小心用煤气灯加热试管底部，并搅拌至硫全部溶解。停止加热，重新放回水浴烧杯，加热使硫萘溶液温度达 85℃以上。移开煤气灯，在不断搅拌下，在 85～75℃温度区间每隔 30s 记录一次时间和温度读数。

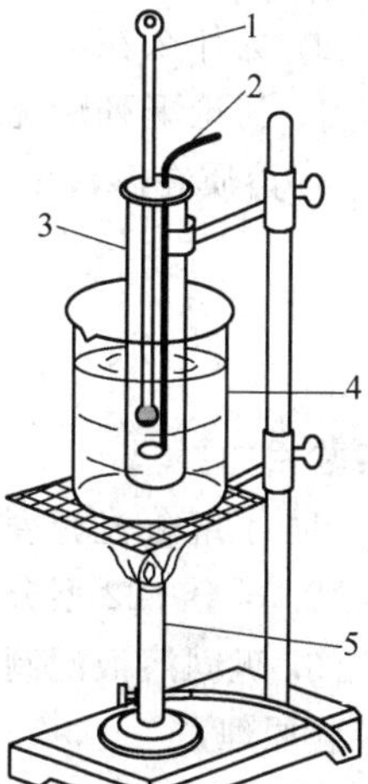

图 14.5　凝固点测定装置

1—温度计；2—搅棒；3—试管；4—水浴烧杯；5—煤气灯

实验完毕，清洗试管。方法是水浴加热试管至硫萘混合物全部熔化后，取出装有温度计和线圈搅棒的胶塞（未全部熔化时切不能拔温度计，以免折断），把熔融物倒在一个折叠成漏斗型的纸上（勿溅在皮肤上），冷后放入回收桶。残留在试管中的硫萘混合物可用约 5mL 的环己烷溶解，然后倒入回收瓶中。

【数据处理】

1. 实验数据记录如下：

萘的质量 m_A ________ g　　　　硫的质量 m_B ________ g

萘在冷却过程中的温度和时间：

时间/min	
温度/℃	

硫萘溶液在冷却过程中的温度和时间：

时间/min	
温度/℃	

2. 在坐标纸上作出萘和硫萘溶液的冷却曲线，求出它们的凝固点 T_f^0、T_f 以及 ΔT_f。

萘的凝固点 T_f^0 ________ ℃；硫萘溶液的凝固点 T_f ________ ℃；硫萘的凝固点下降值 ΔT_f ________ ℃。

3. 计算硫的分子量和分子式。

4. 计算相对误差。

【附注】

若硫萘溶液加热一段时间后始终不透明，最好更换硫粉。另外，由于萘蒸气是可燃的，加热时不可过热。

【思考题】

1. 为什么在本实验中萘可以用托盘天平称取，而硫则要用分析天平来称取？

2. 讨论下列情况对实验结果有何影响：①萘或硫放入试管时损失一些；②硫中含有杂质；③溶质在溶液中产生解离、缔合等情况。

实验 13　碘酸铜溶度积的测定

【实验目的】

1. 了解分光光度法测定碘酸铜溶度积的原理和方法，加深对溶度积概念的理解。

2. 学会 722 型分光光度计的使用。

3. 巩固溶液配制、移液等基本操作。

【实验原理】

碘酸铜是难溶强电解质，在其饱和水溶液中，存在着下列平衡：

$$Cu(IO_3)_2(s) \rightleftharpoons Cu^{2+}(aq) + 2IO_3^-(aq) \tag{14.32}$$

在一定温度下，平衡溶液中 Cu^{2+} 相对浓度与 IO_3^- 相对浓度平方的乘积是一个常数：

$$K_{sp}^{\ominus} = \frac{c(Cu^{2+})}{c^{\ominus}} \times \left[\frac{c(IO_3^-)}{c^{\ominus}}\right]^2 \tag{14.33}$$

式中，$c(Cu^{2+})$、$c(IO_3^-)$ 为平衡时物质的量浓度；$K_{sp}^{\ominus}$ 称为溶度积常数，它和其它平衡常数一样，随温度的不同而改变。因此，如果能测得在一定温度下碘酸铜饱和溶液中的

$c(Cu^{2+})$和$c(IO_3^-)$，就可以求出该温度下的$K_{sp}^{\ominus}$。

本实验是由硫酸铜和碘酸钾作用制备碘酸铜饱和溶液，然后利用饱和溶液中的Cu^{2+}与过量$NH_3\cdot H_2O$作用生成深蓝色的配离子$[Cu(NH_3)_4]^{2+}$。这种配离子对波长 600nm 的光具有强吸收，而且在一定浓度下，它对光的吸收程度（用吸光度 A 表示）与溶液浓度成正比。因此，用分光光度计测得碘酸铜饱和溶液中Cu^{2+}与$NH_3\cdot H_2O$作用后生成的$[Cu(NH_3)_4]^{2+}$溶液的吸光度，利用工作曲线并通过计算就能确定饱和溶液中的$c(Cu^{2+})$。

利用平衡时$c(Cu^{2+})$与$c(IO_3^-)$的关系，就能求出碘酸铜的溶度积$K_{sp}^{\ominus}$。

工作曲线的绘制方法：配制一系列$[Cu(NH_3)_4]^{2+}$标准溶液，用分光光度计测定该标准系列中各溶液的吸光度，然后以吸光度 A 为纵坐标，相应的Cu^{2+}浓度为横坐标作图得到的直线称为工作曲线（也称标准曲线）。

【仪器和试剂】

仪器：电子天平，吸量管（20mL、2mL），容量瓶（50mL），定量滤纸，长颈漏斗，温度计（273～373K），比色皿（1cm），烧杯（100mL），镜头纸，722 型分光光度计。

试剂：$CuSO_4$（$0.100mol\cdot L^{-1}$），$CuSO_4\cdot 5H_2O(s)$，KIO_3（s），$NH_3\cdot H_2O(6mol\cdot L^{-1})$，$BaCl_2(0.1mol\cdot L^{-1})$。

【实验步骤】

1. $Cu(IO_3)_2$沉淀的制备

在烧杯中用 2.0g $CuSO_4\cdot 5H_2O$ 和 3.4g KIO_3 与适量水反应，搅拌下加热至 70～80℃，保持 15min，静置至室温，弃去上层清液，采用倾析法用蒸馏水洗涤沉淀至无SO_4^{2-}为止，制得$Cu(IO_3)_2$沉淀。

2. $Cu(IO_3)_2$饱和溶液的制备

将上述制得的$Cu(IO_3)_2$沉淀配制成 60mL 饱和溶液。用干的双层滤纸过滤，将饱和溶液收集于一个干燥的烧杯中。

3. 工作曲线的绘制

分别吸取 0.40、0.80、1.20、1.60 和 2.00（mL）$0.100mol\cdot L^{-1}$ $CuSO_4$ 溶液于 5 个 50mL 容量瓶中，各加入$6mol\cdot L^{-1}$的$NH_3\cdot H_2O$溶液 4mL，摇匀，用蒸馏水稀释至刻度，再摇匀。

以蒸馏水作参比液，选用 1cm 比色皿，选择入射光波长为 600nm，用 722 型分光光度计分别测定各溶液的吸光度。以吸光度 A 为纵坐标，相应Cu^{2+}浓度为横坐标，绘制工作曲线。

4. 饱和溶液中Cu^{2+}浓度的测定

吸取 20.00mL 过滤后的$Cu(IO_3)_2$饱和溶液于 50mL 容量瓶中，加入 4mL $6mol\cdot L^{-1}$ $NH_3\cdot H_2O$溶液，摇匀，用水稀释至刻度，再摇匀。按上述测定工作曲线同样条件测定溶液的吸光度。根据工作曲线求出饱和溶液中的$c(Cu^{2+})$。

【数据处理】

1. 绘制工作曲线

编号	1	2	3	4	5
$V(CuSO_4)/mL$	0.40	0.80	1.20	1.60	2.00
相应的$c(Cu^{2+})/mol\cdot L^{-1}$					
吸光度 A					

2. 根据 $Cu(IO_3)_2$ 饱和溶液吸光度，通过工作曲线求出饱和溶液中的 Cu^{2+} 浓度，计算 $K_{sp}^{\ominus}$。

【思考题】

1. 怎样制备 $Cu(IO_3)_2$ 饱和溶液？制备 $Cu(IO_3)_2$ 时，何种物质过量？

2. 如果 $Cu(IO_3)_2$ 溶液未达饱和，对测定结果有何影响？

3. 假如在过滤 $Cu(IO_3)_2$ 饱和溶液时有 $Cu(IO_3)_2$ 固体穿透滤纸，将对实验结果产生什么影响？

实验 14　银氨配离子配位数及稳定常数的测定

【实验目的】

1. 应用配位平衡和溶度积规则测定 $[Ag(NH_3)_n]^+$ 的配位数和稳定常数。

2. 进一步熟练掌握数据处理和作图方法。

【实验原理】

在 $AgNO_3$ 溶液中加入过量氨水，有稳定的 $[Ag(NH_3)_n]^+$ 生成：

$$Ag^+(aq) + nNH_3(aq) \rightleftharpoons [Ag(NH_3)_n]^+(aq) \tag{14.34}$$

$$K_f^{\ominus}[Ag(NH_3)_n^+] = \frac{c[Ag(NH_3)_n^+]/c^{\ominus}}{[c(Ag^+)/c^{\ominus}][c(NH_3)/c^{\ominus}]^n} \tag{14.35}$$

再往溶液中逐滴滴加 KBr 溶液，直到溶液中刚出现淡黄色的 AgBr 沉淀：

$$AgBr(s) \rightleftharpoons Ag^+(aq) + Br^-(aq) \tag{14.36}$$

$$K_{sp}^{\ominus}(AgBr) = [c(Ag^+)/c^{\ominus}][c(Br^-)/c^{\ominus}] \tag{14.37}$$

总的化学平衡为：

$$[Ag(NH_3)_n]^+(aq) + Br^-(aq) \rightleftharpoons AgBr(s) + nNH_3(aq) \tag{14.38}$$

$$K^{\ominus} = \frac{[c(NH_3)/c^{\ominus}]^n}{\{c[Ag(NH_3)_n^+]/c^{\ominus}\}[c(Br^-)/c^{\ominus}]} = \frac{1}{K_f^{\ominus}K_{sp}^{\ominus}} \tag{14.39}$$

当氨水大大过量时，生成最高配位数的配合物 $[Ag(NH_3)_n]^+$ 和 AgBr 沉淀，没有其它副反应发生。

设取用 $AgNO_3$ 溶液的体积为 $V(Ag^+)$，初始浓度为 $c_0(Ag^+)$。若加入氨水大大过量，则达到竞争平衡时有：

$$c[Ag(NH_3)_n^+] = \frac{c_0(Ag^+)V(Ag^+)}{V_{总}} \tag{14.40}$$

$$c(NH_3) = \frac{c_0(NH_3)V(NH_3)}{V_{总}} - nc[Ag(NH_3)_n^+] \approx \frac{c_0(NH_3)V(NH_3)}{V_{总}} \tag{14.41}$$

滴加 KBr 到有浅黄色沉淀出现时：

$$c(Br^-) = \frac{c_0(KBr)V(KBr)}{V_{总}} \tag{14.42}$$

$$V_{总} = V(AgNO_3) + V(NH_3) + V(KBr) + V(H_2O) \tag{14.43}$$

由式(14.39) 得：$\lg\{c[Ag(NH_3)_n^+]c(Br^-)\} = n\lg c(NH_3) + \lg(K_f^{\ominus}K_{sp}^{\ominus})$　(14.44)

以 $\lg\{c[Ag(NH_3)_n^+]c(Br^-)\}$ 为纵坐标、$\lg c(NH_3)$ 为横坐标作图，直线的斜率即为配位数 n，截距为 $\lg(K_f^{\ominus}K_{sp}^{\ominus})$，由此求得配合物的稳定常数 $K_f^{\ominus}$。

【仪器和试剂】

仪器：锥形瓶，吸量管（10mL、20mL），量筒（25mL），酸式滴定管。

试剂：$AgNO_3$(0.010mol·L^{-1})，$NH_3 \cdot H_2O$(2.0mol·L^{-1})，KBr(0.010mol·L^{-1})。上述溶液均需在用前标定准确浓度。

【实验步骤】

按表中各编号所列数量，依次加入 0.010mol·L^{-1} $AgNO_3$ 溶液、2.0mol·L^{-1} $NH_3 \cdot H_2O$ 溶液及蒸馏水于各锥形瓶中，然后在不断摇动下从滴定管中逐滴滴加 0.010mol·L^{-1} KBr 溶液，直到溶液中刚出现浑浊并不再消失为止，记下所消耗 KBr 的体积及溶液的总体积 $V_{总}$。

实验项目	1	2	3	4	5	6	7
$V(Ag^+)$/mL	5.00	5.00	5.00	5.00	5.00	5.00	5.00
$V(NH_3)$/mL	20.00	18.00	16.00	14.00	12.00	10.00	8.00
$V(H_2O)$/mL	5.0	7.0	9.0	11.0	13.0	15.0	17.0
$V(KBr)$/mL							
$V_{总}$/mL							
$c[Ag(NH_3)_n^+]$/mol·L^{-1}							
$c(NH_3)$/mol·L^{-1}							
$c(Br^-)$/mol·L^{-1}							
$\lg\{c[Ag(NH_3)_n^+]c(Br^-)\}$							
$\lg c(NH_3)$							

【数据处理】

以 $\lg c(NH_3)$为横坐标、$\lg\{c[Ag(NH_3)_n^+]c(Br^-)\}$为纵坐标作图，直线的斜率即为配位数 n，直线在纵坐标上的截距为 $\lg(K_f^{\ominus} K_{sp}^{\ominus})$，由此求得配合物的稳定常数 $K_f^{\ominus}$。已知 AgBr 的 $K_{sp}^{\ominus}(AgBr)=5.3\times10^{-13}$。

【附注】

由于终点时 AgBr 的量很少，观察沉淀较困难。仔细观察现象，至锥形瓶中出现 AgBr 胶状浑浊即为终点。

【思考题】

1. $AgNO_3$ 溶液要放在什么颜色的试剂瓶中？还有哪些试剂有类似的要求？
2. 本实验中若采用 NaCl 作为沉淀剂，对实验有无影响？

第 15 章 元素化合物的性质

实验 15 氧族与卤族

【实验目的】

1. 掌握 H_2O_2 的某些重要性质，掌握不同氧化态硫的化合物的主要性质。

2. 掌握次氯酸盐、氯酸盐的强氧化性。

3. 掌握氯、溴、碘单质的氧化性及离子的还原性。

【实验原理】

H_2O_2 是一种弱酸，发生一级解离可生成 H^+。H_2O_2 能与某些金属氢氧化物反应，生成过氧化物和水。H_2O_2 既具有强氧化性，又具有还原性。酸性溶液中 H_2O_2 与 $K_2Cr_2O_7$ 反应生成蓝色的 CrO_5，该反应可用于鉴定 H_2O_2。

H_2S 具有强还原性，H_2S 与 $K_2Cr_2O_7$ 反应生成 Cr^{3+}，并有黄色沉淀 S 生成。

$$3H_2S+K_2Cr_2O_7+4H_2SO_4 = Cr_2(SO_4)_3+K_2SO_4+3S+7H_2O \qquad (15.1)$$

在含有 S^{2-} 的溶液中加入稀盐酸，生成的气体能使湿润的 $Pb(Ac)_2$ 试纸变黑。S^{2-} 与金属离子反应生成金属硫化物，金属硫化物多属于水不溶性物质，依硫化物溶解性不同，可分别溶解于稀 HCl、HNO_3、浓 HCl 或王水（1 体积浓硝酸和 3 体积浓 HCl 的混合液）。

$$ZnS+2H^+ = Zn^{2+}+H_2S \qquad (15.2)$$

$$3CuS+8HNO_3 = 3Cu(NO_3)_2+2NO+3S+4H_2O \qquad (15.3)$$

$$CdS+2H^++4Cl^- = CdCl_4^{2-}+H_2S \qquad (15.4)$$

$$3HgS+2HNO_3+12HCl = 3H_2HgCl_4+2NO+3S+4H_2O \qquad (15.5)$$

SO_2 溶于水生成不稳定的亚硫酸。亚硫酸是较强的还原剂，可以将 MnO_4^- 还原为 Mn^{2+}。当与强还原剂反应时，亚硫酸呈现出氧化性。亚硫酸可与某些有机物发生加成反应生成无色加成物，具有漂白作用。

$$2MnO_4^-+5SO_3^{2-}+6H^+ = 2Mn^{2+}+5SO_4^{2-}+3H_2O \qquad (15.6)$$

$$2H_2S+H_2SO_3 = 3S+3H_2O \qquad (15.7)$$

硫代硫酸盐不稳定，遇酸容易分解生成二氧化硫和硫。硫代硫酸盐具有还原性，与碘作用，生成 I^-；可以被 Cl_2 氧化为硫酸盐。Ag^+ 与硫代硫酸盐作用生成白色沉淀 $Ag_2S_2O_3$，$Ag_2S_2O_3$ 迅速分解成 Ag_2S 和 H_2SO_4，因此，这一过程中颜色会由白色变为黄色、棕色，最后变为黑色，该反应可用于鉴定 $S_2O_3^{2-}$。

$$2H^++S_2O_3^{2-} = S+SO_2+H_2O \qquad (15.8)$$

$$2S_2O_3^{2-}+I_2 = S_4O_6^{2-}+2I^- \qquad (15.9)$$

$$S_2O_3^{2-}+4Cl_2+5H_2O = 2SO_4^{2-}+8Cl^-+10H^+ \qquad (15.10)$$

$$2Ag^++S_2O_3^{2-} = Ag_2S_2O_3(s) \qquad (15.11)$$

$$Ag_2S_2O_3(s)+H_2O \xlongequal{} Ag_2S+H_2SO_4 \tag{15.12}$$

过二硫酸盐是强氧化剂，在酸性条件下能将 Mn^{2+} 氧化为 MnO_4^-，有 Ag^+ 作催化剂时，反应更快。

$$2Mn^{2+}+5S_2O_8^{2-}+8H_2O \xrightarrow{Ag^+} 2MnO_4^-+10SO_4^{2-}+16H^+ \tag{15.13}$$

卤素单质氧化性强弱为：$Cl_2>Br_2>I_2$，三者都可以将硫代硫酸根氧化为连四硫酸根，把 H_2S 氧化为 S。卤离子还原性强弱顺序为 $I^->Br^->Cl^-$，氯水氧化 KI 和 KBr 混合溶液时，I^- 先发生氧化，其次 Br^- 氧化，因此 CCl_4 层颜色会随着反应的进行，由紫色变为黄色。

次氯酸及其盐具有强氧化性。在酸性条件下，氯酸盐都具有强氧化性，可以氧化常见的还原性物质。

Cl^-、Br^-、I^- 与 Ag^+ 反应分别生成 AgCl、AgBr、AgI 沉淀，三种沉淀的溶度积逐渐减小，三者均不溶于 HNO_3。AgCl 能溶于稀氨水，生成$[Ag(NH_3)_2]^+$，再加入稀 HNO_3，AgCl 重新析出，可由此鉴定 Cl^-。AgBr、AgI 不溶于稀氨水，但 AgBr 溶于 $Na_2S_2O_3$，生成配离子，AgI 不溶于 $Na_2S_2O_3$，可由此区分 AgBr、AgI。

【仪器和试剂】

仪器：离心机，水浴锅，点滴板，离心试管，试管。

试剂及用品：H_2O_2(3%)，NaOH(40%)，H_2SO_4($1mol \cdot L^{-1}$、$3mol \cdot L^{-1}$、$6mol \cdot L^{-1}$)，HCl($0.3mol \cdot L^{-1}$、$2mol \cdot L^{-1}$、$6mol \cdot L^{-1}$)，HNO_3($2mol \cdot L^{-1}$、$6mol \cdot L^{-1}$)，王水，氯水(饱和)，溴水(饱和)，碘水(饱和)，$AgNO_3$($0.1mol \cdot L^{-1}$)，$CdSO_4$($0.1mol \cdot L^{-1}$)，$CuSO_4$($0.1mol \cdot L^{-1}$)，$Hg(NO_3)_2$($0.1mol \cdot L^{-1}$)，KBr($0.1mol \cdot L^{-1}$)，$K_2Cr_2O_7$($0.1mol \cdot L^{-1}$)，KI($0.1mol \cdot L^{-1}$)，$MnSO_4$($0.002mol \cdot L^{-1}$)，NaCl($0.1mol \cdot L^{-1}$)，Na_2S($0.1mol \cdot L^{-1}$)，$Na_2S_2O_3$($0.1mol \cdot L^{-1}$，$0.5mol \cdot L^{-1}$)，Na_2SO_3($0.1mol \cdot L^{-1}$)，$KMnO_4$($0.01mol \cdot L^{-1}$)，KOH($2mol \cdot L^{-1}$)，$KClO_3$ 溶液(饱和)，$ZnSO_4$($0.1mol \cdot L^{-1}$)，硫化氢水溶液(饱和)，SO_2 溶液(饱和)，$NH_3 \cdot H_2O$($2mol \cdot L^{-1}$)，$Pb(NO_3)_2$($0.1mol \cdot L^{-1}$)，$K_2S_2O_8$(s)，无水乙醇，乙醚，CCl_4，品红溶液，淀粉溶液，pH 试纸，$Pb(Ac)_2$ 试纸，蓝色石蕊试纸，淀粉-KI 试纸。

【实验步骤】

1. 过氧化氢的性质

(1) H_2O_2 的酸碱性

取 10 滴 3%的 H_2O_2，测其 pH 值，然后加入 5 滴 40%NaOH 溶液和 10 滴无水乙醇，并混合均匀，观察生成固体 $Na_2O_2 \cdot 8H_2O$ 的颜色（$Na_2O_2 \cdot 8H_2O$ 易溶于水并完全水解，但在乙醇溶液中的溶解度较小）。

(2) H_2O_2 的氧化还原性

① 取 5 滴 $0.1mol \cdot L^{-1}$ $Pb(NO_3)_2$ 溶液，加入 5 滴 $0.1mol \cdot L^{-1}$ Na_2S 溶液，观察现象。逐滴加入 3%的 H_2O_2 溶液，有何变化？

② 取 3% H_2O_2 溶液 1mL，加入几滴 $1mol \cdot L^{-1}$ H_2SO_4 溶液和 1 滴 $0.01mol \cdot L^{-1}$ $KMnO_4$ 溶液，振荡试管，观察溶液颜色的变化，解释现象并写出反应方程式。

(3) H_2O_2 的鉴定

取 2mL 3% H_2O_2 溶液，加入 1mL 乙醚和几滴 $1mol \cdot L^{-1}$ H_2SO_4 溶液，滴入 $0.1mol \cdot L^{-1}$

$K_2Cr_2O_7$ 溶液 2～3 滴，振荡试管，观察水层和醚层颜色的变化。

2. 硫化氢的制备及还原性

(1) H_2S 的制备及鉴定

向试管加入 5 滴 0.1mol·L^{-1} Na_2S 溶液，再加入 5 滴 6mol·L^{-1} HCl 溶液，用润湿的 pH 试纸及 $Pb(Ac)_2$ 试纸检验逸出的气体。

(2) H_2S 的还原性

取几滴 0.1mol·L^{-1} $K_2Cr_2O_7$ 溶液用硫酸酸化后通入硫化氢气体，观察现象，写出反应式。

3. 难溶硫化物的生成和溶解

向 4 支离心试管中各加入 5 滴浓度均为 0.1mol·L^{-1} 的 $ZnSO_4$、$CdSO_4$、$CuSO_4$ 和 $Hg(NO_3)_2$ 溶液，再各加入 5 滴 0.1mol·L^{-1} Na_2S 溶液，离心沉降，吸去清液，对各支试管的沉淀依次加入 0.3mol·L^{-1} HCl、6mol·L^{-1} HCl、6mol·L^{-1} HNO_3、王水，直至沉淀溶解（若加入 HCl 后沉淀未溶，那么在加硝酸前应将 HCl 清液吸去并用少量蒸馏水洗涤沉淀 2～3 次，才能往下做实验）。

4. 二氧化硫的性质

(1) 还原性　取 1mL 0.01mol·L^{-1} $KMnO_4$ 溶液，用 H_2SO_4 酸化后滴入几滴饱和 SO_2 溶液。观察现象，写出反应式。

(2) 氧化性　向饱和硫化氢水溶液中滴入几滴饱和 SO_2 溶液，观察现象，写出反应式。

(3) 漂白作用　向 2mL 品红溶液中加入 1～2 滴饱和 SO_2 溶液，观察现象。

5. 硫代硫酸盐的性质

(1) 在试管中加入几滴 0.1mol·L^{-1}的 $Na_2S_2O_3$ 溶液和 2mol·L^{-1} HCl 溶液，振荡片刻，观察现象，并用湿润的蓝色石蕊试纸检验逸出的气体，写出反应式。

(2) 取几滴 0.01mol·L^{-1}碘水，加 1 滴淀粉溶液，逐滴加入 0.1mol·L^{-1}的 $Na_2S_2O_3$ 溶液，观察现象，写出反应式。

(3) 向 0.1mol·L^{-1} 的 $Na_2S_2O_3$ 溶液滴加几滴饱和氯水，设法证实反应后溶液中有 SO_4^{2-} 存在，写出反应式。

(4) 向有 0.1mol·L^{-1} $AgNO_3$ 溶液的点滴板滴加 1～2 滴 $Na_2S_2O_3$ 溶液，仔细观察反应现象，写出反应式。

6. 过二硫酸钾的氧化性

向装有 2 滴 0.002mol·L^{-1} $MnSO_4$ 溶液的试管中加入约 5mL H_2SO_4 溶液、2 滴 0.1mol·L^{-1} $AgNO_3$ 溶液，再加入少量 $K_2S_2O_8$ 固体，水浴加热，溶液的颜色有什么变化？

另取一支试管，不加入 $AgNO_3$ 溶液，进行同样实验。比较上述两个实验的现象有什么不同，为什么？写出反应式。

7. 卤素的氧化性

(1) 氯水、溴水、碘水的氧化性比较

分别向氯水、溴水、碘水溶液中滴加 0.1mol·L^{-1} $Na_2S_2O_3$ 溶液及饱和硫化氢水溶液，观察现象，写出反应式。

(2) 氯水对溴、碘离子混合溶液的氧化顺序

在试管内加入 0.5mL（约 10 滴）0.1mol·L^{-1} KBr 溶液及 2 滴 0.1mol·L^{-1} KI 溶液，

然后再加入 0.5mL 四氯化碳，逐滴加入氯水，振荡，仔细观察四氯化碳层颜色的变化，写出有关反应式。

通过以上实验说明卤素氧化性递变顺序。

8. 氯酸盐的氧化性

(1) 次氯酸钾的氧化性

取 2mL 氯水，逐滴加入 $2mol \cdot L^{-1}$ KOH 溶液至弱碱性，然后将溶液分成三份于三支试管。在第 1 支试管中加入 $2mol \cdot L^{-1}$ HCl 溶液，用湿润的淀粉-KI 试纸检验逸出的气体；在第 2 支试管中加入 $0.1mol \cdot L^{-1}$ KI 溶液及 1 滴淀粉溶液；在第 3 支试管中滴加品红溶液。观察现象，写出反应式。

(2) 氯酸钾的氧化性

① 取几滴饱和 $KClO_3$ 溶液置于试管中，加入少许浓盐酸，注意逸出气体的气味，检验气体产物，写出反应式。

② 检验饱和 $KClO_3$ 溶液与 $0.1mol \cdot L^{-1}$ Na_2SO_3 溶液在中性及酸性条件下的反应，用 $AgNO_3$ 验证反应产物，该实验如何说明了 $KClO_3$ 氧化性与介质酸碱性的关系？

③ 取几滴饱和 $KClO_3$ 溶液，加少量四氯化碳及 $0.1mol \cdot L^{-1}$ KI 溶液数滴，摇动试管，观察水相及有机相有什么变化？再加入 $6mol \cdot L^{-1}$ H_2SO_4 溶液酸化又有什么变化？

9. 氯、溴、碘离子的鉴定

分别向盛有 $0.1mol \cdot L^{-1}$ NaCl、KBr、KI 溶液的试管中滴加 $0.1mol \cdot L^{-1}$ $AgNO_3$ 溶液，制得的卤化银沉淀经离心分离后分别与 $2mol \cdot L^{-1}$ HNO_3、$2mol \cdot L^{-1}$ $NH_3 \cdot H_2O$ 及 $0.5mol \cdot L^{-1}$ $Na_2S_2O_3$ 溶液反应，观察沉淀是否溶解？写出反应式。

【思考题】

1. 为什么 $K_2Cr_2O_7$ 溶液需在酸化后再通入硫化氢气体？

2. $MnSO_4$ 溶液与 $K_2S_2O_8$ 反应为什么需要加入 $AgNO_3$？

3. 用 $AgNO_3$ 检出卤素离子时，为什么要先用 HNO_3 酸化溶液，再用 $AgNO_3$ 检出？向一未知溶液中加入 $AgNO_3$ 如果不产生沉淀，能否认为溶液中不存在卤素离子？

实验 16 硼、碳、氮族

【实验目的】

1. 掌握不同氧化态氮的化合物的主要性质。

2. 掌握二氧化碳和碳酸盐性质及两种酸根的转化。

3. 掌握硼酸的制备、性质和鉴定。

【实验原理】

氮和磷是周期系ⅤA 族元素，具有多种氧化态。

固态铵盐加热时极易分解，一般分解为氨和相应的酸。

$$NH_4HCO_3 \xrightarrow{\triangle} NH_3 + CO_2 + H_2O \tag{15.14}$$

$$NH_4Cl \xrightarrow{\triangle} NH_3 + HCl \tag{15.15}$$

如果酸是不挥发性的，则只有氨挥发溢出，而酸或酸式盐则残留在容器中。

$$(NH_4)_2SO_4 \xrightarrow{\triangle} NH_3 + NH_4HSO_4 \tag{15.16}$$

$$(NH_4)_3PO_4 \xrightarrow{\triangle} 3NH_3 + H_3PO_4 \quad (15.17)$$

如果相应的酸有氧化性，则分解出来的氨会立即被氧化。如

$$NH_4NO_3 \xrightarrow{\triangle} N_2O + 2H_2O \quad (15.18)$$

亚硝酸是中强酸，可由稀酸和亚硝酸盐作用制取，HNO_2 的热稳定性差，仅能存在于冷的水溶液中，其分解产物 N_2O_3 使溶液呈蓝色。N_2O_3 受热时歧化为 NO_2 和 NO：

$$2HNO_2 \longrightarrow N_2O_3 + H_2O \longrightarrow NO_2 + NO + H_2O$$

在亚硝酸盐中，氮的氧化态居中（+3），所以它既有氧化性又有还原性。

硝酸是强酸和强氧化剂，可将许多非金属单质如 C、S、I_2 等氧化成相应的酸或氧化物，而自身被还原为 NO。硝酸与金属反应生成硝酸盐时，它被金属还原的程度与它的浓度和金属的活泼性有关：浓硝酸一般被金属还原成 NO_2；稀硝酸与不活泼金属（如 Cu）反应，主要被还原为 NO，与活泼金属（如 Fe、Zn）反应，主要被还原为 N_2O；浓度很小的硝酸与活泼金属反应则主要被还原为 NH_4^+。例如：

$$4Zn + 10HNO_3(\text{稀}) = 4Zn(NO_3)_2 + NH_4NO_3 + 3H_2O \quad (15.19)$$

正磷酸盐包括磷酸盐、磷酸一氢盐和磷酸二氢盐，它们的主要性质包括溶解性、酸碱性和稳定性。

碳、硅、硼元素是ⅣA 和ⅢA 族中的非金属，硼与硅在周期表中处在对角线位置，硅和碳为同一族，所以它们的性质相似。

硼为缺电子原子，主要形成共价化合物，也可以形成配位化合物，如硼除形成 $B(OH)_3$ 等外，还可形成硼酸酯类化合物。

硼砂在熔融状态时能“溶解”某些金属氧化物而显出特征颜色。如“溶解”CoO、NiO、MnO 可以分别得到蓝宝石色、黄色、绿色的“硼砂珠”，此谓硼砂珠试验。

$$Na_2B_4O_7 + Co(NO_3)_2 \xrightarrow{\triangle} 2NaBO_2 \cdot Co(BO_2)_2 + 2NO_2 + \frac{1}{2}O_2 \quad (15.20)$$

碳、硼都能与氧原子结合形成氧化物或含氧酸及其盐。由于碳原子半径小，最多只能结合3个氧，且不太稳定。硼原子的半径稍大些，当它与氧以单键相连时，分别可与4个或3个氧原子键合。借助氧原子的另一个单键，可将其它硅或硼原子连接起来，故硅和硼的含氧化合物都是原子型大分子化合物。碳酸和硼酸可用相应的氧化物溶于水得到，也可以像硅酸一样，酸化相应的盐获得。硅酸和硼酸都是原子型“大分子”化合物。硼酸微溶于冷水、易溶于热水；在制备 H_3BO_3 时，在冷水中方可析出晶体。

由于硼是缺电子原子，故在水溶液中，硼酸不是解离出 H^+，而是加和 OH^-，即它不是三元酸，而是一元弱酸：

$$B(OH)_3 + H_2O = B(OH)_4^- + H^+ \qquad K_a^{\ominus} = 6.0 \times 10^{-10} \quad (15.21)$$

同理，配位上多羟基化合物（丙三醇），其酸性大大增强。

【仪器和试剂】

仪器：试管，硬质试管，蒸发皿，烧杯，表面皿，酒精灯。

试剂及用品：氯化铵(s)，硫酸铵(s)，重铬酸铵(s)，硝酸钠(s)，硝酸铜(s)，硝酸银(s)，硼砂(s)，H_3BO_3(s)，H_2SO_4($3mol \cdot L^{-1}$、浓)，$NaNO_2$($0.5mol \cdot L^{-1}$、饱和)，KI($0.1mol \cdot L^{-1}$)，$FeCl_3$($0.2mol \cdot L^{-1}$)，$MgCl_2$($0.1mol \cdot L^{-1}$)，$CaCl_2$($0.1mol \cdot L^{-1}$)，$KMnO_4$($0.1mol \cdot L^{-1}$)，HNO_3($1mol \cdot L^{-1}$、浓)，NaOH(40%)，HCl($6mol \cdot L^{-1}$、$2mol \cdot$

L^{-1})，$FeSO_4$(s)，$CrCl_3$(s)，Na_3PO_4(0.1mol·L^{-1})，Na_2HPO_4(0.1mol·L^{-1})，NaH_2PO_4(0.1mol·L^{-1})，$AgNO_3$(0.1mol·L^{-1})，氨水(2mol·L^{-1})，Na_2CO_3(0.5mol·L^{-1})，新配石灰水，甲基橙指示剂，乙醇，甘油，锌片，冰，铂丝(或镍铬丝)，pH 试纸，红色石蕊试纸。

【实验步骤】

1. 铵盐的热分解

在一支干燥的硬质试管中放入约 1g 氯化铵，将试管垂直固定、加热，并用湿润的 pH 试纸横放在管口，检验逸出的气体，观察试纸颜色的变化。继续加热，pH 试纸又有何变化？同时观察试管壁上部有何现象发生？试证明它仍然是氯化铵。解释原因，写出反应方程式。

分别用硫酸铵和重铬酸铵代替氯化铵重复以上的实验，观察比较它们的热分解产物，写出反应方程式。根据实验结果总结铵盐热分解产物与阴离子的关系。

2. 亚硝酸的生成和分解

将 1mL 3mol·L^{-1}的硫酸溶液注入在冰水中冷却的 1mL 饱和 $NaNO_2$ 溶液中，观察反应情况和产物的颜色。将试管从冰水中取出，放置片刻，观察有何现象发生。解释现象，写出反应方程式。

3. 亚硝酸的氧化性和还原性

在试管中滴入 1～2 滴 0.1mol·L^{-1}的碘化钾溶液，用 3mol·L^{-1}硫酸酸化，再滴加 0.5mol·L^{-1}亚硝酸钠溶液，观察现象，写出反应方程式。

用 0.1mol·L^{-1}高锰酸钾溶液代替 KI 溶液重复上述实验，观察溶液的颜色有无变化，写出反应方程式。

总结亚硝酸的性质。

4. 硝酸和硝酸盐

分别往两支各盛少量锌片的试管中注入 1mL 浓硝酸和 1mL 1mol·L^{-1}硝酸溶液，观察两者反应速率和反应产物有何不同。将两滴锌与稀硝酸反应的溶液滴到一只表面皿上，再将润湿的红色石蕊试纸贴于另一只表面皿凹处，向装有溶液的表面皿中加入一滴 40%NaOH 溶液，迅速将贴有试纸的表面皿倒扣其上并且放在水浴上加热。观察红色石蕊试纸是否变为蓝色。此法称为气室法检验 NH_4^+。

5. 硝酸盐的热分解

在三支干燥的试管中，分别加入少量固体硝酸钠、硝酸铜、硝酸银，加热，观察反应的情况和产物的颜色，检验气体产物？写出反应方程式。

总结硝酸盐热分解与阳离子的关系。

6. 磷酸盐的性质

(1) 分别取 1mL 0.1mol·L^{-1} Na_3PO_4、Na_2HPO_4、NaH_2PO_4 溶液，试验它们的酸碱性，再分别加入 2 滴 0.1mol·L^{-1} $AgNO_3$ 溶液，观察现象。静置，试验上层清液的酸碱性有何变化，为什么？

(2) 分别取等量 Na_3PO_4、Na_2HPO_4、NaH_2PO_4 溶液，各加入等量的 0.1mol·L^{-1} $CaCl_2$ 溶液，观察现象。再依次各加入 2mol·L^{-1} $NH_3·H_2O$ 和 2mol·L^{-1} HCl 溶液，分别有何变化？

7. 二氧化碳、碳酸盐性质及两种酸根的转化

(1) 在新配的透明石灰水中通入CO_2，观察沉淀的生成。再继续通入CO_2，观察沉淀是否溶解。若溶解将其分成两份留做下面的实验。

(2) 分别取2滴$0.2mol \cdot L^{-1} FeCl_3$、$0.1mol \cdot L^{-1} MgCl_2$、$0.1mol \cdot L^{-1} CaCl_2$分放三支试管，然后向各试管加1滴$0.5mol \cdot L^{-1} Na_2CO_3$溶液，观察沉淀的颜色和状态，写出反应方程式。

8. 硼酸的制备、性质及鉴定

(1) 取半勺硼砂晶体放入试管中，加水3mL，加热使之溶解。用pH试纸测其pH值。稍冷后，加入浓硫酸20滴，用流动的自来水冷却后，观察硼酸晶体的析出，离心分出清液，保留晶体。

(2) 硼酸的性质

① 取自制的H_3BO_3晶体放在蒸发皿中，加几滴浓硫酸和2mL乙醇，混匀后点燃，观察火焰呈现的颜色。

② 取少量H_3BO_3固体溶于2mL蒸馏水中，测定pH。在溶液中加1滴甲基橙，观察溶液的颜色，将溶液分成两份，一份留作比较，在另一份中加几滴甘油振荡，观察颜色的变化。

(3) 硼砂珠试验　用$6mol \cdot L^{-1}$ HCl溶液把顶端弯成小圈的镍铬丝处理干净。用烧红的镍铬丝蘸上一些研细的硼砂固体，在氧化焰上灼烧，熔成透明的圆珠。再用烧红的硼砂珠蘸取钴盐溶液，进行灼烧，趁热在氧化焰或还原焰上观察硼砂珠的颜色，冷却后再观察颜色有何变化。同法试验铜、铁、铬盐的颜色。

【附注】

几种金属的硼砂珠颜色见下表。

样品元素	氧化焰		还原焰	
	热时	冷时	热时	冷时
钴	青色	青色	青色	青色
铬	黄色	黄绿色	绿色	绿色
镍	紫色	黄褐色	无色或灰色	无色或灰色
铁	黄色或淡褐色	黄色或褐色	绿色	浅绿色
钼	淡黄色	无色或白色	褐色	褐色
锰	紫色	紫红色	无色或灰色	无色或灰色
铜	绿色	青绿色或淡青色	灰色或绿色	红色

【思考题】

1. 设计三种区别硝酸盐和亚硝酸盐的方案。

2. 现有一瓶白色粉末状固体，它可能是碳酸钠、硝酸钠、硫酸钠、氯化钠、溴化钠、磷酸钠中的任意一种。试设计鉴别方案。

3. 用酸溶解磷酸银沉淀，在盐酸、硫酸、硝酸中选用哪一种最合适？为什么？

实验 17 主族与铜锌族金属

【实验目的】

1. 比较碱金属、碱土金属的活泼性。
2. 试验并比较碱土金属、铝、铅、锑、铋的氢氧化物和盐类的溶解性。
3. 练习焰色反应并熟悉使用金属钾、钠的安全措施。
4. 了解铜、银、锌、镉、汞氧化物或氢氧化物的生成和性质。
5. 了解锌、镉、汞硫化物的生成和性质。
6. 掌握铜、银、锌、镉、汞重要化合物的性质及铜、银、汞重要的氧化还原性。

【实验原理】

主族金属包括ⅠA 族、ⅡA 族、p 区位于硼到砹梯形连线的左下方的元素。ds 区金属包括ⅠB 和ⅡB 族元素。

碱金属和碱土金属属于ⅠA 和ⅡA 族，在同一族中，金属活泼性由上到下逐渐增强；在同一周期中，从左到右金属性逐渐减弱。例如，钠、钾与水作用的活泼性依次增强，钠、镁与水作用的活泼性依次减弱。碱金属在室温下能迅速地与空气中的氧反应，钠、钾在空气中稍微加热即可燃烧生成过氧化物和超氧化物（如 Na_2O_2 和 KO_2）。碱土金属活泼性略差，室温下这些金属表面会缓慢生成氧化膜。

碱金属盐类的最大特点是绝大多数易溶于水，而且在水中能完全解离，只有极少数盐类是微溶的，如六羟基锑酸钠 $Na[Sb(OH)_6]$、酒石酸氢钾 $KHC_4H_4O_6$、六硝基合钴酸钠钾 $K_2Na[Co(NO_2)_6]$ 等。钠、钾的一些微溶盐常用于鉴定钠、钾离子。

碱土金属盐类的重要特征是它们的难溶性，除氯化物、硝酸盐、硫酸镁、铬酸镁、铬酸钙易溶于水外，其余碳酸盐、硫酸盐、草酸盐、铬酸盐等皆难溶。

碱金属和钙、钡的挥发性盐在氧化焰中灼烧时，能使火焰呈现出一定颜色，称为焰色反应。可以根据火焰的颜色定性地鉴别这些元素的存在。

铝、锡、铅是常见的金属元素。铝很活泼，在一般化学反应中它的氧化态为+3，是典型的两性元素，也是一个亲氧元素。铝的标准电极电势的数值虽较负，但由于金属表面易形成致密的不溶于水的氧化膜，有良好的抗腐蚀作用，因而铝在水中稳定。

锡、铅的价电子结构为 ns^2np^2，是中等活泼的低熔金属，氧化态有+2、+4，它们的氧化物不溶于水。Sn(Ⅱ) 和 Pb(Ⅱ) 的氢氧化物都是白色沉淀，具有两性，但相同氧化态锡的氢氧化物的碱性小于铅的氢氧化物的碱性，而酸性则相反。铅的+2 氧化态较稳定，锡的+4 氧化态较稳定，Sn(Ⅱ) 具有还原性，而在酸性介质中 PbO_2 具有强氧化性。

$PbCl_2$ 是白色沉淀，微溶于冷水，易溶于热水，也溶于浓盐酸中形成配合物 $H_2[PbCl_4]$。PbI_2 为金黄色丝状有光亮的沉淀，易溶于沸水，溶于过量 KI 溶液形成配合物 $K_2[PbI_4]$。$PbCrO_4$ 为难溶的黄色沉淀，溶于硝酸和较浓的碱。$PbSO_4$ 为白色沉淀，能溶解于饱和 NH_4Ac 溶液中。$Pb(Ac)_2$ 是可溶性铅化合物，它是弱电解质，易溶于沸水。

锑、铋以+3、+5 氧化态存在。由于惰性电子对效应，铋以+3 氧化态较稳定。$Sb(OH)_3$ 既溶于酸，又溶于碱；$Bi(OH)_3$ 溶于酸，不溶于碱。

锡、铅、锑、铋都能生成有颜色的难溶于水的硫化物。SnS 呈棕色，PbS 呈黑色，Sb_2S_3 呈橘黄色，Bi_2S_3 呈棕黑色，SnS_2 呈黄色。

ds区元素包括ⅠB族的Cu、Ag、Au和ⅡB族的Zn、Cd、Hg 6种元素，价电子构型为 $(n-1)d^{10}ns^{1\sim2}$，它们的许多性质与d区元素相似。ⅠB、ⅡB族除能形成一些重要化合物外，最大特点是其离子具有18电子构型和较强的极化力和变形性，易于形成配合物。

$Cu(OH)_2$ 以碱性为主，溶于酸，但它又有微弱的酸性，溶于过量的浓碱溶液。$AgNO_3$ 是一个重要的化合物，易溶于水。卤化银AgCl、AgBr、AgI的颜色依次加深（白→浅黄→黄），溶解度则依次降低，这是由于从Cl到I，阴离子的变形性增大，使 Ag^+ 与它们之间极化作用依次增强。AgF易溶于水。

氢氧化锌呈两性，氢氧化镉呈两性偏碱性，汞(Ⅱ)的氢氧化物极易脱水而转变为黄色HgO，HgO不溶于过量碱中。

铜、银、锌、镉、汞的硫化物是具有特征颜色的难溶物，CuS为黑色，Ag_2S 为黑色，ZnS为白色，CdS为黄色，HgS为黑色。

Cu^+ 在水溶液中不稳定，自发歧化，生成 Cu^{2+} 和Cu：

$$2Cu^+ \longrightarrow Cu^{2+} + Cu\downarrow \qquad K^\ominus = 1.4\times10^6 \tag{15.22}$$

Cu(Ⅰ)只能存在于稳定的配合物和固体化合物之中，例如 $[CuCl_2]^-$、$[Cu(NH_3)_2]^+$ 和CuI、Cu_2O。

Hg_2^{2+} 能够稳定存在于水溶液中，如：

$$Hg(l) + Hg^{2+} \longrightarrow Hg_2^{2+} \qquad K^\ominus = 87.7 \tag{15.23}$$

上述反应进行的趋势并不很大，若加入一种试剂降低 Hg^{2+} 浓度，Hg_2^{2+} 就将发生歧化。因此，加入 Hg^{2+} 的沉淀剂或强配位剂都会促使 Hg_2^{2+} 歧化，生成Hg(Ⅰ)和相应的Hg(Ⅱ)的稳定难溶盐或配合物，例如HgS、HgO、$HgNH_2Cl$ 沉淀和 $[Hg(CN)_4]^{2-}$ 等。

【仪器和试剂】

仪器：烧杯，试管，漏斗，离心试管，离心机，小刀，镊子，坩埚，坩埚钳，研钵。

试剂及用品：LiCl（$1mol\cdot L^{-1}$），NaCl（$1mol\cdot L^{-1}$），KCl（$1mol\cdot L^{-1}$），$MgCl_2$（$0.5mol\cdot L^{-1}$），$CaCl_2$（$0.5mol\cdot L^{-1}$），$BaCl_2$（$0.5mol\cdot L^{-1}$），$SrCl_2$（$1mol\cdot L^{-1}$），NaOH（新配 $2mol\cdot L^{-1}$、$6mol\cdot L^{-1}$），氨水（$0.5mol\cdot L^{-1}$、$2mol\cdot L^{-1}$、浓），$AlCl_3$（$0.5mol\cdot L^{-1}$），$SnCl_2$（$0.5mol\cdot L^{-1}$），$Pb(NO_3)_2$（$0.5mol\cdot L^{-1}$），$SbCl_3$（$0.5mol\cdot L^{-1}$），$Bi(NO_3)_3$（$0.5mol\cdot L^{-1}$），NH_4Cl（饱和），$SnCl_4$（$0.5mol\cdot L^{-1}$），HCl（$2mol\cdot L^{-1}$、$6mol\cdot L^{-1}$、浓），HNO_3（$6mol\cdot L^{-1}$、浓），$(NH_4)_2S_x$（新配 $1mol\cdot L^{-1}$），$(NH_4)_2S$（新配 $1mol\cdot L^{-1}$），K_2CrO_4（$0.2mol\cdot L^{-1}$），KI（s、$0.2mol\cdot L^{-1}$、$1mol\cdot L^{-1}$），KSCN（$0.1mol\cdot L^{-1}$），Na_2SO_4（$0.1mol\cdot L^{-1}$），$Na_2S_2O_3$（$0.5mol\cdot L^{-1}$），H_2SO_4（$2mol\cdot L^{-1}$），$CuSO_4$（$0.2mol\cdot L^{-1}$），$ZnSO_4$（$0.2mol\cdot L^{-1}$），$CdSO_4$（$0.2mol\cdot L^{-1}$），$CuCl_2$（$0.5mol\cdot L^{-1}$），$Hg(NO_3)_2$（$0.2mol\cdot L^{-1}$），$AgNO_3$（$0.2mol\cdot L^{-1}$），$KMnO_4$（$0.01mol\cdot L^{-1}$），H_2S（饱和），葡萄糖溶液（10%），铂丝（或镍铬丝），钠，钾，铝片，镁条，NaAc(s)，酚酞指示剂，铜屑，钴玻璃，pH试纸。

【实验步骤】

1. 钠、钾和镁、铝的性质

(1) 钠与氧气的反应

用镊子取一小块金属钠，用滤纸吸干其表面的煤油，切去表面的氧化膜，立即置于坩埚中加热。当钠刚开始燃烧时，停止加热。观察反应情况和产物颜色、状态，写出反应方程式。冷却后，将产生的固体少许，放入2mL微热的蒸馏水中，观察是否有气体放出，并检查气体是否是氧气，用 pH 试纸检验溶液的酸碱性，写出反应方程式。再用 $2mol\cdot L^{-1}$ 的 H_2SO_4 酸化，滴加 1～2 滴 $0.01mol\cdot L^{-1}$ $KMnO_4$ 溶液。观察紫色是否褪去。

（2）金属钠、钾与水的作用

分别取一小块金属钠、钾（绿豆大小），迅速用滤纸片吸干表面的煤油，把它们分别投入盛有半杯水的烧杯中，立即用倒置的漏斗覆盖在烧杯口上，观察钠和钾与水反应的情况。再分别加入 2 滴酚酞指示剂，有什么变化？写出反应方程式，并比较钠和钾与水作用的剧烈程度。

（3）金属镁、铝与水的作用

取一小段用砂纸擦净的镁条和铝片分别放在盛有冷水和 2 滴酚酞指示剂的试管中，观察现象。然后加热至沸再观察现象，写出反应方程式。

比较Ⅰ、ⅡA 族元素的活泼性。

2. 镁、钙、钡、铝、锡、铅、锑、铋的氢氧化物的溶解性

（1）在八支试管中，分别加入浓度为 $0.5mol\cdot L^{-1}$ 的 $MgCl_2$、$CaCl_2$、$BaCl_2$、$AlCl_3$、$SnCl_2$、$Pb(NO_3)_2$、$SbCl_3$、$Bi(NO_3)_3$ 溶液各 0.5mL，均加入等体积新配制的 $2mol\cdot L^{-1}$ 的 NaOH 溶液，观察沉淀的生成并写出反应方程式。

把以上沉淀分成两份，分别加入 $6mol\cdot L^{-1}$ NaOH 溶液和 $6mol\cdot L^{-1}$ HCl 溶液，观察沉淀是否溶解，写出反应方程式。

（2）在两支试管中，分别加入 $0.5mol\cdot L^{-1}$ $MgCl_2$ 溶液、$0.5mol\cdot L^{-1}$ $AlCl_3$ 溶液各 0.5mL，再加入 $0.5mol\cdot L^{-1}$ 的氨水，观察生成物的颜色和状态。往有沉淀的试管中加入饱和 NH_4Cl 溶液，又有何现象？写出有关方程式。

3. 焰色反应

取一支铂丝（或镍铬丝）蘸以 $6mol\cdot L^{-1}$ 盐酸溶液在氧化焰中烧至无色。再蘸取 LiCl 溶液在氧化焰上灼烧，观察火焰颜色。实验完毕，再蘸以盐酸溶液在氧化焰中烧至近无色，以同法实验 $1mol\cdot L^{-1}$ NaCl、KCl、$CaCl_2$、$SrCl_2$ 和 $BaCl_2$ 溶液（当 K 和 Na 共存时，即使 Na 是极微量的，K 的紫色火焰可能被 Na 的黄色火焰所掩盖，所以在观察 K 的火焰时，要用蓝色钴玻璃滤去黄色火焰）。

4. 锡、铅、锑、铋的难溶盐

（1）硫化物

在两支试管中分别加入 0.5mL $0.5mol\cdot L^{-1}$ $SnCl_2$、$SnCl_4$ 溶液，再分别加入少许饱和 H_2S 溶液，观察沉淀的颜色有何不同。分别试验沉淀物与 $2mol\cdot L^{-1}$ HCl、$1mol\cdot L^{-1}$ $(NH_4)_2S$ 和 $(NH_4)_2S_x$ 溶液的反应。写出有关的反应方程式。

在三支试管中分别加入 0.5mL $0.5mol\cdot L^{-1}$ $Pb(NO_3)_2$、$SbCl_3$、$Bi(NO_3)_3$ 溶液，然后各加入少许饱和 H_2S 溶液，观察沉淀的颜色有何不同。分别试验沉淀物与 $2mol\cdot L^{-1}$ NaOH、$1mol\cdot L^{-1}$ $(NH_4)_2S$、$1mol\cdot L^{-1}$ $(NH_4)_2S_x$、浓硝酸溶液的反应。

（2）铅的难溶盐

氯化铅　在 0.5mL 蒸馏水中滴入 5 滴 $0.5mol\cdot L^{-1}$ $Pb(NO_3)_2$ 溶液，再滴入 3～5 滴稀盐酸，即有白色氯化铅沉淀生成。将所得白色沉淀连同溶液一起加热，沉淀是否溶解？再把溶液冷却，又有何变化？说明氯化铅沉淀的溶解度与温度的关系。取以上白色沉淀少许，加入浓盐酸，观察沉淀溶解情况。

碘化铅　取 5 滴 $0.5mol\cdot L^{-1}$ $Pb(NO_3)_2$ 溶液用水稀释至 1mL 后，滴加 $1mol\cdot L^{-1}$ KI

溶液，观察沉淀的颜色。试验它在热水和冷水中的溶解度。

铬酸铅 取5滴0.5mol·L^{-1} $Pb(NO_3)_2$溶液，再滴加几滴0.2mol·L^{-1} K_2CrO_4溶液。观察沉淀的生成。试验它在6mol·L^{-1} HNO_3和NaOH中的溶解情况。写出有关的反应方程式。

硫酸铅 在1mL蒸馏水中滴入5滴0.5mol·L^{-1} $Pb(NO_3)_2$溶液，再滴入几滴0.1mol·L^{-1} Na_2SO_4溶液，得白色沉淀。加入少许固体NaAc，微热，并不断搅拌，沉淀是否溶解？解释现象并写出方程式。

5. 铜、银、锌、镉、汞氢氧化物或氧化物的生成和性质

向五支分别盛有0.5mL 0.2mol·L^{-1} $CuSO_4$、$ZnSO_4$、$CdSO_4$、$Hg(NO_3)_2$、$AgNO_3$溶液的试管中滴加新配制的2mol·L^{-1} NaOH溶液，观察溶液颜色及状态。将试管中的沉淀各分为两份：一份加入2mol·L^{-1} H_2SO_4，另一份加入2mol·L^{-1} NaOH溶液。观察现象，写出有关的方程式。

6. 铜、银、锌、汞配合物的生成及性质

(1) 氨配合物

分别往盛有0.5mL 0.2mol·L^{-1} $CuSO_4$、$ZnSO_4$、$CdSO_4$、$Hg(NO_3)_2$、$AgNO_3$溶液的试管中滴加2mol·L^{-1}氨水，观察沉淀的生成与溶解。

(2) 汞的配合物

往盛有0.5mL 0.2mol·L^{-1} $Hg(NO_3)_2$溶液的试管中，滴加0.2mol·L^{-1} KI溶液，观察沉淀的生成和颜色。再往沉淀上加少量碘化钾固体，溶液显何种颜色？

往盛有0.5mL 0.2mol·L^{-1} $Hg(NO_3)_2$溶液的试管中，滴加0.1mol·L^{-1} KSCN溶液，观察沉淀的生成与溶解。写出反应方程式。往溶液中加入锌盐，观察沉淀的生成。

7. Cu(Ⅰ)化合物及其性质

碘化亚铜 在0.5mL 0.2mol·L^{-1} $CuSO_4$溶液中滴加0.2mol·L^{-1} KI溶液，边加边振荡，溶液变为棕黄色，再滴加适量0.5mol·L^{-1} $Na_2S_2O_3$，观察产物的颜色和状态，写出反应式。

氧化亚铜 取0.5mL 0.2mol·L^{-1} $CuSO_4$溶液，滴加过量的6mol·L^{-1} NaOH溶液，使开始生成的蓝色沉淀溶解成深蓝色的溶液。然后在溶液中加入1mL 10%葡萄糖溶液，混匀后微热，有黄色沉淀产生进而变成红色沉淀。写出反应式。将沉淀离心分离，分为两份，一份加入1mL 2mol·L^{-1} H_2SO_4溶液，静置一会，注意沉淀的变化。然后加热至沸，观察现象。另一份加入1mL浓氨水，振荡静置，观察溶液的颜色，放置一段时间后，溶液为什么会变成深蓝色？

氯化亚铜 取10mL 0.5mol·L^{-1} $CuCl_2$溶液，加入3mL浓盐酸和少量铜屑，加热沸腾至其中液体呈深棕色（绿色完全消失）。取几滴上述溶液加入10mL蒸馏水中，如有白色沉淀生成，则迅速把全部溶液倾入100mL蒸馏水中，将白色沉淀洗涤至无蓝色为止。取少许沉淀分成两份：一份与3mL浓氨水作用，观察有何变化。另一份与3mL浓盐酸作用，观察又有何变化。写出有关反应式。

【思考题】

1. 实验中如何配制氯化亚锡溶液？
2. 若实验室发生镁燃烧事故，能否用水或二氧化碳灭火？应该采用何种方法？
3. 对氢氧化铜、硫化铜、溴化铜、碘化铜沉淀，可选用什么试剂来溶解？

实验 18 铬、锰、铁、钴、镍

【实验目的】

1. 掌握铬、锰主要氧化态化合物的主要性质及各氧化态之间的转化反应及其条件。
2. 掌握铁、钴、镍化合物的氧化还原性。
3. 掌握铁、钴、镍配合物的生成和性质。

【实验原理】

第一过渡系元素 Cr、Mn、Fe、Co、Ni 是过渡元素中常见的重要元素。

1. Cr

Cr 属ⅥB 族元素，最常见是+3 和+6 氧化态的化合物。Cr(Ⅲ) 盐溶液与氨水或氢氧化钠溶液反应可制得灰蓝色氢氧化铬胶状沉淀。$Cr(OH)_3$ 具有两性，既溶于酸又溶于碱，在碱性溶液中，Cr(Ⅲ) 有较强的还原性：

$$2CrO_2^- + 3H_2O_2 + 2OH^- = 2CrO_4^{2-} + 4H_2O \quad (15.24)$$

工业上和实验室中常见的铬(Ⅵ) 化合物是其含氧酸盐。在水溶液中存在下列平衡：

$$2CrO_4^{2-} + 2H^+ = Cr_2O_7^{2-} + H_2O \quad (15.25)$$

除加碱加酸可使这个平衡发生移动外，向溶液中加入 Ba^{2+}、Pb^{2+}、Ag^+，由于生成溶度积较小的铬酸盐，也能使上述平衡向左移动。所以，无论是在铬酸盐溶液或是在重铬酸盐溶液中加入这些金属离子，生成的都是铬酸盐沉淀。如：

$$Cr_2O_7^{2-} + 2Ba^{2+} + H_2O = 2BaCrO_4\downarrow + 2H^+ \quad (15.26)$$

重铬酸盐在酸性溶液中是强氧化剂，其还原产物都是 Cr^{3+}。如：

$$Cr_2O_7^{2-} + 6Fe^{2+} + 14H^+ = 2Cr^{3+} + 6Fe^{3+} + 7H_2O \quad (15.27)$$

此反应在分析化学中常用来测定 Fe^{2+}。

2. Mn

Mn 属第ⅦB 族元素，最常见的是+2、+4 和+7 氧化态的化合物。

Mn^{2+} 在酸性介质中比较稳定，在碱性介质中易被氧化：

$$Mn^{2+} + 2OH^- = Mn(OH)_2\text{(白色)} \quad (15.28)$$

$$2Mn(OH)_2 + O_2 = 2MnO(OH)_2\text{(棕红色)} \quad (15.29)$$

$$Mn(OH)_2 + ClO^- = MnO(OH)_2 + Cl^- \quad (15.30)$$

氢氧化锰属碱性氢氧化物，溶于酸及酸性盐溶液中。

二氧化锰是 Mn(Ⅳ) 的重要化合物，可由 Mn(Ⅶ) 与 Mn(Ⅱ) 的化合物作用而得到：

$$2MnO_4^- + 3Mn^{2+} + 2H_2O = 5MnO_2 + 4H^+ \quad (15.31)$$

在酸性介质中，二氧化锰是一种强氧化剂：

$$MnO_2 + 2H^+ + SO_3^{2-} = SO_4^{2-} + Mn^{2+} + H_2O \quad (15.32)$$

$$2MnO_2 + 2H_2SO_4\text{(浓)} = 2MnSO_4 + O_2 + 2H_2O \quad (15.33)$$

高锰酸钾是重要和常用的氧化剂之一，它的还原产物因介质的酸碱性不同而不同。

$$2MnO_4^- + 5SO_3^{2-} + 6H^+ = 2Mn^{2+} + 5SO_4^{2-} + 3H_2O \quad (15.34)$$

$$2MnO_4^- + 3SO_3^{2-} + H_2O = 2MnO_2 + 3SO_4^{2-} + 2OH^- \quad (15.35)$$

$$2MnO_4^- + SO_3^{2-} + 2OH^- = 2MnO_4^{2-} + SO_4^{2-} + H_2O \quad (15.36)$$

3. 铁系元素

Fe、Co、Ni 属Ⅷ族元素，常见氧化态为+2和+3。

Fe(Ⅱ)、Co(Ⅱ)、Ni(Ⅱ) 的氢氧化物依次为白色、粉红和绿色。$Fe(OH)_2$ 具有很强的还原性，易被空气中的氧氧化，生成 $Fe(OH)_3$(红棕色)。$CoCl_2$ 与 OH^- 反应生成粉红色 $Co(OH)_2$ 沉淀。$Co(OH)_2$ 也能被空气中的氧氧化，生成 $Co(OH)_3$(棕色)。$Ni(OH)_2$ 在空气中是稳定的，只有在碱性溶液中用强氧化剂(如 Br_2、NaClO、Cl_2)才能将其氧化成黑色的 $Ni(OH)_3$。

Fe(Ⅲ)、Co(Ⅲ)、Ni(Ⅲ)的氢氧化物溶于盐酸后，分别得到 Fe^{3+}、Co^{2+}、Ni^{2+}。因为在酸性溶液中，Co(Ⅲ)、Ni(Ⅲ)是强氧化剂，它们能将 Cl^- 氧化为 Cl_2。

铁系元素能形成多种配合物。这些配合物的形成常常作为 Fe^{2+}、Fe^{3+}、Co^{2+}、Ni^{2+} 的鉴定方法。如铁的配合物

$$K^+ + Fe^{2+} + Fe(CN)_6^{3-} \longrightarrow KFeFe(CN)_6\downarrow \quad (15.37)$$

$$K^+ + Fe^{3+} + Fe(CN)_6^{4-} \longrightarrow KFeFe(CN)_6\downarrow \quad (15.38)$$

$$Fe^{3+} + nNCS^- \longrightarrow [Fe(NCS)_n]^{3-n}(n=1\sim6)(\text{血红色}) \quad (15.39)$$

Fe(Ⅱ)、Fe(Ⅲ)均不能形成氨配合物；Co(Ⅱ)、Co(Ⅲ)均可形成氨配合物，但后者比前者稳定；Ni^{2+} 与氨能形成蓝色的$[Ni(NH_3)_6]^{2+}$，但该配离子遇酸、遇碱、水稀释、受热均可发生分解反应。

【仪器和试剂】

仪器：试管，离心试管，离心机，酒精灯。

试剂及用品：二氧化锰(s)，硫酸亚铁铵(s)，硫氰酸钾(s)，H_2SO_4(浓、$1mol\cdot L^{-1}$、$6mol\cdot L^{-1}$)，H_2O_2(3%)，NaOH($6mol\cdot L^{-1}$、$0.2mol\cdot L^{-1}$、$2mol\cdot L^{-1}$)，HCl(浓、$2mol\cdot L^{-1}$)，$K_2Cr_2O_7$($0.1mol\cdot L^{-1}$)，$FeSO_4$($0.5mol\cdot L^{-1}$)，K_2CrO_4($0.1mol\cdot L^{-1}$)，$AgNO_3$($0.1mol\cdot L^{-1}$)，$BaCl_2$($0.1mol\cdot L^{-1}$)，$Pb(NO_3)_2$($0.1mol\cdot L^{-1}$)，$MnSO_4$($0.2mol\cdot L^{-1}$)，NH_4Cl($2mol\cdot L^{-1}$)，NaClO(稀)，Na_2S($0.5mol\cdot L^{-1}$)，H_2S(饱和)，$KMnO_4$($0.1mol\cdot L^{-1}$)，Na_2SO_3($0.1mol\cdot L^{-1}$)，$(NH_4)_2Fe(SO_4)_2$($0.1mol\cdot L^{-1}$)，$CoCl_2$($0.1mol\cdot L^{-1}$)，$NiSO_4$($0.1mol\cdot L^{-1}$)，$FeCl_3$($0.2mol\cdot L^{-1}$)，KSCN($0.5mol\cdot L^{-1}$)，KI($0.1mol\cdot L^{-1}$)，$K_4[Fe(CN)_6]$($0.5mol\cdot L^{-1}$)，氨水($6mol\cdot L^{-1}$、浓)，氯水，碘水，四氯化碳，戊醇，乙醚，碘化钾淀粉试纸。

【实验步骤】

1. Cr(Ⅵ) 化合物

(1) Cr(Ⅵ) 的氧化性

在 5mL $0.1mol\cdot L^{-1}$ 的 $K_2Cr_2O_7$ 溶液中滴加 $0.1mol\cdot L^{-1}$ 的 Na_2SO_3 溶液，观察有无变化。再加入 $1mol\cdot L^{-1}$ H_2SO_4 溶液，观察溶液颜色有何变化［保留溶液供下面实验步骤 2 (1) 用］。

(2) Cr(Ⅵ) 的缩合平衡

选择合适试剂使 $Cr_2O_7^{2-}$ 与 CrO_4^{2-} 相互转化。

(3) 重铬酸钾和铬酸盐的溶解性

各取 $0.1mol\cdot L^{-1}$ 的 $K_2Cr_2O_7$ 和 $0.1mol\cdot L^{-1}$ 的 K_2CrO_4 溶液三份，分别加入少量的 $Pb(NO_3)_2$、$BaCl_2$ 和 $AgNO_3$ 溶液，观察产物的颜色和状态，解释实验结果。

2. Cr(Ⅲ) 化合物

(1) $Cr(OH)_3$ 的两性

在实验步骤1(1)所保留的 Cr^{3+} 溶液中逐滴加入 $6mol \cdot L^{-1}$ NaOH 溶液，观察沉淀物的颜色。

将所得沉淀物分成两份，分别试验与酸、碱的反应，观察溶液的颜色[保留与碱反应的溶液供下面实验步骤2(2)用]。

(2) Cr(Ⅲ)的还原性

在实验步骤2(1)所得到的 CrO_2^- 溶液中，加入少量 H_2O_2 和 $6mol \cdot L^{-1}$ 的 NaOH 溶液，水浴加热，观察溶液颜色的变化。

3. Mn(Ⅱ)的性质

(1) $Mn(OH)_2$ 的生成和性质

取四支试管分别加入 2mL $0.2mol \cdot L^{-1}$ $MnSO_4$ 溶液，进行下列实验：

第一支：滴加 $0.2mol \cdot L^{-1}$ NaOH 溶液，观察沉淀的颜色。振荡试管，有何变化？

第二支：滴加 $0.2mol \cdot L^{-1}$ NaOH 溶液，产生沉淀后加入过量的 NaOH 溶液，沉淀是否溶解？

第三支：滴加 $0.2mol \cdot L^{-1}$ NaOH 溶液，再迅速加入 $2mol \cdot L^{-1}$ 盐酸溶液，有何现象发生？

第四支：滴加 $0.2mol \cdot L^{-1}$ NaOH 溶液，再迅速加入 $2mol \cdot L^{-1}$ NH_4Cl 溶液，沉淀是否溶解？

(2) Mn^{2+} 的还原性

试验 $MnSO_4$ 和 NaClO 溶液在酸、碱性介质中的反应，比较 Mn^{2+} 在何种介质中易氧化。

(3) MnS 的生成和性质

往 $0.2mol \cdot L^{-1}$ 的 $MnSO_4$ 溶液中滴加饱和 H_2S 溶液，观察现象。若用 $0.5mol \cdot L^{-1}$ 的 Na_2S 溶液代替 H_2S 溶液，有何现象？

4. MnO_2 的生成和氧化性

(1) 往少量 $0.1mol \cdot L^{-1}$ $KMnO_4$ 溶液中，逐滴加入 $0.2mol \cdot L^{-1}$ $MnSO_4$ 溶液，观察沉淀的颜色。往沉淀中加入 $1mol \cdot L^{-1}$ H_2SO_4 溶液和 $0.1mol \cdot L^{-1}$ Na_2SO_3 溶液，沉淀是否溶解？

(2) 在盛有少量(米粒大小)MnO_2 固体的试管中加入 2mL 浓 H_2SO_4，加热，观察反应前后颜色变化。有何气体产生？

5. $KMnO_4$ 的性质

分别试验 $0.1mol \cdot L^{-1}$ $KMnO_4$ 和 $0.1mol \cdot L^{-1}$ Na_2SO_3 溶液在酸性($1mol \cdot L^{-1}$ H_2SO_4)、近中性(蒸馏水)、碱性($6mol \cdot L^{-1}$ NaOH 溶液)介质中的反应，比较它们的产物因介质不同有何不同？

6. Fe(Ⅱ)、Co(Ⅱ)、Ni(Ⅱ)化合物的还原性

(1) Fe(Ⅱ)的还原性

① 往盛有 0.5mL 氯水的试管中滴加 3 滴 $6mol \cdot L^{-1}$ H_2SO_4 溶液，然后滴加 $(NH_4)_2Fe(SO_4)_2$ 溶液，观察现象(如现象不明显，可滴加 1 滴 KSCN 溶液，出现红色，证明有 Fe^{3+} 生成)。

② 在一试管中放入2mL蒸馏水和3滴6mol·L^{-1} H_2SO_4溶液，煮沸，以赶尽溶于其中的空气，然后溶入少量$(NH_4)_2Fe(SO_4)_2$晶体，制成硫酸亚铁铵溶液。在另一试管中加入3mL 6mol·L^{-1} NaOH溶液煮沸，冷却后，用一长滴管吸取NaOH溶液，再插入到装有前面制成的$(NH_4)_2Fe(SO_4)_2$溶液的试管的底部，慢慢挤出试管中的NaOH溶液，观察产物颜色和状态。振荡后放置一段时间，观察又有何变化（产物留作下面实验用）。

（2）Co(Ⅱ)的还原性

① 往盛有0.1mol·L^{-1} $CoCl_2$溶液的试管中加入氯水，观察有何变化。

② 在盛有1mL 0.1mol·L^{-1} $CoCl_2$溶液的试管中滴入0.2mol·L^{-1}NaOH溶液，观察沉淀的生成。所得沉淀分两份，一份置于空气中，一份加入新配制的氯水，观察有何变化（第二份留作下面实验用）。

（3）Ni(Ⅱ)的还原性

用0.1mol·L^{-1} $NiSO_4$溶液代替0.1mol·L^{-1} $CoCl_2$溶液重复上面的实验，观察现象（第二份沉淀留作下面实验用）。

7. Fe(Ⅲ)、Co(Ⅲ)、Ni(Ⅲ)化合物的氧化性

（1）在前面实验中保留下来的$Fe(OH)_3$、$Co(OH)_3$和$Ni(OH)_3$沉淀中均加入浓盐酸，振荡后各有何变化，并用碘化钾淀粉试纸检验所放出的气体（保留铁的溶液）。

（2）在上面实验制得的$FeCl_3$溶液中加入0.1mol·L^{-1}的KI溶液，再加入CCl_4，振荡后观察现象。

8. 铁、钴、镍的配合物

（1）铁的配合物

① 在盛有1mL 0.5mol·L^{-1} $K_4[Fe(CN)_6]$溶液的试管中，加入约0.5mL的碘水，摇动试管后，滴入数滴$(NH_4)_2Fe(SO_4)_2$溶液，有何现象发生？此为Fe^{2+}的鉴定反应。

② 往盛有1mL新配制的$(NH_4)_2Fe(SO_4)_2$溶液的试管中加入碘水，摇动试管后，将溶液分成两份，各滴入数滴0.5mol·L^{-1}KSCN溶液，然后向其中一支试管中注入约0.5mL 3% H_2O_2溶液，观察现象。此为Fe^{3+}的鉴定反应。

③ 往0.2mol·L^{-1} $FeCl_3$溶液中加入$K_4[Fe(CN)_6]$溶液，观察现象。这也是鉴定Fe^{3+}的一种常用方法。

④ 往盛有0.5mL 0.2mol·L^{-1} $FeCl_3$的试管中，滴入浓氨水直至过量，观察沉淀是否溶解。

（2）钴的配合物

① 往盛有1mL 0.1mol·L^{-1} $CoCl_2$溶液的试管里加入少量KSCN固体，观察固体周围的颜色。再加入0.5mL戊醇和0.5mL乙醚，振荡后观察水相和有机相的颜色，这个反应可用来鉴定Co^{2+}。

② 往0.5mL 0.1mol·L^{-1} $CoCl_2$溶液中滴加浓氨水，至生成的沉淀刚好溶解为止，静置一段时间后，观察溶液的颜色有何变化。

（3）镍的配合物

往2mL 0.1mol·L^{-1} $NiSO_4$溶液中加入过量的6mol·L^{-1}氨水，观察现象。静置片刻，再观察现象。把所得溶液分成四份：一份加入2mol·L^{-1} NaOH溶液，一份加入1mol·L^{-1} H_2SO_4溶液，一份加水稀释，一份煮沸，观察有何变化。

【思考题】

1. 根据实验结果，设计一张铬的各种氧化态转化关系图。

2. 根据实验结果，总结锰的化合物的性质。

3. 有一瓶含有 Fe^{3+}、Cr^{3+} 和 Ni^{2+} 的混合液，如何将它们分离出来，请设计分离示意图。

实验 19　常见阴离子的分离与鉴定

【实验目的】

1. 掌握常见阴离子的鉴定原理和方法。

2. 熟悉阴离子混合液的分离与鉴定。

【实验原理】

阴离子多数是由两种或两种以上元素构成的酸根或配离子，同种元素的中心原子可形成多种阴离子。

1. 阴离子在水溶液中的性质

(1) 大多数阴离子鉴定反应相互干扰较少；

(2) 阴离子往往有相互作用，在同一种试液中共存的阴离子不会太多；

(3) 部分阴离子在酸性溶液中不能稳定存在。

根据阴离子的特点和溶液中离子共存的情况，通常先做初步检验，判断哪些离子可能存在，哪些离子不可能存在，然后对可能存在的离子再按分别分析的方法予以鉴定检出。

2. 阴离子初步性质检验

(1) 试液的酸碱性试验

若试液呈强酸性，则易被分解的 CO_3^{2-}、NO_2^-、$S_2O_3^{2-}$、$C_2O_4^{2-}$ 等阴离子不存在。

(2) 是否产生气体

若在试液中加入稀硫酸或稀盐酸溶液，有气体生成，表示可能有 CO_3^{2-}、NO_2^-、$S_2O_3^{2-}$、S^{2-}、SO_3^{2-} 等离子。根据生成气体的颜色和气味以及生成气体所具有的某些特征反应，确证其含有的阴离子，如 NO_2^- 被酸分解后生成的红棕色 NO_2 气体，能使湿润的碘化钾-淀粉试纸变蓝。

(3) 氧化性阴离子的试验

在酸化的试液中，加入 KI 溶液和 CCl_4，振荡后 CCl_4 层呈紫色，则有氧化性阴离子存在。

(4) 还原性阴离子的试验

在酸化的试液中，加入高锰酸钾稀溶液，若紫色褪去，则可能存在 S^{2-}、NO_2^-、I^-、Br^-、$S_2O_3^{2-}$ 等还原性离子。

(5) 难溶盐阴离子的试验

钡组阴离子：在中性或弱碱性试液中，用 $BaCl_2$ 能沉淀 CO_3^{2-}、SO_4^{2-}、PO_4^{3-} 等阴离子。

银组阴离子：用 $AgNO_3$ 能沉淀 I^-、Br^-、S^{2-} 等阴离子，然后用稀硝酸进行酸化，沉淀不能溶解。

表15.1给出了各阴离子在初步检验中的结果。

表15.1 阴离子的初步检验结果

阴离子＼试剂	稀H_2SO_4	$BaCl_2$ 中性或弱碱性	$AgNO_3$ 稀HNO_3	KI-淀粉 稀H_2SO_4	$KMnO_4$ 稀H_2SO_4	I_2淀粉 稀H_2SO_4
SO_4^{2-}		↓				
SO_3^{2-}	↑	↓			+	+
$S_2O_3^{2-}$	↑和↓	↓①	↓②		+	+
CO_3^{2-}	↑	↓				
PO_4^{3-}		↓				
Cl^-			↓		+①	
Br^-			↓		+	
I^-			↓		+	
S^{2-}	↑		↓		+	+
NO_3^-				+①		
NO_2^-	↑			+	+	

① 阴离子浓度大时才发生反应。

② 阴离子浓度大时沉淀溶解；↑表示生成挥发性气体；↓表示生成沉淀；＋表示发生氧化还原反应。

【仪器和试剂】

仪器：试管，离心试管，点滴板，离心机，水浴锅。

试剂：HCl（$6mol \cdot L^{-1}$），$Ba(OH)_2$（饱和），H_2SO_4（$1mol \cdot L^{-1}$、浓），$KMnO_4$（$0.01mol \cdot L^{-1}$），$BaCl_2$（$0.1mol \cdot L^{-1}$），$AgNO_3$（$0.1mol \cdot L^{-1}$），$FeSO_4$（s），HAc（$2mol \cdot L^{-1}$），对氨基苯磺酸（1%），α-萘胺（0.4%），$CuSO_4$（$0.1mol \cdot L^{-1}$），氨水（$6mol \cdot L^{-1}$），Na_2S（$0.05mol \cdot L^{-1}$），钼酸铵（$0.1mol \cdot L^{-1}$），NaOH（$2mol \cdot L^{-1}$），亚硝酰铁氰化钠，HNO_3（$6mol \cdot L^{-1}$），CCl_4，$(NH_4)_2CO_3$（12%），锌粉，氯水，Na_2SO_3（$0.1mol \cdot L^{-1}$），Na_2SO_4（$0.1mol \cdot L^{-1}$），$Na_2S_2O_3$（$0.1mol \cdot L^{-1}$），$Na_2C_2O_4$（$0.1mol \cdot L^{-1}$），Na_3PO_4（$0.1mol \cdot L^{-1}$），NaCl（$0.1mol \cdot L^{-1}$），NaBr（$0.1mol \cdot L^{-1}$），NaI（$0.1mol \cdot L^{-1}$），Na_2NO_3（$0.1mol \cdot L^{-1}$），Na_2CO_3（$0.1mol \cdot L^{-1}$），Na_2NO_2（$0.1mol \cdot L^{-1}$），混合液1（$0.1mol \cdot L^{-1}$ Na_3PO_4、Na_2SO_4、$NaNO_3$），混合液2（$0.1mol \cdot L^{-1}$ Na_2CO_3、NaCl、$NaNO_2$），混合液3（$0.1mol \cdot L^{-1}$ Na_2CO_3、$NaNO_2$、Na_2SO_4、$Na_2S_2O_3$、NaI）。

【实验步骤】

1. 单一离子的鉴定

（1）CO_3^{2-}的鉴定　取CO_3^{2-}试液10滴放入试管中，加入5滴$6mol \cdot L^{-1}$ HCl溶液，管内有气泡生成，表示CO_3^{2-}有可能存在，将生成的气体导入另一个盛有$Ba(OH)_2$溶液的试管中，如生成白色沉淀，表示有CO_3^{2-}存在。

（2）$C_2O_4^{2-}$的鉴定　取$C_2O_4^{2-}$试液5滴放入离心试管中，加热至60～70℃，加入2滴$1mol \cdot L^{-1}$ H_2SO_4和1滴$0.01mol \cdot L^{-1}$ $KMnO_4$溶液，混合后$KMnO_4$紫色褪去，并有CO_2产生，表示有$C_2O_4^{2-}$存在。

（3）SO_4^{2-}的鉴定　取5滴SO_4^{2-}试液于试管中，加5滴$6mol \cdot L^{-1}$ HCl溶液和2滴$0.1mol \cdot L^{-1}$ $BaCl_2$溶液，如有白色沉淀，表示有SO_4^{2-}存在。

(4) SO_3^{2-} 的鉴定　取 5 滴 SO_3^{2-} 试液于试管中，加 3 滴 1mol·L^{-1} H_2SO_4 溶液，迅速加入 2 滴 0.01mol·L^{-1} $KMnO_4$ 溶液，如紫色褪去，表示有 SO_3^{2-} 存在。

(5) $S_2O_3^{2-}$ 的鉴定　取 3 滴 $S_2O_3^{2-}$ 试液于试管中，加 5 滴 0.1mol·L^{-1} $AgNO_3$ 溶液，振荡，如有白色沉淀迅速变棕变黑，表示有 $S_2O_3^{2-}$ 存在。

(6) NO_3^- 的鉴定　取 2 滴 NO_3^- 试液于点滴板上，在溶液中央放入 1 粒 $FeSO_4$ 晶体，在晶体上加 1 滴浓 H_2SO_4。如果晶体周围有棕色出现，表示有 NO_3^- 存在。

(7) NO_2^- 的鉴定　取 2 滴 NO_2^- 试液于点滴板上，加 1 滴 2mol·L^{-1} HAc 溶液，再加 1 滴对氨基苯磺酸和 1 滴 α-萘胺。如有玫瑰色出现，表示有 NO_2^- 存在。

(8) CN^- 的鉴定　在离心试管中加入 1 滴 0.1mol·L^{-1} $CuSO_4$ 溶液，1 滴蒸馏水，1 滴 6mol·L^{-1}氨水，1 滴 0.05mol·L^{-1} Na_2S 溶液，混匀，用滴管取此混合溶液 2 滴于滤纸上，得一黑色斑点，在黑色斑点上滴加 2 滴 CN^- 试液，若黑色斑点褪色，表示有 CN^- 存在。

(9) PO_4^{3-} 的鉴定　取 5 滴 PO_4^{3-} 试液于试管中，加 10 滴浓硫酸，再加入 20 滴钼酸铵试剂在水浴上微热至 40～60℃，若有黄色沉淀生成，表示有 PO_4^{3-} 存在。

(10) S^{2-} 的鉴定　取 3 滴 S^{2-} 试液于离心试管中，加 3 滴 2mol·L^{-1} NaOH 溶液，再加 3 滴亚硝酰铁氰化钠溶液，若有溶液变成紫色，表示有 S^{2-} 存在。

(11) Cl^- 的鉴定　取 3 滴 Cl^- 试液于离心试管中，加 1 滴 6mol·L^{-1} HNO_3 溶液，再滴加 0.1mol·L^{-1} $AgNO_3$ 溶液，如有白色沉淀，说明溶液中可能有 Cl^- 存在。将离心试管在水浴上微热，离心分离，弃去上清液，在沉淀中加入 3～5 滴 6mol·L^{-1}氨水，如沉淀溶解，在加 5 滴 6mol·L^{-1} HNO_3 酸化后再次出现白色沉淀，表示有 Cl^- 存在。

(12) Br^- 的鉴定　取 5 滴 Br^- 试液于试管中，加 3 滴 1mol·L^{-1} H_2SO_4 溶液和 3 滴 CCl_4，然后再逐滴加入 5 滴氯水振荡试管，如 CCl_4 层出现黄色或棕红色，表示有 Br^- 存在。

(13) I^- 的鉴定　取 5 滴 I^- 试液于试管中，加 2 滴 1mol·L^{-1} H_2SO_4 溶液和 3 滴 CCl_4，然后再逐滴加入氯水振荡试管，如 CCl_4 层出现紫色后褪至无色，表示有 I^- 存在。

2. 混合离子的分离与鉴定

(1) Cl^-、Br^-、I^- 混合物的分离与鉴定

在离心试管中加入 0.5mL 的 Cl^-、Br^-、I^- 混合溶液，用 2～3 滴 6mol·L^{-1} HNO_3 进行酸化，在加入 0.1mol·L^{-1} $AgNO_3$ 溶液至沉淀完全。离心分离，弃去上清液，沉淀用蒸馏水洗涤 2 次。

然后向沉淀中滴加 12% $(NH_4)_2CO_3$ 溶液，搅动，水浴加热 1min，离心分离，沉淀保留（用作 Br^-、I^- 的鉴定）；将离心液转入另一离心试管中，并加入 6mol·L^{-1} HNO_3 酸化，有白色沉淀生成，表示有 Cl^- 存在。

将保留的沉淀用蒸馏水洗涤 2 次，弃去洗涤液，在沉淀上加入 5 滴蒸馏水和少许锌粉，充分搅动，再加入 4 滴 1mol·L^{-1} H_2SO_4，离心分离，弃去残渣。在清液中加入 10 滴 CCl_4，再逐滴加入氯水，振荡，观察 CCl_4 层颜色，CCl_4 层显紫色，表示有 I^- 存在。继续滴加氯水，振荡，CCl_4 层紫色消失，并显棕黄色，表示有 Br^- 存在。

(2) 设计实验方案鉴定下列混合液中离子的存在

① PO_4^{3-}、SO_4^{2-}、NO_3^- 混合液；

② CO_3^{2-}、Cl^-、NO_2^- 混合液；

③ CO_3^{2-}、NO_2^-、SO_4^{2-}、$S_2O_3^{2-}$、I^-混合液。

【思考题】

1. 哪些阴离子不能共存于一种溶液中？

2. 在鉴定 Br^-、I^- 的试验中，加入 CCl_4 的目的是什么？

3. 有一试样，可能含有 SO_4^{2-}、$S_2O_3^{2-}$、CO_3^{2-}、NO_2^-、I^- 及 S^{2-} 6种阴离子中的若干种，请设计方案检出并鉴定之。

实验20　常见阳离子的分离与鉴定

【实验目的】

1. 进一步掌握和巩固一些金属元素及其化合物的性质。

2. 了解常见阳离子混合液的分离和检出的方法。

【实验原理】

阳离子的种类较多，常见的有二十多种，个别检出时，容易发生相互干扰，所以一般阳离子分析都是利用阳离子某些共同特性，先分成几组，然后再根据阳离子的个别特性加以检出。凡能使一组阳离子在适当的反应条件下生成沉淀而与其它组阳离子分离的试剂称为组试剂。利用不同的组试剂把阳离子逐组分离再进行检出的方法叫做阳离子的系统分析。在阳离子系统分离中，根据所用的组试剂不同，可以有很多种不同的分组方案。下面介绍一种以 HCl、H_2SO_4、$NH_3 \cdot H_2O$、NaOH、$(NH_4)_2CO_3$、H_2S 为组试剂的方法。本方法将常见的二十多种阳离子分为六组。

第一组：与 HCl 反应的离子

$$\left.\begin{array}{l} Ag^+ \\ Hg_2^{2+} \\ Pb^{2+} \end{array}\right\} \xrightarrow{HCl} \left\{\begin{array}{l} AgCl\downarrow \text{白色，溶于氨水} \\ Hg_2Cl_2\downarrow \text{白色，溶于浓 } HNO_3 \text{ 及 } H_2SO_4 \\ PbCl_2\downarrow \text{白色，溶于热水、} NH_4Ac\text{、}NaOH \end{array}\right.$$

第二组：与 H_2SO_4 反应的离子

$$\left.\begin{array}{l} Ba^{2+} \\ Sr^{2+} \\ Ca^{2+} \\ Pb^{2+} \\ \\ Ag^+ \end{array}\right\} \xrightarrow{H_2SO_4} \left\{\begin{array}{l} BaSO_4\downarrow \text{白色，难溶于酸} \\ SrSO_4\downarrow \text{白色，溶于煮沸的酸} \\ CaSO_4\downarrow \text{白色，溶解度较大，当 } Ca^{2+} \text{ 浓度很大时，才析出沉淀} \\ PbSO_4\downarrow \text{白色，溶于 } NaOH\text{、}NH_4Ac\text{、热 }HCl\text{、浓 }H_2SO_4\text{，} \\ \qquad\qquad \text{不溶于稀 } H_2SO_4 \\ Ag_2SO_4\downarrow \text{白色，在浓溶液中产生沉淀，溶于热水} \end{array}\right.$$

第三组：与 NaOH 反应的离子

$$\left.\begin{array}{l} Al^{3+} \\ Zn^{2+} \\ Pb^{2+} \\ Sb^{3+} \\ Sn^{2+} \end{array}\right\} \xrightarrow{\text{过量 }NaOH} \left\{\begin{array}{l} AlO_2^- \text{ 或}[Al(OH)_4]^- \\ ZnO_2^{2-} \text{ 或}[Zn(OH)_4]^{2-} \\ PbO_2^{2-} \text{ 或}[Pb(OH)_4]^{2-} \\ SbO_2^- \text{ 或}[Sb(OH)_4]^- \\ SnO_2^{2-} \text{ 或}[Sn(OH)_4]^{2-} \end{array}\right. \qquad Cu^{2+} \xrightarrow[\triangle]{\text{浓 }NaOH} [Cu(OH)_4]^{2-}$$

第四组：与 NH_3 反应的离子

Ag^+, Au^{2+}, Cd^{2+}, Zn^{2+} $\xrightarrow{\text{过量 } NH_3}$
- $[Ag(NH_3)_2]^+$
- $[Cu(NH_3)_4]^{2+}$ 深蓝
- $[Cd(NH_3)_4]^{2+}$
- $[Zn(NH_3)_4]^{2+}$

第五组：与$(NH_4)_2CO_3$ 反应的离子

Cu^{2+}, Ag^+, Zn^{2+}, Cd^{2+}, Hg^{2+}, Hg_2^{2+}, Mg^{2+}, Pb^{2+}, Bi^{3+}, Ca^{2+}, Sr^{2+}, Ba^{2+}, Al^{3+}, Sn^{2+}, Sn^{4+}, Sb^{3+} $\xrightarrow[\text{（适量）}]{(NH_4)_2CO_3}$
- $Cu_2(OH)_2CO_3\downarrow$ 浅蓝
- $Ag_2CO_3\downarrow$ 白色
- $Zn_2(OH)_2CO_3\downarrow$ 白色
- $Cd_2(OH)_2CO_3\downarrow$ 白色

  （以上四种 $\xrightarrow[\text{（过量）}]{(NH_4)_2CO_3}$ $[Cu(NH_3)_4]^{2+}$ 深蓝；$[Ag(NH_3)_2]^+$ 无色；$[Zn(NH_3)_4]^{2+}$ 无色；$[Cd(NH_3)_4]^{2+}$ 无色）
- $Hg_2(OH)_2CO_3\downarrow$ 白色
- $Hg_2CO_3\downarrow$ 白色 $\longrightarrow$ $HgO\downarrow$（黄）$+Hg\downarrow$（黑）$+CO_2\uparrow$
- $Mg_2(OH)_2CO_3\downarrow$ 白色
- $Pb_2(OH)_2CO_3\downarrow$ 白色
- $(BiO)_2CO_3\downarrow$ 白色
- $CaCO_3\downarrow$ 白色
- $SrCO_3\downarrow$ 白色
- $BaCO_3\downarrow$ 白色
- $Al(OH)_3\downarrow$ 白色
- $Sn(OH)_2\downarrow$ 白色
- $Sn(OH)_4\downarrow$ 白色
- $Sb(OH)_3\downarrow$ 白色

第六组：与 H_2S 或$(NH_4)_2S$ 反应的离子

Ag^+, Pb^{2+}, Cu^{2+}, Cd^{2+}, Bi^{3+}, Hg_2^{2+}, Hg^{2+}, Sb^{5+}, Sb^{3+}, Sn^{4+}, Sn^{2+} $\xrightarrow[H_2S]{0.3mol\cdot L^{-1}\ HCl}$
- $Ag_2S\downarrow$ 黑色
- $PbS\downarrow$ 黑色
- $CuS\downarrow$ 黑色
- $CdS\downarrow$ 亮黄色
- $Bi_2S_3\downarrow$ 黑色
- $HgS\downarrow+Hg\downarrow$ 黑色
- $HgS\downarrow$ 黑色

  （以上两种：溶于王水，Na_2S）
- $Sb_2S_5\downarrow$ 橙色
- $Sb_2S_3\downarrow$ 橙色
- $SnS_2\downarrow$ 黄色

  （以上三种：溶于浓 HCl，NaOH，Na_2S）
- $SnS\downarrow$ 褐色，溶于浓 HCl，$(NH_4)_2S_x$，不溶于 NaOH

Zn^{2+}, Al^{3+} $\xrightarrow[NH_3\cdot H_2O,\ H_2S]{NH_4Cl}$
- $ZnS\downarrow$ 白色，溶于稀 HCl 溶液，不溶于 HAc 溶液
- $Al(OH)_3\downarrow$ 白色，溶于强碱及稀 HCl 溶液

用系统分析法分离阳离子时，要按照一定的顺序加入组试剂，将离子一组一组沉淀下来每组分出后，再进行组内分离，直至鉴定时相互不发生干扰为止。在实际分析中，如发现某组离子整组不存在（无沉淀产生），这组离子的分析就可省去，从而大大简化了分析的手续。

【仪器和试剂】

仪器：试管，烧杯，离心机，离心试管。

试剂：$NaNO_2$(s)，HCl(6mol·L^{-1})，H_2SO_4(6mol·L^{-1})，HNO_3(6mol·L^{-1})，HAc(2mol·L^{-1})，$NH_3 \cdot H_2O$(6mol·L^{-1})，NaOH(6mol·L^{-1})，$AgNO_3$(0.1mol·L^{-1})，$Cd(NO_3)_2$(0.2mol·L^{-1})，$Al(NO_3)_3$(0.5mol·L^{-1})，$NaNO_3$(0.5mol·L^{-1})，$Ba(NO_3)_2$(0.5mol·L^{-1})，Na_2S(0.5mol·L^{-1})，$C_8H_4K_2O_{12}Sb_2$(饱和酒石酸锑钾)，NaAc(2mol·L^{-1})，K_2CrO_4(1mol·L^{-1})，Na_2CO_3(饱和)，NH_4Ac(2mol·L^{-1})，铝试剂(0.1%)，KSCN(0.5mol·L^{-1})，$K_4[Fe(CN)_6]$(0.5mol·L^{-1})，混合液(Ag^+、Pb^{2+}、Cu^{2+}、Fe^{3+}、Hg^{2+})。

【实验步骤】

1. Ag^+、Cd^{2+}、Al^{3+}、Ba^{2+}、Na^+混合离子的分离和鉴定

取0.1mol·L^{-1} $AgNO_3$溶液2滴和0.2mol·L^{-1} $Cd(NO_3)_2$、0.5mol·L^{-1} $Al(NO_3)_3$、0.5mol·L^{-1} $NaNO_3$、0.5mol·L^{-1} $Ba(NO_3)_2$溶液各5滴，加到离心试管中，混合均匀后按下表进行分离和鉴定。

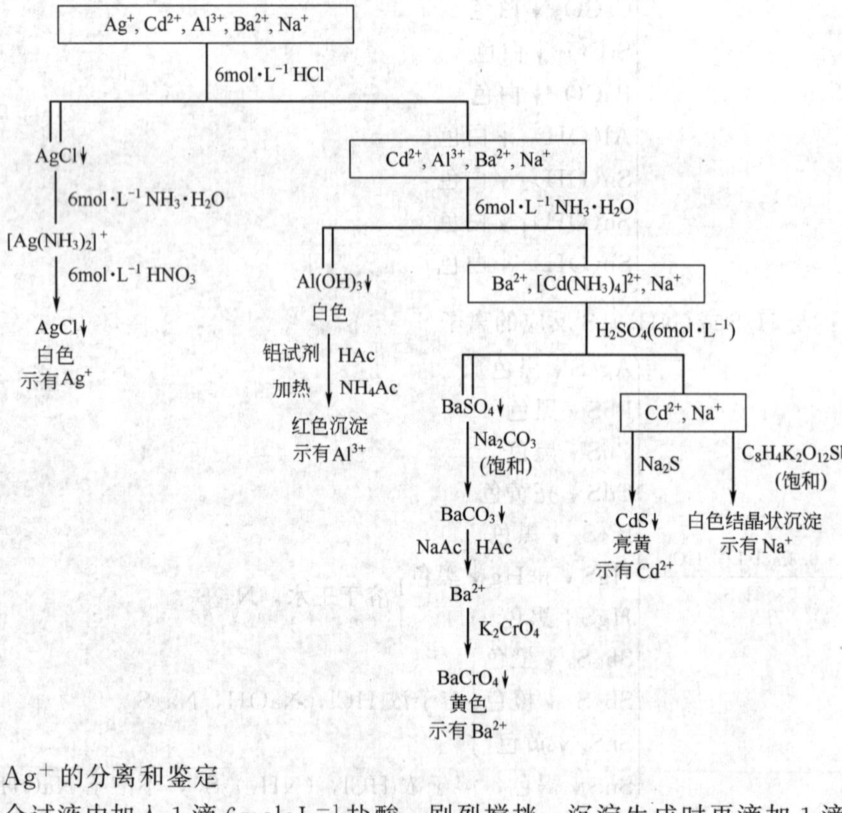

(1) Ag^+的分离和鉴定

在混合试液中加入1滴6mol·L^{-1}盐酸，剧烈搅拌，沉淀生成时再滴加1滴6mol·L^{-1}盐酸至沉淀完全，搅拌片刻，离心分离，把清液转移到另一支离心试管中，按(2)处理。沉淀用1滴6mol·L^{-1}盐酸和10滴蒸馏水洗涤，离心分离，洗涤液并入上面的清液中。在沉淀中加入2～3滴6mol·L^{-1}氨水，搅拌，使它溶解，在所得清液中加入1～2滴6mol·L^{-1} HNO_3溶液酸化，有白色沉淀析出，示有Ag^+存在。

(2) Al^{3+}的分离和鉴定

在（1）的清液中滴加 $6mol \cdot L^{-1}$ 氨水至显碱性，搅拌片刻，离心分离，把清液转移到另一支离心试管中，按（3）处理。沉淀中加入 $2mol \cdot L^{-1}$ HAc 溶液和 $2mol \cdot L^{-1}$ NaAc 溶液各 2 滴，再加入 2 滴铝试剂，搅拌后微热之，产生红色沉淀，示有 Al^{3+} 存在。

（3）Ba^{2+} 的分离和鉴定

在（2）的清液中滴加 $6mol \cdot L^{-1}$ H_2SO_4 溶液至产生白色沉淀，再过量 2 滴，搅拌片刻，离心分离，把清液转移到另一支离心试管中，按（4）处理。沉淀用热蒸馏水 10 滴洗涤，离心分离，清液并入上面的清液中。在沉淀中加入饱和 Na_2CO_3 溶液 3～4 滴，搅拌片刻，再加入 $2mol \cdot L^{-1}$ HAc 溶液和 $2mol \cdot L^{-1}$ NaAc 溶液各 3 滴，搅拌片刻，然后加入 1～2 滴 $1mol \cdot L^{-1}$ K_2CrO_4 溶液，产生黄色沉淀，示有 Ba^{2+} 存在。

（4）Cd^{2+}、Na^+ 的分离和鉴定

取少量（3）的清液于一支试管中，加入 2～3 滴 $0.5mol \cdot L^{-1}$ Na_2S 溶液，产生亮黄色沉淀，示有 Cd^{2+} 存在。

另取少量（3）的清液于另一支试管中，加入几滴饱和 $C_8H_4K_2O_{12}Sb_2$ 溶液，产生白色结晶状沉淀，示有 Na^+ 存在。

2. 设计实验方案分离和鉴定混合液中的 Ag^+、Pb^{2+}、Cu^{2+}、Fe^{3+}、Hg^{2+}。

【思考题】

1. 选用一种试剂区别下列四种溶液：KCl、$Cd(NO_3)_2$、$AgNO_3$、$ZnSO_4$。

2. 设计分离和鉴定下列混合离子的方案：Pb^{2+}、Mn^{2+}、Zn^{2+}、Co^{2+}、Ba^{2+}、K^+。

第 16 章 无机化合物的制备与提纯

实验 21 氯化钠的提纯

【实验目的】

1. 了解提纯无机化合物的基本方法。

2. 掌握加热、溶解、常压过滤、减压过滤、蒸发、结晶、干燥等基本操作技术。

3. 熟悉溶液中 Ca^{2+}、Mg^{2+}、SO_4^{2-} 的定性检验方法。

【实验原理】

普通食盐中常含有难溶性杂质以及可溶性（如 Ca^{2+}、Mg^{2+}、K^+、SO_4^{2-} 等）杂质，将粗食盐溶于水，通过常压过滤即可将难溶性杂质（如沙、石和难溶盐等）除去。可溶性杂质则需经过化学处理，因为 NaCl 溶解度随温度变化不大，所以不能用重结晶的方法。粗食盐的提纯一般是在溶液中加入 $BaCl_2$ 以除去 SO_4^{2-}，再用饱和 Na_2CO_3 沉淀 Ca^{2+}、Mg^{2+} 以及多余的 Ba^{2+}，过量的 Na_2CO_3 可用 HCl 中和生成 H_2CO_3 和 NaCl，H_2CO_3 煮沸分解为 CO_2 释放出去。实验中有关的化学反应如下：

$$Ba^{2+} + SO_4^{2-} = BaSO_4 \downarrow \tag{16.1}$$

$$Ca^{2+} + CO_3^{2-} = CaCO_3 \downarrow \tag{16.2}$$

$$2Mg^{2+} + 2CO_3^{2-} + H_2O = Mg_2(OH)_2CO_3 \downarrow + CO_2 \uparrow \tag{16.3}$$

$$Ba^{2+} + CO_3^{2-} = BaCO_3 \downarrow \tag{16.4}$$

$$Na_2CO_3 + 2HCl = 2NaCl + CO_2 \uparrow + H_2O \tag{16.5}$$

少量的 K^+ 等可溶性杂质，由于它们量少且溶解度较大，在最后的浓缩结晶过程中仍留在母液中而与 NaCl 分开，最终得到纯净 NaCl 晶体。

【仪器和试剂】

仪器：电子天平，烧杯，量筒（10mL、50mL），酒精灯，胶头滴管，漏斗，布氏漏斗，吸滤瓶，真空泵，蒸发皿，表面皿，漏斗架，石棉网，铁架台。

试剂及用品：粗食盐，HCl（$6mol \cdot L^{-1}$），$BaCl_2$（$1mol \cdot L^{-1}$），Na_2CO_3（饱和），$(NH_4)_2C_2O_4$（$0.5mol \cdot L^{-1}$），NaOH（$1mol \cdot L^{-1}$），HAc（$2mol \cdot L^{-1}$），镁试剂，pH 试纸。

【实验步骤】

1. 粗食盐的称量和溶解

在电子天平上称取 5.0g 粗食盐，记录粗盐的准确质量。将食盐放入 100mL 烧杯中，用量筒量取 20mL 水，倒入盛有粗盐的 100mL 烧杯中，用玻璃棒轻轻搅拌并加热使其溶解。

2. SO_4^{2-} 的去除

用胶头滴管向上述溶液逐滴加入 $1mol \cdot L^{-1}$ 的 $BaCl_2$ 溶液（约 1mL），边滴加边搅拌。为检验 SO_4^{2-} 是否沉淀完全，将溶液加热使生成的沉淀沉降，然后沿杯壁在上部清液中加

1～2 滴 $BaCl_2$ 溶液，观察是否出现浑浊，若出现浑浊，表明 SO_4^{2-} 尚未除净，应在原溶液中继续加入 $BaCl_2$ 溶液，直到检查 SO_4^{2-} 完全除干净为止。将带有沉淀的溶液小火加热约 5min，以获得更大颗粒的沉淀，方便后续过滤。用普通漏斗过滤，保留滤液。

3. Ca^{2+}、Mg^{2+} 以及过量 Ba^{2+} 的去除

向上一步所得滤液中缓缓加入 2mL 饱和 Na_2CO_3 溶液，并充分搅拌，加热至沸，仿照上述方法在上部清液中再加入 2～3 滴 Na_2CO_3 溶液，检查是否沉淀完全。未沉淀完全需再加入 Na_2CO_3 溶液数滴，直至检查不显浑浊为止。将带有沉淀的溶液加热至沸。用普通漏斗再过滤一次，滤液即为已除尽杂质离子的 NaCl 碱性溶液。

4. 过量 Na_2CO_3 的去除

在轻轻搅拌下，在上述滤液中逐滴加入 $6mol \cdot L^{-1}$ 的 HCl 溶液，以除去多余的 CO_3^{2-}，边滴加边检查其 pH 值，直至 pH=5～6 时为止。

5. 蒸发浓缩

将滤液倒入蒸发皿中，用小火加热蒸发，并不断搅拌，当浓缩至稀粥状的稠液时（切勿蒸干!），停止加热。

6. 结晶、干燥

将浓缩液冷却至室温，减压过滤，尽可能抽干。再将 NaCl 晶体转移至已称重的蒸发皿中，用小火烘干。冷至室温，称重。

7. 产品质量检验

各取少量（约 1g）粗食盐和提纯后的产品，分别溶于约 5mL 蒸馏水中，再分别放入试管中组成三组试样。第一组溶液中分别加入 2 滴 $1mol \cdot L^{-1}$ $BaCl_2$ 溶液，第二组溶液中分别加入 2 滴 $0.5mol \cdot L^{-1}$ $(NH_4)_2C_2O_4$ 溶液和 2 滴 $2mol \cdot L^{-1}$ HAc 溶液，第三组溶液中各加入 2～3 滴 $1mol \cdot L^{-1}$ NaOH 溶液，使溶液呈碱性，再各加入 2～3 滴镁试剂，第一、二组溶液中若有白色沉淀，表示有 SO_4^{2-}、Ca^{2+} 存在；在第三组溶液中若出现蓝色沉淀，表示有 Mg^{2+} 存在。比较实验结果。

【数据处理】

粗食盐质量/g		纯氯化钠质量/g	
蒸发皿质量/g		氯化钠收率/%	
蒸发皿+纯氯化钠质量/g			

【附注】

镁试剂是一种有机染料，学名为对硝基偶氮间苯二酚。它在酸性条件下呈黄色，在碱性条件下呈红色或紫色，但被 $Mg(OH)_2$ 沉淀吸附后，则呈天蓝色，因此可以检验 Mg^{2+} 的存在。

【思考题】

1. 能否用重结晶的方法提纯粗食盐?
2. 为什么要先加入 $BaCl_2$ 后加入 Na_2CO_3？能否改变顺序?
3. 蒸发前为什么要将溶液的 pH 值调至 5～6?
4. 在粗食盐提纯过程中，K^+ 在哪一步中除去?
5. 为什么蒸发浓缩时不可将溶液蒸干?

实验 22　五水硫酸铜的制备与提纯

【实验目的】

1. 学习以 CuO 为原料制备 $CuSO_4 \cdot 5H_2O$ 的原理和方法。

2. 练习并掌握无机制备过程中的溶解、加热、蒸发、过滤、重结晶等基本操作。

【实验原理】

铜是不活泼金属，不能与稀酸反应，但氧化铜可以直接与稀硫酸反应制备得到硫酸铜。本实验采用氧化铜粉末与稀硫酸反应制备五水硫酸铜晶体，反应式为：

$$CuO + H_2SO_4 \longrightarrow CuSO_4 + H_2O \qquad (16.6)$$

由于氧化铜不纯，所得 $CuSO_4$ 溶液中常含有一些杂质，其中不溶性杂质可过滤除去。硫酸铜在水中的溶解度随温度升高而明显增大（见表 16.1），因此，硫酸铜粗产品中的可溶性杂质可通过重结晶法进行提纯，使杂质留在母液中，从而得到纯度较高的硫酸铜晶体。

表 16.1　硫酸铜在水中的溶解度　　单位：g/100g 水

化合物	0℃	20℃	40℃	60℃	80℃
$CuSO_4 \cdot 5H_2O$	23.3	32.3	46.2	61.1	83.8

【仪器和试剂】

仪器：电子天平，蒸发皿，表面皿，量筒，普通漏斗，漏斗架，布氏漏斗，抽滤瓶，真空泵，酒精灯，铁架台，石棉网。

试剂及用品：H_2SO_4（$3mol \cdot L^{-1}$），CuO（s），滤纸。

【实验步骤】

1. 粗 $CuSO_4$ 晶体的制备

称取约 2.0g CuO 粉末于洗净的蒸发皿中，加入 20mL $3mol \cdot L^{-1}$ H_2SO_4 溶液，加热使之溶解，同时用玻璃棒不停搅拌。待黑色粉末完全溶解后，继续加热蒸发至有晶体析出（防止蒸干），停止加热。取下蒸发皿，室温下冷却结晶，减压抽滤，称重，计算产率。

2. $CuSO_4 \cdot 5H_2O$ 的提纯

将粗产品以每克加 1.2mL 水的比例，溶于蒸馏水中，加热使其完全溶解，趁热过滤（为防止过滤时晶体在滤纸上析出，溶解时可适当增加水量）。滤液收集在蒸发皿中，自然冷却至室温，即有晶体析出。若无晶体析出，加热浓缩至表面出现晶膜（蒸发时请勿搅拌），自然冷却，充分结晶。抽滤去除母液，再将晶体放在两层滤纸间进一步挤压吸干，然后将产品放在表面皿上称重，计算收率。

【数据处理】

CuO 质量/g		收率/%	
粗产品质量/g		$CuSO_4 \cdot 5H_2O$ 理论产量/g	
提纯后产品质量/g		产率/%	

【思考题】

1. 什么叫重结晶？是否所有物质都可以用重结晶的方法提纯？

2. 什么情况下使用减压过滤或者常压过滤？

3. 结晶时如何判断蒸发皿内的溶液已经冷却？为什么要冷却后才能过滤？

实验 23　用硫酸铜晶体制备氧化铜

【实验目的】

1. 了解利用硫酸铜晶体制备氧化铜的原理和方法。

2. 熟练掌握 pH 调节、结晶干燥和减压过滤等基本操作。

【实验原理】

氧化铜 CuO 是黑色至棕黑色无定形结晶性粉末，有吸湿性，溶于稀酸、氰化钠、碳酸铵、氯化铵溶液，缓慢溶于氨水，不溶于水和乙醇。在氨、二氧化碳或某些有机溶质的蒸气流中加热，易还原为金属铜。在自然界存在于黑铜矿中。用于蓝绿色素、人造宝石、气体分析测定碳，制有色玻璃、陶瓷釉彩、铜化合物，及作为油类脱硫剂、有机合成催化剂等。

氧化铜可由煅烧硝酸铜或碳酸铜制得。本实验采用湿法制备氧化铜，制备过程分为两步：

（1）氢氧化铜的制备

根据溶度积原理，难溶氢氧化物的沉淀溶解平衡受溶液 pH 影响，对于氢氧化铜来说，在 pH＝6～7 时，沉淀基本完全。过量的氢氧化钠会使生成的氢氧化铜溶解，生成四羟基铜酸钠：

$$Cu(OH)_2 + 2NaOH \longrightarrow Na_2[Cu(OH)_4] \tag{16.7}$$

以至过滤后滤液呈现蓝色。可通过控制溶液 pH 值来防止氢氧化铜沉淀不完全或氢氧化铜重新溶解的情况发生。所以，控制反应液的 pH 值是关键的一步。

在室温下，向硫酸铜溶液中加入浓碱液（主要是氢氧化钠），立刻有胶状蓝色氢氧化铜生成，反应式如下：

$$CuSO_4 \cdot 5H_2O + 2NaOH \longrightarrow Cu(OH)_2 \downarrow + Na_2SO_4 + 5H_2O \tag{16.8}$$

因为氢氧化钠溶液过稀或硫酸铜溶液过浓、过多时，则可能生成蓝绿色的碱式硫酸铜 [$Cu_2(OH)_2SO_4$] 沉淀，这种沉淀物不但颜色与氢氧化铜不同，而且化学性质也不同，氢氧化铜加热即分解，析出氧化铜，而碱式硫酸铜加热时不易分解。于是，实验中选取饱和氢氧化钠溶液，反应要在充分搅拌下进行，并且控制溶液的 pH 值在 6～7，即可制备出氢氧化铜。

（2）氧化铜的制备

将氢氧化铜溶液加热到 80℃（因为氢氧化铜在 70～80℃脱水分解），向热溶液中滴加氢氧化钠溶液，这样不但直接得到氧化铜，而且氧化铜的过滤较氢氧化铜速度要快，节省了大量时间。反应如下：

$$Na_2[Cu(OH)_4] \longrightarrow Cu(OH)_2 \downarrow + 2NaOH \tag{16.9}$$

$$Cu(OH)_2 \xrightarrow{\triangle} CuO + H_2O \tag{16.10}$$

过滤，然后直接将滤饼放在蒸发皿上加热，得到固体黑色粉末。

【仪器和试剂】

仪器：电子天平，恒温水浴锅，酒精灯，石棉网，三脚架，抽滤瓶，布氏漏斗，真空泵，蒸发皿，表面皿，量筒，烧杯。

试剂及用品：$CuSO_4 \cdot 5H_2O$（s），NaOH（饱和），$BaCl_2$（$0.5mol \cdot L^{-1}$），广泛 pH 试纸。

【实验步骤】

1. 称取约 10g $CuSO_4 \cdot 5H_2O$ 晶体，加入 30mL 水制成硫酸铜溶液，向其中逐滴加入饱和氢氧化钠溶液，边加边搅拌，并测定溶液的 pH 值。控制最后的 pH 值等于 7，此时生成

蓝色 $Cu(OH)_2$ 絮状沉淀。

2. 在上述含 $Cu(OH)_2$ 沉淀的溶液中加入 20mL 水，适当搅拌，然后将溶液加热到 80℃，向热溶液中滴加入氢氧化钠溶液，待其生成黑色的氧化铜后，倾析法洗涤沉淀，再减压过滤。

3. 将过滤后得到的氧化铜转入蒸发皿中，放在石棉网上加热，烘干，称量，计算产率。

4. 设计方法检验氧化铜中是否含有 SO_4^{2-}。

【数据处理】

$CuSO_4 \cdot 5H_2O$/g		理论产量/g	
CuO 产品质量/g		产率/%	

【思考题】

1. 在生成氢氧化铜的过程中，为什么要选用饱和氢氧化钠，为什么要控制溶液的 pH 值为 7？

2. 过滤前，先在含 $Cu(OH)_2$ 沉淀的溶液中加入适量水，其作用是什么？

实验 24　无机颜料铁黄的制备

【实验目的】

1. 了解用亚铁盐制备氧化铁黄的原理和方法。

2. 熟练掌握水浴加热、pH 调节、沉淀洗涤、结晶干燥等基本操作。

【实验原理】

氧化铁黄又称羟基铁（简称铁黄），分子式为 $Fe_2O_3 \cdot H_2O$ 或 $FeO(OH)$，呈黄色粉末状。它是化学性质较稳定的碱性氧化物，不溶于碱，微溶于酸，在热浓盐酸中可完全溶解，热稳定性较差，加热至 150～200℃时开始脱水，当温度升至 270～300℃时，迅速脱水变成铁红（Fe_2O_3）。铁黄无毒，具有良好的颜料性能，耐候性好，在涂料中使用遮盖力强，故应用广泛。

本实验采用湿法亚铁盐氧化法制备铁黄。除空气参加氧化外，用氯酸钾作为主要的氧化剂可以大大加速反应的进程。制备过程分为两步：

(1) 晶种的形成

铁黄是晶体结构，要得到它的结晶，必须先形成晶核，晶核长大成为晶种。晶种生成过程的条件决定着铁黄的颜色和质量，所以，制备晶种是关键的一步。

在一定温度下，向硫酸亚铁铵溶液中加入碱液（主要是氢氧化钠，氨水也可），立刻有胶状氢氧化亚铁生成，反应式如下：

$$FeSO_4 + 2NaOH \xlongequal{} Fe(OH)_2 \downarrow + Na_2SO_4 \tag{16.11}$$

由于氢氧化亚铁溶解度非常小，晶核的生成相当迅速，为使晶种粒子细小而均匀，反应要在充分搅拌下进行，溶液中要留有硫酸亚铁晶体。

要生成铁黄晶种，须将氢氧化亚铁进一步氧化，反应如下：

$$4Fe(OH)_2 + O_2 \xlongequal{} 4FeO(OH) \downarrow + 2H_2O \tag{16.12}$$

氢氧化亚铁氧化成铁(Ⅲ) 是一个复杂的过程，反应温度和 pH 必须严格控制。此步温度控制在 20～25℃，调节溶液 pH 值保持在 4～4.5。如果溶液 pH 接近中性或略偏碱性，可得到由棕黄到棕黑，甚至黑色的一系列过渡色。pH＞9 则形成红棕色的铁红晶种。若

pH>10，则又产生一系列过渡色的铁氧化物，失去作为晶种的作用。

（2）铁黄的制备（氧化阶段）

氧化剂主要采用 $KClO_3$，空气中的氧也参加氧化反应。氧化时必须升温，保持在 80～85℃，控制溶液的 pH 值为 4～4.5。反应如下：

$$4FeSO_4 + O_2 + 6H_2O \longrightarrow 4FeO(OH)\downarrow + 4H_2SO_4 \quad (16.13)$$

$$6FeSO_4 + KClO_3 + 9H_2O \longrightarrow 6FeO(OH)\downarrow + 6H_2SO_4 + KCl \quad (16.14)$$

氧化过程中，沉淀的颜色由灰绿→墨绿→红棕→淡黄（或赭黄）。

【仪器和试剂】

仪器：电子天平，恒温水浴锅，酒精灯，石棉网，三脚架，抽滤瓶，布氏漏斗，真空泵，蒸发皿，量筒，烧杯。

试剂及用品：硫酸亚铁铵(s)，$KClO_3$(s)，NaOH($2mol\cdot L^{-1}$)，$BaCl_2$（$0.1mol\cdot L^{-1}$），精密 pH 试纸（3～5）。

【实验步骤】

称取 10.0g$(NH_4)_2Fe(SO_4)_2\cdot 6H_2O$ 置于 100mL 烧杯中，加水 13mL，在恒温水浴中加热至 20～25℃搅拌溶解（有部分晶体不溶）。检验此时溶液的 pH，慢慢滴加 $2mol\cdot L^{-1}$ NaOH 溶液，边加边搅拌至溶液 pH 值为 4～4.5，停止加碱。观察反应过程中沉淀颜色的变化。

取 0.3g $KClO_3$ 倒入上述溶液中，搅拌后检验溶液的 pH。将恒温水浴温度升至 80～85℃进行氧化反应。逐滴滴加 $2mol\cdot L^{-1}$ NaOH 溶液，随着氧化反应的进行，溶液的 pH 不断降低，至 pH 为 4～4.5 时停止加碱。整个氧化反应约需加 10mL $2mol\cdot L^{-1}$ NaOH 溶液，接近此碱液体积时，每加 1 滴碱液后即检查溶液的 pH。因可溶盐难以洗净，故对最后生成的淡黄色颜料要用 60℃左右的蒸馏水倾泻法洗涤颜料，至溶液中基本无 SO_4^{2-} 为止。减压过滤得黄色滤饼，将之转入蒸发皿中，在水浴加热下进行烘干。称量产品质量，计算产率。

【数据处理】

$(NH_4)_2Fe(SO_4)_2\cdot 6H_2O$/g		产品质量/g	
FeO(OH)理论产量/g		产率/%	

【思考题】

1. 铁黄制备过程中，随着氧化反应的进行，为什么虽然不断滴加碱液，溶液的 pH 值还是逐渐降低？

2. 如何从铁黄制备铁红、铁棕、铁黑？

实验 25　转化法制备 KNO_3

【实验目的】

1. 了解水溶液中利用离子相互反应来制备无机化合物的一般原理和步骤。

2. 熟悉结晶和重结晶的一般原理和操作方法。

3. 进一步掌握固体溶解、加热蒸发、减压过滤、热过滤的基本操作。

【实验原理】

工业上常采用转化法制备 KNO_3 晶体，其反应如下：

$$NaNO_3 + KCl \longrightarrow NaCl + KNO_3 \quad (16.15)$$

在 $NaNO_3$ 和 KCl 的混合溶液中，同时存在 Na^+、K^+、Cl^- 和 NO_3^- 四种离子。由这四种离子组成的四种盐在不同温度下的溶解度（g/100g 水）如表 16.2 所示。

表 16.2　硝酸钾等四种盐在不同温度下的溶解度　　单位：g/100g H_2O

温度 T/℃	0	10	20	30	40	60	80	100
KNO_3	13.3	20.9	31.6	45.8	63.9	110.0	169	246
KCl	27.6	31.0	34.0	37.0	40.0	45.5	51.1	56.7
$NaNO_3$	73	80	88	96	104	124	148	180
NaCl	35.7	35.8	36.0	36.3	36.6	37.3	38.4	39.8

由表中数据可看出，在 20℃时，除 $NaNO_3$ 以外，其它三种盐的溶解度都相差不大，因此，在此温度下不能使 KNO_3 晶体析出。但是随着温度的升高，NaCl 的溶解度几乎不变，$NaNO_3$ 和 KCl 的溶解度有所增大，而 KNO_3 的溶解度却增大得很快。因此只要把 $NaNO_3$ 和 KCl 的混合溶液加热，趁热滤去 NaCl（在高温时 NaCl 的溶解度小，随着溶剂的减少，NaCl 晶体析出），然后冷却滤液，就会得到 KNO_3 晶体（由于 KNO_3 的溶解度随温度下降而急剧减小，所以溶液冷却后会析出 KNO_3 晶体）。在初次结晶中一般混有一些可溶性杂质，为了进一步除去这些杂质，可采用重结晶方法进行提纯。

【仪器和试剂】

仪器：电子天平，分析天平，恒温水浴锅，酒精灯，石棉网，三脚架，抽滤瓶，布氏漏斗，真空泵，马弗炉，蒸发皿，漏斗，试管，量筒，烧杯。

试剂及用品：$NaNO_3$(s)，KCl(s)，HNO_3($5mol \cdot L^{-1}$)，$AgNO_3$($0.1mol \cdot L^{-1}$)，NaCl（优级纯、分析纯、化学纯），甘油。

【实验步骤】

1. 溶解蒸发

称取 15g $NaNO_3$ 和 10g KCl，放入一支硬质试管，加 25mL H_2O。将试管置于甘油浴中加热（试管中的溶液液面要在甘油浴的液面之下；并对试管内液面的高度作一标记）。甘油浴温度可达 140～180℃，注意控制温度，不要使其热分解，产生刺激性的丙烯醛。

待盐全部溶解后，继续加热，使溶液蒸发至原有体积的 2/3。这时试管中有晶体析出，热过滤。滤液盛于小烧杯中自然冷却。随着温度的下降，即有结晶析出（注意，不要骤冷，以防结晶过于细小）。减压过滤，尽量抽干。水浴烤干 KNO_3 晶体后称重。计算理论产量和产率。

2. 粗产品的重结晶

(1) 保留少量（0.1～0.2g）粗产品进行纯度检验，其余按粗产品∶水＝2∶1（质量比）的比例，将粗产品溶于蒸馏水中。

(2) 边加热边搅拌，待晶体全部溶解后停止加热。若溶液沸腾时，晶体还未全部溶解，可按少量多次的原则加蒸馏水使其溶解（注意：水不能加多否则不能制成热的饱和溶液）。

(3) 待溶液冷却至室温有晶体析出后抽滤，水浴烘干，就可得到纯度较高的 KNO_3 晶体，称量。

3. 纯度检验

(1) 定性检验

分别取 0.1g 粗产品和重结晶后得到的产品放入两支小试管中，各加入 2mL 蒸馏水配成溶液。在溶液中分别滴入 1 滴 5mol·L^{-1} HNO_3 酸化，再各滴入 0.1mol·L^{-1} $AgNO_3$ 溶液 2 滴，观察现象，进行对比（注：重结晶后的产品溶液加入检验试剂后应为澄清，否则应再次重结晶）。

(2) 总氯量的定量检验

标准系列配制。分别称取各级别 NaCl：优级纯 0.015mg；分析纯 0.030mg；化学纯 0.070mg。按 GB 602—77 要求配制成 25mL 氯化钠标准溶液，加 2mL 5mol·L^{-1} HNO_3 和 0.1mol·L^{-1} $AgNO_3$ 溶液，摇匀，放置 10min。

称取 1g 重结晶试样（称准至 0.01g），加热至 400℃使其分解，于 700℃灼烧 15min，冷却，溶于蒸馏水中（必要时过滤），稀释至 25mL，与上述标准溶液同样处理。其浊度不得大于标准。

本实验要求重结晶后的硝酸钾晶体含氯量达化学纯，否则应再次重结晶，直至合格。最后称量，计算产率。

【数据处理】

粗产品	产品质量/g	理论产量/g	产率/%
提纯产品	粗产品质量/g	提纯后产品质量/g	收率/%

【思考题】

1. 本实验为什么要用热过滤？热过滤的操作要点是什么？
2. 制备硝酸钾时，为什么要使溶液的体积蒸发至原有体积的 2/3，能否过多或过少？
3. 试设计从母液提取较高纯度的硝酸钾晶体的实验方案，并加以试验。

实验 26　离子交换法制备纯水

【实验目的】

1. 了解离子交换法制备纯水的基本原理。
2. 练习使用离子交换树脂的一般操作方法。
3. 学习正确使用电导率仪。
4. 掌握水中一些离子的定性鉴定方法。

【实验原理】

实验室要获得纯度较高的水，通常采用蒸馏法和离子交换法将水净化。前一种方法得到的水称“蒸馏水”；后一种方法得到的水称“去离子水”。离子交换法制备纯水是在离子交换树脂床上进行的。这种树脂是一种难溶性的高分子聚合物，对酸碱及一般溶剂相当稳定。从结构上看，离子交换树脂可分成两部分：一部分是具有网状结构的高分子聚合物，即交换树脂的母体；另一部分是连在母体上的活性基团。如果在骨架上引入磺酸（$—SO_3H$）活性基团就成为强酸性阳离子交换树脂（如国产732型树脂）；如果引入季铵［$—N(CH_3)_3OH$］活性基团就成为强碱性阴离子交换树脂（如国产717型树脂）。离子交换法制纯水的原理是基于树脂和天然水中各种离子间的可交换性。当水流过离子交换树脂床时，树脂骨架上活性基团中的H^+或OH^-与水中的Na^+、Ca^{2+}或Cl^-、SO_4^{2-}等离子交换，其化学反应为：

$$R—SO_3^- H^+ + Na^+ \rightleftharpoons R—SO_3^- Na^+ + H^+ \tag{16.16}$$

$$2R—SO_3^- H^+ + Ca^{2+} \rightleftharpoons (R—SO_3^-)_2 Ca^{2+} + 2H^+ \tag{16.17}$$

$$R—N^+(CH_3)_3OH^- + Cl^- \rightleftharpoons R—N^+(CH_3)_3Cl^- + OH^- \tag{16.18}$$

$$2R—N^+(CH_3)_3OH^- + SO_4^{2-} \rightleftharpoons [R—N^+(CH_3)_3]_2 SO_4^{2-} + 2OH^- \tag{16.19}$$

$$H^+ + OH^- \longrightarrow H_2O \tag{16.20}$$

这样，水中的无机离子被截留在树脂床上，而交换出来的OH^-与H^+发生中和反应，使水得到了净化。这种交换反应是可逆的，当用一定浓度的酸或碱处理树脂时，无机离子便从树脂上解脱出来，树脂得到再生。用离子交换树脂制备纯水一般有复床法、混床法和联床法。本实验采用混床法。所选用的树脂为国产732型强酸性阳离子交换树脂和717型强碱性阴离子交换树脂。这些商品树脂为了方便储存，通常制作成中性盐，阳离子交换树脂大多为Na型，阴离子交换树脂大多为Cl型，因此在使用时应根据需要进行转型操作。

纯水是弱电解质，因含有可溶性杂质后使电导能力增大。测定水样的电导率，可以确定水的纯度。各种水样电导率的大致范围列于表16.3。

表16.3　各种水样的电导率

水样	自来水	蒸馏水	去离子水	最纯水(理论值)
电导率/$S\cdot cm^{-1}$	$5.0\times10^{-3}\sim5.0\times10^{-4}$	$2.8\times10^{-6}\sim6.3\times10^{-8}$	$4.0\times10^{-6}\sim8.0\times10^{-7}$	5.5×10^{-8}

离子交换法制备纯水的优点是制备的水量大，成本低，除去离子的能力强；缺点是设备及操作较复杂，不能除去非电解质杂质，而且有微量树脂溶在水中。

【仪器和试剂】

仪器：电导率仪，电导电极，离子交换柱（$\phi=20mm$，$l=60cm$）（也可用酸式滴定管代替），烧杯（250mL），滴液漏斗（250mL），点滴板，铁架台，铁夹，十字夹，试管，长玻璃棒。

试剂及用品：732型强酸性阳离子交换树脂，717型强碱性阴离子交换树脂，盐酸（5%），NaOH(5%、$2mol\cdot L^{-1}$)，NaCl(饱和、25%)，HNO_3($2mol\cdot L^{-1}$)，$BaCl_2$($1mol\cdot L^{-1}$)，$NH_3\cdot H_2O$($2mol\cdot L^{-1}$)，$AgNO_3$($0.1mol\cdot L^{-1}$)，钙指示剂(5%)，镁试剂(5%)，pH试纸。

【实验步骤】

1. 树脂的预处理

(1) 732型树脂的处理　将树脂泡在烧杯中，用水漂洗至水澄清无色后，改用纯水浸泡4～8h。再用5%盐酸浸泡4h，倾去盐酸溶液，最后用纯水洗至水中检不出Cl^-，纯水浸泡备用。

(2) 717型树脂的处理　将树脂如同上法漂洗和浸泡后，改用5% NaOH溶液浸泡4h，倾去NaOH溶液，再用纯水洗至pH=8～9，纯水浸泡备用。

上述的预处理工作，可由实验准备时完成。

2. 交换柱的制作

(1) 交换柱下部空气的排除 取一支下端带有活塞的玻璃管(见图 16.1)，管内底部放入一些玻璃丝，然后加入蒸馏水至管的1/3高，排除管下部和玻璃丝中的空气。

(2) 装柱 将前面处理好的树脂混合后（阳离子交换树脂与阴离子交换树脂按 1∶2 体积比混合）与水一起倒入玻璃管中，与此同时打开玻璃管的活塞，让水缓慢流出（水的流速不能太快，防止树脂床露出水面)，使树脂均匀自然沉降。填充的树脂床的高度约为2/3柱容积，床上部的水高为 4～6cm。

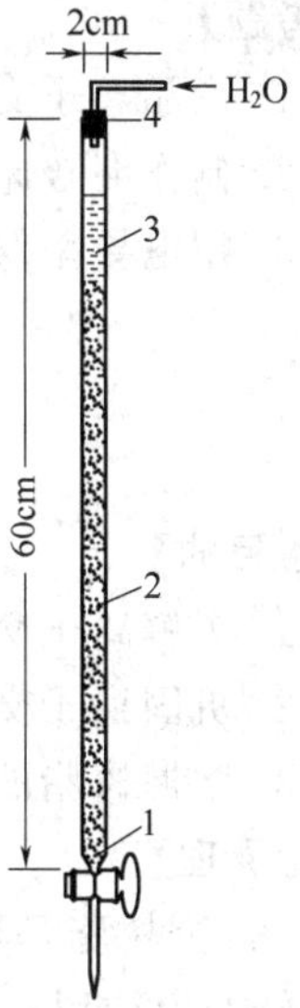

图 16.1 离子交换柱
1—玻璃丝；2—树脂；3—水；4—胶塞

3. 纯水的检验和收集

自来水通入交换柱后，控制出水的流速为 $4\sim6mL\cdot min^{-1}$（要注意防止树脂床干涸)。流出的水约 50mL 时，对流出水样品进行以下项目检验。

(1) 用电导率仪测定水的电导率，当电导率达到 $4.0\times10^{-6}S\cdot cm^{-1}$以下时，就可以收集。

(2) 分别对自来水、蒸馏水和纯化后所得去离子水进行 Ca^{2+}、Mg^{2+}、SO_4^{2-} 和 Cl^- 检验。

4. 树脂的再生

树脂使用一段时间失去正常的交换能力后，可按如下方法再生：

(1) 树脂的分离 放出交换柱内的水后，加入适量 25%的 NaCl 溶液，用一支长玻棒充分搅拌使树脂分成两层，再用倾析法将上层阴离子树脂倒入烧杯中，重复此步操作直至阴阳离子树脂完全分离为止。将剩下的阳离子树脂倒入另一烧杯中。

(2) 阴离子树脂再生 用自来水漂洗树脂 2～3 次，倾出水后加入 5% NaOH 溶液（浸过树脂面）浸泡约 20min，倾去碱液，再用适量 5% NaOH 溶液洗涤 2～3 次，最后用纯水洗至 pH＝8～9。

(3) 阳离子树脂再生 水洗程序同上，然后用 5%盐酸浸泡约 20min，再用 5%盐酸洗涤 2～3 次，再用纯水洗至水中检不出 Cl^-。

【数据处理】

将检验结果填入下表，根据检验结果得出结论。

检验项目	电导率 $/\mu S\cdot cm^{-1}$	pH 值	Ca^{2+}	Mg^{2+}	Cl^-	SO_4^{2-}	结论
检验方法	电导率仪	pH 试纸	加入 1 滴 $2mol\cdot L^{-1}$ NaOH 和 1 滴钙试剂，观察溶液是否变红	加入 1 滴 $2mol\cdot L^{-1}$ NaOH 和 1 滴镁试剂，观察有无天蓝色沉淀生成	加入 1 滴 $2mol\cdot L^{-1}$ 硝酸酸化，再加入 1 滴 $0.1mol\cdot L^{-1}$ 硝酸银，观察有无白色沉淀生成	加入 1 滴 $1mol\cdot L^{-1}$ $BaCl_2$，观察有无白色沉淀生成	
自来水							
蒸馏水							
制备纯水							

【思考题】

1. 商品离子交换树脂在使用时为什么需要事先处理？

2. 制作混合床离子交换树脂柱时在操作上要注意哪些问题？

3. 用电导率仪测定水纯度的根据是什么？为什么可用水样的电导率来估计它的纯度？

实验 27　离子交换法制取碳酸氢钠

【实验目的】

1. 了解离子交换法制取碳酸氢钠的原理。

2. 巩固离子交换法的操作。

3. 掌握树脂的再生方法。

【实验原理】

732 型树脂是聚苯乙烯磺酸型强酸性阳离子交换树脂，经预处理和转型后，树脂从氢型完全转变为钠型，可表示为 $R—SO_3Na$。交换基团上的 Na^+ 可与溶液中的阳离子进行交换，当 NH_4HCO_3 溶液流经树脂时，发生如下交换反应：

$$R—SO_3Na + NH_4HCO_3 = R—SO_3NH_4 + NaHCO_3$$

然后将 $NaHCO_3$ 溶液浓缩、结晶、干燥，即得晶体。

离子交换反应是可逆的反应，可以通过控制流速、溶液浓度和体积等因素使反应按所需方向进行，从而达到最佳交换目的。

【仪器和试剂】

仪器：交换柱（20mm × 600mm）或 50mL 酸式滴定管，烧杯（100mL），量筒（10mL），点滴板，锥形瓶，移液管。

试剂：732 型阳离子交换树脂，盐酸（$0.1mol·L^{-1}$、$2mol·L^{-1}$、5%、浓），NaOH（$2mol·L^{-1}$），$Ba(OH)_2$（饱和），NaCl（$3mol·L^{-1}$、10%），NH_4HCO_3（$1mol·L^{-1}$），$AgNO_3$（$0.1mol·L^{-1}$），甲基橙（1%），奈斯勒试剂。

【实验步骤】

1. 制取碳酸氢钠溶液

（1）树脂预处理

取 732 型阳离子交换树脂 20g 放入 100mL 烧杯中，用 50mL10% 的 NaCl 溶液浸泡 24h，再用去离子水洗涤树脂，直到溶液中不含 Cl^-，并用去离子水浸泡，待用。

（2）装柱

在交换柱（或酸式滴定管）的下部放一小团玻璃纤维，将柱子固定在铁架台上，然后加入去离子水至管高的 1/3，排除管下部和玻璃纤维中的空气。

将前面已经处理好的树脂和水搅匀，从管的上端慢慢注入交换柱中，同时打开交换柱的活塞，让水缓慢流出（水的流速不能快，防止树脂床露出水面），使树脂均匀自然下沉。填充的树脂床高度约为柱的 2/3，床上部的水高为 2～3cm。在树脂顶部装上一小团玻璃纤维，防止注入溶液时将树脂冲起。在整个装柱过程中始终保持树脂被水覆盖，因为树脂层进入空气，会使交换效率降低，若出现该现象，就要重新装柱。

（3）转型

交换柱装好后，用 50mL$2mol·L^{-1}$ 的 HCl 溶液以 30～40 滴$·min^{-1}$ 的流速流过树脂，

当流出液达到 15～20mL 时，旋紧活塞，用余下的 $2mol \cdot L^{-1}$ HCl 溶液浸泡树脂 3～4h，再用去离子水洗至流出液的 pH 值为 7。

然后用 50mL $2mol \cdot L^{-1}$的 NaOH 溶液代替 $2mol \cdot L^{-1}$的 HCl 溶液，重复上述操作。并用去离子水洗至流出液的 pH 值为 7。将 10mL 去离子水慢慢注入交换柱中，调节活塞，控制流速为 25～30 滴$\cdot min^{-1}$。用量筒接收流出液。

(4) 交换

用量筒取 $1mol \cdot L^{-1}$的 NH_4HCO_3溶液 10mL，当交换柱中水面下降到高出树脂床 1cm 时，将 NH_4HCO_3加入交换柱中，用小烧杯接收流出液。

开始交换时，不断用 pH 试纸检查流出液的 pH 值，当 pH 值稍大于 7 时，换用 10mL 量筒盛接流出液（此前所收集的流出液基本上是水，可弃去不用）。用 pH 试纸检查流出液，当 pH 值接近 7 时可停止交换。记录所收集的流出液的体积 $V(NaHCO_3)$。流出液留作定性检验。

(5) 洗涤

当柱内液面下降到高出树脂床约 1cm 时，用去离子水洗涤交换柱内的树脂，以 30 滴$\cdot min^{-1}$左右的流速进行洗涤，直到流出液的 pH 值为 7。

此时的树脂仍具有一定的交换能力，可重复进行上述交换操作一两次。在整个交换过程中要防止空气进入柱内。

(6) 树脂的再生

交换达到饱和后的离子交换树脂，不再有交换能力。可先用去离子水洗涤树脂到流出液中无 NH_4^+ 和 HCO_3^- 为止。再用 $3mol \cdot L^{-1}$的 NaCl 溶液以 30 滴$\cdot min^{-1}$左右的流速流经树脂，直到流出液中无 NH_4^+ 为止，这个过程叫做树脂再生。再生时，树脂发生如下交换反应：

$$R—SO_3NH_4 + NaCl \longrightarrow R—SO_3Na + NH_4Cl$$

可以看出，树脂再生时可以得到 NH_4Cl 溶液。

再生后的树脂要用去离子水洗至无 Cl^-，并浸泡在去离子水中，留作以后实验用。

2. 定性检验

分别取 $1mol \cdot L^{-1}$ NH_4HCO_3溶液和流出液进行如下检测。

(1) NH_4^+ 的检验

取一大表面皿，滴入 5 滴 NH_4HCO_3溶液和 2 滴 $2mol \cdot L^{-1}$ NaOH 溶液，另取一小表面皿，贴上润湿的蓝色石蕊试纸，并将其覆盖在大表面皿上构成小气室，放在盛水的烧杯上加热。观察试纸颜色的变化。

流出液中 NH_4^+ 的检验同上。

(2) Na^+ 检验

将铂丝蘸稀盐酸在无色火焰上灼烧至无色，蘸取 $NaHCO_3$溶液在无色火焰上灼烧，观察火焰颜色。将铂丝再蘸稀盐酸灼烧至无色，继续做流出液的检验实验。

(3) HCO_3^- 检验

取 2 支试管，各取待测液 1mL，滴加 2 滴 $2mol \cdot L^{-1}$ HCl 溶液，观察有无气泡产生。

(4) pH 试纸检验溶液的 pH 值

【数据处理】

将检验结果填入下表。

检验项目	NH_4^+	Na^+	HCO_3^-	实测 pH 值	计算 pH 值
NH_4HCO_3溶液					
流出液					

【思考题】

1. 树脂预处理时，如何检验流出液中不含 Cl^-？
2. 装柱时在交换柱的下部为什么放一小团玻璃纤维？
3. 整个交换过程中为什么要防止空气进入柱内？

实验 28　微波辐射法制备 $Na_2S_2O_3 \cdot 5H_2O$

【实验目的】

1. 了解用微波辐射法制备 $Na_2S_2O_3 \cdot 5H_2O$ 的方法。
2. 掌握 $S_2O_3^{2-}$ 的定性鉴定和 $Na_2S_2O_3 \cdot 5H_2O$ 定量测定的方法。

【实验原理】

微波是一种高频率的电磁波，其频率范围约在 300～300000MHz（相应的波长为 1mm～100cm），介于 TV 波和红外辐射之间。微波具有波动性、高频性、热特性和非热特性四大基本特性，能够透射到分子内部使偶极分子以极高的频率振荡，使极性分子高速旋转，分子间不断碰撞和摩擦产生热，能量利用率高，加热迅速、均匀，而且可防止物质在加热过程中分解变质。

早在 1967 年 Williams 就报道了微波能加快某些化学反应的实验研究结果，直到 1986 年，Gedye 课题组报道了在常规条件下和微波照射下一些有机化学反应的对比试验结果，发现微波能够加快反应速率，提高产率。此后微波技术在化学中的应用日益受到重视。1988 年 Baghurst 首次采用微波技术合成了 KVO_3、$BaWO_4$、$YBa_2Cu_2O_{7-x}$ 等无机化合物。由于微波作用下的反应速率比传统的加热方法快数倍甚至上千倍，而且具有操作方便、产率高及产品易于纯化等优点，因此微波技术已成功地用于许多有机和无机反应。

$Na_2S_2O_3 \cdot 5H_2O$ 俗称“海波”，又名“大苏打”，为无色透明的单斜晶体，易溶于水，不溶于乙醇，具有较强的还原性和配位能力，有很大的实用价值。在分析化学中用来定量测定碘，在纺织工业和造纸工业中作为脱氯剂，摄影业中作为定影剂，在医药中作为急救解毒剂。

$Na_2S_2O_3 \cdot 5H_2O$ 的制备方法有多种，其中亚硫酸钠法是工业和实验室中的主要制备方法：

$$Na_2SO_3 + S + 5H_2O = Na_2S_2O_3 \cdot 5H_2O \qquad (16.21)$$

反应液经脱色、过滤、浓缩结晶、减压过滤、干燥即得产品。测定产品中 $Na_2S_2O_3 \cdot 5H_2O$ 的方法可用碘量法：

$$I_2 + 2S_2O_3^{2-} = 2I^- + S_4O_6^{2-} \qquad (16.22)$$

反应必须在中性或弱酸性介质中进行，通常选用 HAc-NaAc 缓冲溶液使 pH＝5。产品中未反应的 Na_2SO_3 要消耗 I_2，造成分析误差，因此滴定前应加入中性甲醛，排除干扰。

【仪器与试剂】

仪器：常用微波炉，电子天平，水浴锅，抽滤瓶，布氏漏斗，真空泵，Teflon 套罐

(100mL)，烧杯（200mL），表面皿，漏斗，量筒，锥形瓶（250mL），滴定管（50mL），蒸发皿，试管。

试剂：Na_2SO_3（s），硫粉，$AgNO_3$（0.1mol·L^{-1}），淀粉溶液（1%），乙醇，甲醛，HAc-NaAc 缓冲溶液（pH=5），I_2 标准溶液（约 0.05mol·L^{-1}）。

【实验步骤】

1. 微波照射合成硫代硫酸钠

以亚硫酸钠和硫黄为原料合成硫代硫酸钠的最佳条件是：亚硫酸钠与硫黄的物质的量比为 1∶2.6，反应温度 130℃，反应时间 9min。

称取 4.0g 无水亚硫酸钠和 10.4g 的硫黄粉于 100mL Teflon 内罐中，加入 30mL 去离子水，套上外罐，放上聚四氟乙烯保护膜，拧紧罐盖，置于微波炉中，在 750W 功率下，微波照射 9min 并将温度维持在 130℃。稍冷后，打开罐盖，趁热过滤，去离子水洗涤，承接滤液至蒸发皿中，于 50℃水浴蒸发浓缩至溶液呈微黄色浑浊，冷却、结晶，减压过滤，晶体用乙醇洗涤，用滤纸吸干后，产品置于表面皿称重，计算产率。

2. 定性鉴定 $S_2O_3^{2-}$

取一粒硫代硫酸钠晶体于试管中，加入几滴去离子水使之溶解，再加两滴 0.1mol·L^{-1} $AgNO_3$ 溶液，观察现象，写出反应方程式。

3. 定量测定产品中 $Na_2S_2O_3 \cdot 5H_2O$ 的含量

准确称取产品 0.5～0.6g 于 250mL 锥形瓶中，加去离子水溶解，加入过量（1mmol 产品约需 8～10mL）质量分数为 40%的中性甲醛，摇匀并放置 5～10min，使亚硫酸钠与甲醛充分反应后消除干扰，然后加入 pH=5.0 的 HAc-NaAc 缓冲溶液 10mL，加 1mL 淀粉指示剂，立即用碘标准溶液滴定至溶液呈蓝色在 30s 内不褪色为终点。记录消耗的 I_2 标准溶液的体积。重复一次。计算产品中 $Na_2S_2O_3 \cdot 5H_2O$ 的含量。

【数据处理】

1. 硫代硫酸钠的合成

产品质量/g	
$Na_2S_2O_3 \cdot 5H_2O$ 理论产量/g	
产率/%	

2. $Na_2S_2O_3 \cdot 5H_2O$ 的含量分析

$$w(Na_2S_2O_3 \cdot 5H_2O)=\frac{2c(I_2)V(I_2)M(Na_2S_2O_3 \cdot 5H_2O)}{m_s}$$

项　　目	Ⅰ	Ⅱ
产品质量 m_s/g		
I_2 溶液终读数/mL		
I_2 溶液初读数/mL		
$V(I_2)$/mL		

续表

项目	Ⅰ		Ⅱ
$c(I_2)/mol\cdot L^{-1}$			
$w(Na_2S_2O_3\cdot 5H_2O)/\%$			
w平均值/%			
相对平均偏差			

【附注】

1. $Na_2S_2O_3\cdot 5H_2O$ 于 40～45℃熔化，48℃分解，因此，在浓缩过程中要注意不能蒸发过度。

2. 反应中的硫黄用量已经是过量的，不需再多加。

3. 实验过程中，浓缩液终点不易观察，有晶体出现即可。

4. 制备 $Na_2S_2O_3\cdot 5H_2O$ 还可以采用下列方法，不需要 Teflon 套罐。

称取 6.0g 无水亚硫酸钠于 100mL 小烧杯中，加 60mL 水，搅拌使之溶解。另称取 2.0g 硫粉于 250mL 锥形瓶中，将亚硫酸钠溶液转移至锥形瓶中，搅拌后在锥形瓶上方倒扣一个小烧杯。将锥形瓶放入微波炉，用高火加热约 2min 至沸腾，然后改为中低火继续反应 7min 后取出（溶液体积 20～25mL），趁热抽滤，滤液蒸发浓缩至产生晶膜，冷却至室温，加一粒晶种，冰水中冷却结晶 30min 左右，待晶体完全析出后，抽滤，所得晶体用无水乙醇洗涤，抽干，称量，计算产率。

【思考题】

1. 硫黄粉稍有过量，为什么？

2. 减压过滤后晶体要用乙醇来洗涤，为什么？

第 17 章 综合性、设计性及研究性实验

实验 29 硫酸亚铁铵的制备及纯度分析

【实验目的】

1. 掌握制备复盐硫酸亚铁铵的方法，了解复盐的特性。

2. 掌握一般无机物的制备以及产品纯度检验的基本方法和基本操作。

3. 熟练掌握水浴加热、常压过滤与减压过滤、蒸发与结晶等基本操作。

【实验原理】

硫酸亚铁铵 $(NH_4)_2SO_4 \cdot FeSO_4 \cdot 6H_2O$ 商品名称为莫尔盐，它是透明、浅蓝绿色单斜晶体，比一般亚铁盐稳定，在空气中不易被氧化。在定量分析中常用来配制亚铁离子的标准溶液。铁屑溶于 H_2SO_4 生成 $FeSO_4$：

$$Fe + H_2SO_4 = FeSO_4 + H_2\uparrow \qquad (17.1)$$

等物质的量的 $FeSO_4$ 与 $(NH_4)_2SO_4$ 作用，能生成溶解度较小的硫酸亚铁铵：

$$FeSO_4 + (NH_4)_2SO_4 + 6H_2O = (NH_4)_2SO_4 \cdot FeSO_4 \cdot 6H_2O \qquad (17.2)$$

和其它复盐一样，$(NH_4)_2SO_4 \cdot FeSO_4 \cdot 6H_2O$ 在水中溶解度比组成的每一组分[$FeSO_4$ 或 $(NH_4)_2SO_4$] 的溶解度都要小。三种盐的溶解度数据列于表 17.1。

表 17.1 三种盐的溶解度 单位：$g/100gH_2O$

温度/℃	$FeSO_4 \cdot 7H_2O$	$(NH_4)_2SO_4$	$(NH_4)_2SO_4 \cdot FeSO_4 \cdot 6H_2O$
10	20.0	73.0	17.2
20	26.5	75.4	21.6
30	32.9	78.0	28.1

由于硫酸亚铁在中性溶液中能被溶于水中的少量氧气所氧化，并进一步发生水解，甚至出现棕黄色的碱式硫酸铁（或氢氧化铁）沉淀，所以制备过程中溶液应保持足够的酸度。

【仪器和试剂】

仪器：电子天平，水浴锅，电炉，锥形瓶，烧杯，量筒，移液管（2mL），表面皿，布氏漏斗，吸滤瓶，真空泵，蒸发皿，比色管（25mL），比色管架。

试剂及用品：铁屑，Na_2CO_3（10%），H_2SO_4（$3.0mol \cdot L^{-1}$），乙醇（95%），$(NH_4)_2SO_4(s)$，$HCl(3mol \cdot L^{-1})$，KSCN（25%），Fe^{3+}标准溶液（$0.1000g \cdot L^{-1}$），pH 试纸。

【实验步骤】

1. 铁屑的净化

称取 2g 铁屑，放于锥形瓶内，加入 15mL 10% Na_2CO_3 溶液，小火加热 10min 以除去铁屑中的油污，用倾注法倒掉碱液并用水把铁屑洗净。

2. $FeSO_4$ 的制备

往盛有铁屑的锥形瓶中加入20mL 3mol·L^{-1} H_2SO_4 溶液，放在水浴中加热（在通风橱中进行）至不再有气泡放出，趁热减压过滤，用少量热水洗涤锥形瓶及漏斗上的残渣，抽干。将滤液倒入蒸发皿中。将留在锥形瓶内和滤纸上的残渣收集在一起用碎滤纸吸干后称重，由已作用的铁屑质量算出溶液中 $FeSO_4$ 的量。

3. $(NH_4)_2SO_4 \cdot FeSO_4 \cdot 6H_2O$ 的制备

根据溶液中 $FeSO_4$ 的量，按反应方程式计算并称取固体 $(NH_4)_2SO_4$ 的量，倒入上面制得的 $FeSO_4$ 溶液中。搅拌溶解，水浴蒸发，浓缩至表面出现结晶膜为止。放置冷却、结晶。减压过滤除去母液，再用少量乙醇洗去晶体表面的水分，抽干。将晶体取出，摊在两张吸水纸之间并轻压吸干。观察晶体的颜色和形状。称重，计算产率。

4. 铁(Ⅲ) 的限量分析

(1) 铁(Ⅲ) 标准溶液的配制（由实验室制备） 称取0.8634g $(NH_4)Fe(SO_4)_2 \cdot 12H_2O$，溶于少量水中，加2.5mL 浓 H_2SO_4，移入1000mL 容量瓶中，用水稀释至刻度。此溶液为0.1000g·L^{-1} Fe^{3+} 标准溶液。

(2) 标准色阶的配制 依次取0.50mL、1.00mL、2.00mL 铁(Ⅲ) 标准溶液分别置于25mL 比色管中，各加入2mL 3mol·L^{-1} HCl 和1mL 25% KSCN 溶液，用去离子水稀释至刻度，摇匀，分别配制成相当于一级、二级、三级试剂的标准液。

三个不同等级 $(NH_4)_2SO_4 \cdot FeSO_4 \cdot 6H_2O$ 中 Fe^{3+} 含量见表17.2。

表17.2 不同等级 $(NH_4)_2SO_4 \cdot FeSO_4 \cdot 6H_2O$ 中的 Fe^{3+} 含量

产品级别	一级	二级	三级
含 Fe^{3+} 量/mg	0.05	0.1	0.2

(3) 产品级别的确定 称取1.0g 产品于25mL 比色管中，用15mL 去离子水溶解，再加入2mL 3mol·L^{-1} HCl 和1mL 25%的 KSCN 溶液，加水稀释至25mL，摇匀。与标准色阶进行目视比色，确定产品级别。

【数据处理】

铁屑质量/g	
$(NH_4)_2SO_4$ 质量/g	
$(NH_4)_2SO_4 \cdot FeSO_4 \cdot 6H_2O$ 理论产量/g	
$(NH_4)_2SO_4 \cdot FeSO_4 \cdot 6H_2O$ 实际产量/g	
产率/%	

【思考题】

1. 本实验计算 $(NH_4)_2SO_4 \cdot FeSO_4 \cdot 6H_2O$ 的产率时，以 $FeSO_4$ 的量为准是否正确？为什么？

2. 浓缩 $(NH_4)_2SO_4 \cdot FeSO_4 \cdot 6H_2O$ 时能否浓缩至干，为什么？

3. 制备 $FeSO_4$ 时为何会有异味？

4. 在制备 $FeSO_4$ 时，是铁过量还是 H_2SO_4 过量？为什么？

5. 为什么用乙醇洗涤 $(NH_4)_2SO_4 \cdot FeSO_4 \cdot 6H_2O$ 晶体，而不用蒸馏水？

实验 30 明矾晶体的制备

【实验目的】

1. 掌握从金属制备其金属盐及复盐的方法。

2. 掌握物质结晶的条件，学习制备大颗粒晶体的方法。

3. 练习熔点测定操作。

【实验原理】

以金属铝片为原料，与 NaOH 反应，合成四羟基合铝酸钠。

$$2Al+2NaOH+6H_2O \xlongequal{\quad} 2Na[Al(OH)_4]+3H_2\uparrow$$

过滤除去不溶性杂质。调节 pH 值为 8～9，得到 $Al(OH)_3$ 沉淀后，抽滤，洗涤，加入硫酸得硫酸铝溶液，再与硫酸钾形成复盐。

$$[Al(OH)_4]^- + H^+ \xlongequal{\quad} Al(OH)_3\downarrow +H_2O$$

$$2Al(OH)_3+3H_2SO_4 \xlongequal{\quad} Al_2(SO_4)_3+6H_2O$$

$$Al_2(SO_4)_3+K_2SO_4+24H_2O \xlongequal{\quad} 2KAl(SO_4)_2\cdot 12H_2O$$

物质的熔点（m. p.）是指该物质的液相和固相之间处于平衡状态时的温度。纯净物一般都有固定的熔点，而且熔点范围（又称熔程或熔距，是指由始熔至全熔的温度间隔）很小，一般不超过 0.5～1℃；若物质不纯时，熔点就会下降，且熔点范围会扩大。利用这一性质来判断物质的纯度和鉴别未知化合物。

固体物质熔点的测定通常是将晶体物质加热到一定温度，晶体就开始由固态转变为液态，测定此时的温度就是该晶体物质的熔点。当有杂质存在时（二者不成固溶体），根据拉乌尔定律知，在一定的压力和温度下，在溶剂中增加溶质的物质的量，导致溶剂蒸气分压降低，因此该化合物的熔点比较纯者低。杂质越多，混合物熔点越低。所以，在测熔点时一定要记录初熔和全熔的温度。

在实际工作中得到一个未知化合物，测得其熔点与某一已知化合物的熔点相同或者十分相近时，将未知样品与已知样品等量混合后测定其混合熔点。若熔点没有变化，且熔点范围不超过 1℃时，一般可以认为二者是同一物质。如果混合熔点发生变化，熔点范围大，则可判定它们不是同一物质。这种鉴定方法叫做混合熔点法。

有少数易分解的化合物，虽然很纯净，但也没有固定的熔点，熔点范围也较大。这是因为它们受热后，在尚未熔化之前就局部分解了，由于分解产物的存在，相当于给样品掺入了杂质。这类物质分解的迟早与加热的速率有关，往往是加热快，测得的熔点高；加热慢，测得的熔点低。在测定易分解化合物熔点时，发现样品熔化过程有颜色变化，或有气体放出，说明物质发生了分解，此时的温度是其分解点，报告熔点时，应该说明，例如 220℃（分解）。

熔点测定的方法主要有以下几种。

1. 毛细管法

（1）熔点管的制备　将直径 1～1.5mm、长为 7cm 左右的毛细管一端封熔，作为熔点管。

（2）样品的装入　放少许（约 0.1g）待测熔点的干燥样品于干净的表面皿上，研成粉末并集成一堆，将熔点管开口端向下插入粉末中，然后将熔点管开口端朝上轻轻在实验台面上敲击，或取一支长 30～40cm 的干净玻璃管，垂直于表面皿上，将熔点管从玻璃管上端自由落下，一般需如此重复数次，以便粉末样品装填紧密，样品装得不紧密会影响热量迅速均匀的传导，导致结果不准。沾于管外的粉末需拭去，以免沾污加热溶液。

（3）熔点浴　提勒管，又称 b 形管，如图 17.1(a) 所示。管口装有开口软木塞，温度计插入其中，刻度面向木塞开口，其水银球位于 b 形管上下两叉管口之间，装好样品的熔点管，借少许溶液黏附于（或用橡皮圈固定）温度计下端，使样品的部分置于水银球侧面中部，见图 17.1(a)。b 形管中装入加热液体（浴液），高度达上叉管处即可。

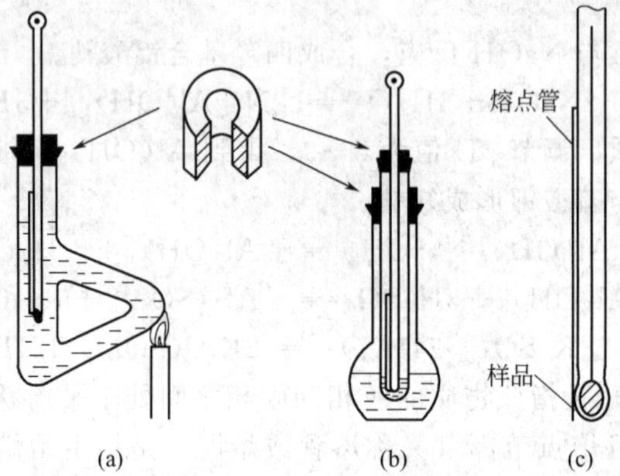

图 17.1　熔点测定装置

双浴式如图 17.1(b) 所示。将试管插入配有开口软木塞的 250mL 平底或圆底烧瓶内，直至试管底部离瓶底约 1cm 处，试管口也配一个开口软木塞插入温度计，其水银球距试管底 0.5cm。瓶内装入约占烧瓶 2/3 体积的加热液体，试管内也放入一些加热液体，在插入温度计后，其液面高度与瓶内相同，熔点管也按图 17.1(c) 黏附于温度计上。

测定熔点时，根据样品的熔点选择溶液。220℃以下可采用浓硫酸。亦可采用磷酸（300℃以下）、液状石蜡或有机硅油等。220～320℃范围内可采用 7∶3 的浓硫酸和硫酸钾。若温度再高，则需选用其它适用的加热介质或沙浴。

（4）熔点的测定　将熔点测定装置按上述装配好，放入加热介质，温度计水银球蘸取少量加热介质，将熔点管小心地黏附在水银球壁上（或用橡皮圈固定），然后将固定有熔点管的温度计小心地插入热浴中，以小火在图示部位加热。开始时升温速度可稍快，当热浴温度距所测样品熔点 10～15℃时，放慢加热速度，保持在每分钟升高 1～2℃，越接近熔点，升温速度越慢，约 0.2～0.3℃·min^{-1}。升温速度是测得准确结果的关键，这样既能有充分的时间传递热量，使固体熔化，又可准确及时地观察到样品的变化和温度计所示度数。记下样品开始塌落并有液相产生（初熔）和固体完全消失时（全熔）的温度计读数，即为该化合物的熔程。加热过程中应注意观察是否有萎缩、软化、放出气体以及分解现象。

熔点测定至少应有两次重复数据。每次测定必须用新的熔点管重新装样，不得将已测过熔点的熔点管冷却，使样品固化后再作第二次测定。因为有时某些化合物部分分解，有些经加热会转变为具有不同熔点的其它结晶形式。

如果测定未知物的熔点，应先对样品粗测一次，加热可稍快，测得样品大致的熔程后，第二次再做准确的测定。

熔点测定后，温度计的读数需对照校正图进行校正。

注意等熔点浴冷却后，方可将加热液回收。温度计冷却后，用纸擦去热液方可用水冲洗，以免温度计水银球破裂。

对于易升华的化合物，可将装有样品的熔点管上端封闭后，全部浸入加热液中进行测定。

对于易吸潮的化合物，应快速装样，并立即将熔点管上端封闭，以免测定过程中吸潮影响测定结果。

2. 微量熔点测定法

（1）仪器的基本构造　显微熔点测定仪，主要由两大部分组成：一是显微镜，可放大 50～100 倍；二是加热台，加热台安装在显微镜的载物台上，中心有一透光小孔，附有温度计，用电热丝加热，用可调变压器调控温度，其详细部件如图 17.2 所示。

（2）测定熔点的操作　在一干净的载玻片上放置经研细的微量样品，注意不可堆积，置于加热台上，并使样品位于台中心的光路孔上。用一载玻片盖住样品，调节镜头，使显微镜焦点对准样品，以便能清晰地看到样品的结晶。开启加热器，用变压器调节升温速度，当温度接近熔点 10～15℃时，控制升温速度为 1～2℃·min^{-1}。当样品晶体棱角和边缘变圆时是熔化的开始（初熔），记录此温度；晶体完全消失是熔化的完成（终熔），记录此温度。如果结晶迅速地熔化成透明液滴并连成片，说明熔点已过，这是加热过快造成的，需要重新测定。

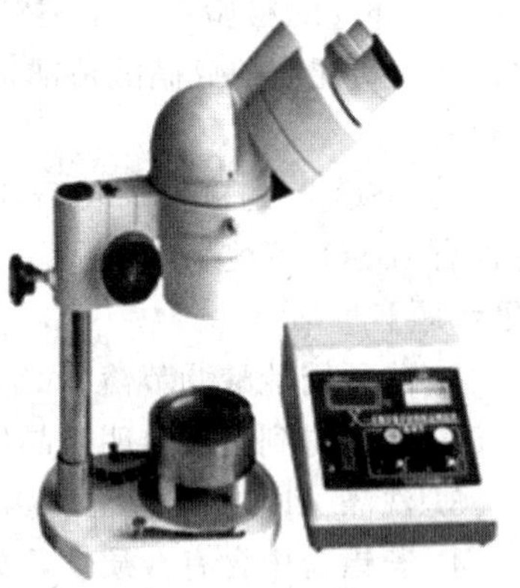

图 17.2　放大镜式微量熔点测定仪

测定完毕，停止加热，稍冷后用镊子取下载片，将一厚铝板（散热器）盖在热板上，加快冷却，然后清洗玻片，以备再用。

此方法的优点是：可测微量及高熔点（温度最高达 350℃）样品的熔点。通过放大镜可以观察样品加热变化的全过程，如结晶的失水，多晶的变化及分解等。

【仪器和试剂】

仪器：烧杯（250mL），量筒（50mL、10mL），布氏漏斗，吸滤瓶，真空泵，蒸发皿，台秤，电炉，熔点测定仪。

试剂及用品：铝粉，NaOH（s），H_2SO_4（3mol·L^{-1}、9mol·L^{-1}），K_2SO_4（s），亚硝酸钴钠溶液，$BaCl_2$（1mol·L^{-1}），HAc（6mol·L^{-1}），无水乙醇，pH 试纸。

【实验步骤】

1. 制备 $Na[Al(OH)_4]$

快速称取 2g 氢氧化钠固体倒入 250mL 烧杯中，加入 40mL 蒸馏水，搅拌使溶解。加入 1g 铝粉（每次取量要少，分多次加入。注意：反应激烈，防止溅入眼内!）。将烧杯置于水浴中加热，反应完毕，加水约 25mL，减压过滤。

2. $Al(OH)_3$的生成

将上述铝酸钠溶液转入 250mL 烧杯中，加入 8mL 左右 3mol·L^{-1}硫酸溶液，使溶液的 pH 值为 8～9（充分搅拌后再检验溶液的酸碱性）为止。此时溶液中生成大量的白色 $Al(OH)_3$沉淀，减压过滤，并用热水洗涤沉淀至滤液的 pH 值为 7～8 为止。

3. 明矾的制备

将制得的 $Al(OH)_3$ 沉淀转入 100mL 蒸发皿中，加入 10mL $9mol \cdot L^{-1}$ H_2SO_4 溶液（H_2SO_4 不要过量），再加 15mL 水，小火加热使其溶解，加入 4g 硫酸钾继续加热至溶解，将所得溶液在空气中自然冷却，待结晶完全后，减压过滤，用 10mL 1∶1 水-乙醇混合液洗涤晶体 2 次，取出晶体用吸水纸吸干，称重，计算产率。

4. 产品熔点的测定及检验

将产品干燥，测定其熔点。

另取少量产品，配成溶液，检验溶液中是否存在 Al^{3+}、K^+ 和 SO_4^{2-}。

(1) Al^{3+} 的检验　取 1mL 上述溶液于一支试管中，滴加 $1mol \cdot L^{-1}$ NaOH 溶液，观察是否有 $Al(OH)_3$ 沉淀生成。如有白色沉淀生成，则继续滴加 NaOH 溶液，观察白色沉淀是否消失。

(2) K^+ 的检验　取上述溶液 2～3 滴于点滴板中，加 2～3 滴 $6mol \cdot L^{-1}$ HAc 溶液酸化，加入新配制的亚硝酸钴钠，观察是否有黄色沉淀生成（若现象不明显，可用玻璃棒摩擦点滴板）。

(3) SO_4^{2-} 的检验　取 1mL 上述溶液于一支试管中，滴加 $1mol \cdot L^{-1}$ $BaCl_2$ 溶液，观察是否有 $BaSO_4$ 沉淀生成。

【思考题】

1. 除了用硫酸调节溶液的 pH 值为 8～9 得 $Al(OH)_3$ 沉淀，还可以用什么方法？
2. 如何得到大颗粒明矾晶体？
3. 洗涤 $Al(OH)_3$ 沉淀时为什么要用热水？
4. 若铝粉中含有杂质铁，如何去除？

实验 31　三氯化六氨合钴（Ⅲ）的制备及其组成的确定

【实验目的】

1. 了解钴(Ⅱ)、钴(Ⅲ) 化合物的性质，加深理解配合物的形成对钴（Ⅲ）稳定性的影响。
2. 了解三氯化六氨合钴(Ⅲ) 的制备原理及组成确定的原理和方法。
3. 熟练电导率仪的使用方法。

【实验原理】

根据标准电极电势，在酸性介质中二价钴盐比三价钴盐稳定，而在它们的配合物中，大多数的三价钴配合物比二价钴配合物稳定，Co(Ⅱ) 配合物能很快地进行取代反应（是活性的），而 Co(Ⅲ) 配合物的取代反应则很慢（是惰性的）。Co(Ⅲ) 的配合物制备过程一般是：通过 Co(Ⅱ)（实际上是它的水合配合物）和配体之间的一种快速反应生成 Co(Ⅱ) 的配合物，然后使它被氧化成为相应的 Co(Ⅲ) 配合物（配位数均为 6)。所以常采用空气或过氧化氢氧化 Co(Ⅱ) 配合物来制备 Co(Ⅲ) 配合物。

常见的 Co(Ⅲ) 配合物有：$[Co(NH_3)_6]Cl_3$（橙黄色晶体）、$[Co(NH_3)_5H_2O]Cl_3$（砖红色晶体）、$[Co(NH_3)_5Cl]Cl_2$（紫红色晶体）、$[Co(NH_3)_4CO_3]^+$（紫红色）、$[Co(NH_3)_3(NO_2)_3]$（黄色）、$[Co(CN)_6]^{3-}$（紫色）、$[Co(NO_2)_6]^{3-}$（黄色）等。它们的制备条件各不相同。例如，在没有活性炭存在时，由氯化亚钴与过量氨、氯化铵反应的主要产物是 $[Co(NH_3)_5Cl]Cl_2$，有活性炭存在时制得的主要产物是 $[Co(NH_3)_6]Cl_3$。

本实验以活性炭作为催化剂，用过氧化氢作为氧化剂，利用氯化亚钴溶液与过量氨和氯化铵作用制备三氯化六氨合钴（Ⅲ）。其总反应式如下：

$$2CoCl_2 + 2NH_4Cl + 10NH_3 + H_2O_2 = 2[Co(NH_3)_6]Cl_3 + 2H_2O \quad (17.3)$$

$[Co(NH_3)_6]Cl_3$ 溶解于酸性溶液中，通过过滤可以将混在产品中的大量活性炭除去，然后在高浓度盐酸中使 $[Co(NH_3)_6]Cl_3$ 结晶。$[Co(NH_3)_6]Cl_3$ 为橙黄色单斜晶体。固态的 $[Co(NH_3)_6]Cl_3$ 在 488K 转变为 $[Co(NH_3)_5Cl]Cl_2$，高于 523K 则被还原为 $CoCl_2$。

$[Co(NH_3)_6]Cl_3$ 可溶于水，不溶于乙醇，在 20℃水中的溶解度为 $0.26mol \cdot L^{-1}$。在强碱作用下（冷时）或强酸的作用下基本不被分解，只有在沸热条件下才被强碱分解：

$$2[Co(NH_3)_6]Cl_3 + 6NaOH = 2Co(OH)_3 + 12NH_3 + 6NaCl \quad (17.4)$$

分解逸出的氨可用过量的标准盐酸溶液吸收，剩余的盐酸用标准氢氧化钠溶液回滴，便可计算出组成中氨的百分含量，确定配体氨的个数（配位数）。

然后，用碘量法测定蒸氨后的样品溶液中的 Co(Ⅲ)，反应方程式为：

$$2Co(OH)_3 + 2I^- + 6H^+ = 2Co^{2+} + I_2 + 6H_2O \quad (17.5)$$

$$I_2 + 2S_2O_3^{2-} = S_4O_6^{2-} + 2I^- \quad (17.6)$$

配合物外界 Cl 的个数及配离子的电荷数可用电导法测定。含有 1mol 电解质的溶液全部置于相距为 1cm 的两极之间，此条件下两极之间的电导率称为摩尔电导，用 Λ_m 表示：

$$\Lambda_m = L \times \frac{1000}{c} \times 10^{-6} Q \quad (17.7)$$

式中，L 为所测溶液电导率；c 为所测溶液浓度（$mol \cdot L^{-1}$）；Q 为电极常数。表 17.3 给出了不同离子数配合物的摩尔电导。

表 17.3　不同离子数配合物的 Λ_m

离子数	2	3	4	5
$\Lambda_m/S \cdot m^2 \cdot mol^{-1}$	118～131	235～273	408～435	约 560

根据电导率，确定配离子的电荷数、内界和外界，写出配合物结构式。

【仪器和试剂】

仪器：电子天平，电导率仪，量筒（10mL、100mL），锥形瓶（100mL、250mL），容量瓶（50mL），酸式滴定管，碱式滴定管，直形冷凝管，水浴锅，烘箱，烧杯（500mL），温度计（0～100℃），酒精灯，减压过滤装置。

试剂：$CoCl_2 \cdot 6H_2O$(s)，NH_4Cl(s)，活性炭(s)，浓氨水，H_2O_2（6%质量分数），HCl（$0.5mol \cdot L^{-1}$、$2mol \cdot L^{-1}$、$6mol \cdot L^{-1}$、$12mol \cdot L^{-1}$），NaOH（20%质量分数、$0.5mol \cdot L^{-1}$），甲基红指示剂（0.1%质量分数），标准 $Na_2S_2O_3$ 溶液（$0.1mol \cdot L^{-1}$），KI(s)，淀粉溶液，冰，乙醇。

【实验步骤】

1. 三氯化六氨合钴(Ⅲ) 的制备

在 100mL 锥形瓶中，加入 6g 研细的 $CoCl_2 \cdot 6H_2O$ 晶体、4g NH_4Cl 和 7mL 蒸馏水。微热溶解后，加 2.0g 活性炭，摇动锥形瓶，使其混合均匀，用流水冷却后，加入 14mL 浓氨水，再冷至 283K 以下，用滴管逐滴加入 20mL 6% H_2O_2 溶液（不要加太多，否则产品易溶于水中，最后无产品），水浴加热至 50～60℃，保持 20min，并不断旋摇锥形瓶。然后用冰浴冷却至0℃左右，抽滤，不能洗涤沉淀，直接把沉淀溶于50mL沸水后加入4mL浓HCl，趁热吸滤，慢慢加入8mL浓HCl于滤液中，即有大量橘黄色晶体析出，用冰浴冷却后吸滤。晶体以冷的2mL $2mol \cdot L^{-1}$ HCl溶液洗涤，再用少许乙醇洗涤。产品于烘箱中在105℃烘干20min，称量，计算产率。

2. 三氯化六氨合钴(Ⅲ)的组成测定

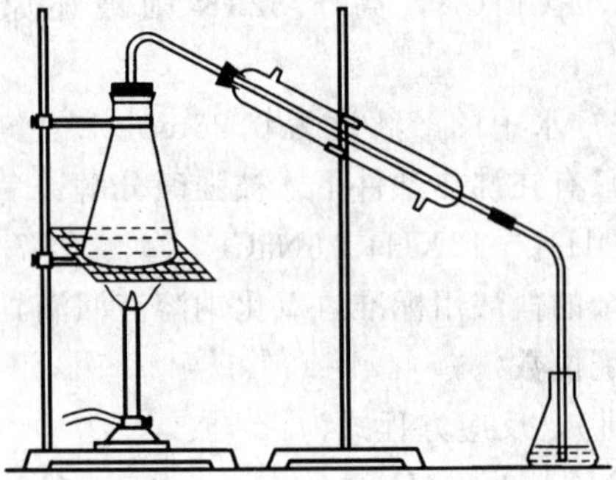

图17.3　蒸氨装置

(1) 氨的测定　准确称取0.2g（准确至0.1mg）产品放入250mL锥形瓶中，加入约50mL水溶解，然后加入5mL 20% NaOH溶液。在另一锥形瓶中加入30.00mL $0.5mol \cdot L^{-1}$标准HCl溶液，以吸收蒸馏出的氨。按图17.3连接装置，冷凝管通入冷水，开始加热，保持沸腾状态。蒸馏至黏稠（当冷凝管无液体流出即可停止加热，约10min），断开冷凝管和锥形瓶的连接处，去掉火源。用少量蒸馏水冲洗冷凝管和下端的玻璃管，将冲洗液一并转入接收锥形瓶中。加2滴0.1%甲基红指示剂，用$0.5mol \cdot L^{-1}$标准NaOH溶液滴定吸收瓶中的HCl溶液，溶液变浅黄色即为终点。计算氨的含量，确定配体NH_3的个数。

(2) 钴的测定　取下装产品溶液的锥形瓶，用少量蒸馏水将塞子上沾附的溶液冲洗回锥形瓶内。待样品溶液冷却后加入1g KI固体，振荡溶解，再加入12mL左右$6mol \cdot L^{-1}$ HCl溶液酸化后，放在暗处静置10 min，然后加入60～70mL蒸馏水，用$0.1mol \cdot L^{-1}$ $Na_2S_2O_3$标准溶液滴定，开始滴定速度可以快些，滴定至溶液为淡黄色时加入几滴淀粉溶液，继续慢慢滴加$Na_2S_2O_3$溶液，滴定至终点（终点溶液是什么颜色?），记录数据，计算钴的含量。

(3) 电导法测离子电荷　准确称取产品0.02g，在50mL容量瓶内配成溶液，在电导率仪上测定溶液的电导率，根据公式求出Λ_m，确定离子个数和外界Cl^-的个数。

由以上分析氨、钴、氯的结果，写出产品的实验式。

【附注】

1. 实验室中若没有合适的冷凝管，在蒸馏氨的装置中可用玻璃管与胶管代替冷凝管，但接收瓶及其中的标准HCl溶液必须用冰水浴冷却，并确保HCl不挥发。

2. 配合物的外界氯的个数也可由$AgNO_3$标准溶液滴定来确定。

【数据处理】

1. 计算出样品中氨、钴的百分含量。

2. 确定出产品的电离类型及实验式。

【思考题】

1. 在$[Co(NH_3)_6]Cl_3$的制备过程中，氯化铵、活性炭、过氧化氢各起什么作用？影响产量的关键在哪里？

2. 氨的测定原理是什么？

3. 制备$[Co(NH_3)_6]Cl_3$的过程中，水浴加热到333K，并恒温20min的目的是什么？能否加热至沸？

4. 实验中几次加入浓HCl的作用是什么？

实验32 三草酸合铁（Ⅲ）酸钾的制备及成分分析

【实验目的】

1. 掌握合成 $K_3[Fe(C_2O_4)_3]\cdot 3H_2O$ 的基本原理和操作技术。

2. 掌握用 $KMnO_4$ 法测定 $C_2O_4^{2-}$ 和 Fe^{3+} 的原理和方法。

3. 综合训练无机合成、滴定分析基本操作，掌握确定配合物组成的原理和方法。

【实验原理】

1. 制备

三草酸合铁(Ⅲ) 酸钾 $K_3[Fe(C_2O_4)_3]\cdot 3H_2O$ 为翠绿色的单斜晶体，易溶于水（溶解度：0℃，4.7g/100g H_2O；100℃，117.7g/100g H_2O），难溶于乙醇。110℃下可失去全部结晶水，230℃时分解。此配合物对光敏感，受光照射分解变为黄色：

$$2K_3[Fe(C_2O_4)_3] \xrightarrow{光} 3K_2C_2O_4 + 2FeC_2O_4 + 2CO_2 \quad (17.8)$$

因其具有光敏性，所以常用来作为化学光量计。另外，它是制备某些负载型活性铁催化剂的主要原料，也是一些有机反应良好的催化剂，在工业上具有一定的应用价值。

本实验以硫酸亚铁铵为原料，与草酸在酸性溶液中先制得草酸亚铁沉淀：

$$(NH_4)_2Fe(SO_4)_2\cdot 6H_2O + H_2C_2O_4 = FeC_2O_4\cdot 2H_2O(s) + (NH_4)_2SO_4 + H_2SO_4 + 4H_2O \quad (17.9)$$

然后在草酸钾和草酸的存在下，以过氧化氢为氧化剂，将草酸亚铁氧化为三草酸合铁（Ⅲ）酸钾配合物。同时有氢氧化铁生成，反应为：

$$6FeC_2O_4\cdot H_2O + 3H_2O_2 + 6K_2C_2O_4 = 4K_3[Fe(C_2O_4)_3] + 2Fe(OH)_3 + 6H_2O \quad (17.10)$$

加入适量草酸可使 $Fe(OH)_3$ 转化为三草酸合铁(Ⅲ) 酸钾，反应为：

$$2Fe(OH)_3 + 3H_2C_2O_4 + 3K_2C_2O_4 = 2K_3[Fe(C_2O_4)_3] + 6H_2O \quad (17.11)$$

加入乙醇放置，便可析出绿色的晶体。

2. 产物的定性分析

产物组成的定性分析采用化学分析法。

K^+ 与 $Na_3[Co(NO_2)_6]$ 在中性或稀醋酸介质中，生成亮黄色的 $K_2Na[Co(NO_2)_6]$ 沉淀：

$$2K^+ + Na^+ + [Co(NO_2)_6]^{3-} = K_2Na[Co(NO_2)_6](s) \quad (17.12)$$

Fe^{3+} 能与 KSCN 反应生成血红色 $[Fe(NCS)_n]^{3-n}$。

$C_2O_4^{2-}$ 能与 Ca^{2+} 反应生成白色 CaC_2O_4 沉淀。

根据上述离子反应可以判断它们处于配合物的内界还是外界。

3. 产物的定量分析

产物中 $C_2O_4^{2-}$ 和 Fe^{3+} 的定量分析采用 $KMnO_4$ 滴定法。

用标准的 $KMnO_4$ 溶液滴定 $C_2O_4^{2-}$，测得样品中 $C_2O_4^{2-}$ 的量：

$$2MnO_4^- + 5C_2O_4^{2-} + 16H^+ = 2Mn^{2+} + 10CO_2 + 8H_2O \quad (17.13)$$

在测定铁含量时，首先用 Zn 粉还原 Fe^{3+} 成 Fe^{2+}，然后用标准的 $KMnO_4$ 溶液滴定 Fe^{2+}，测得样品中 Fe^{2+} 的量：

$$2Fe^{3+} + Zn = 2Fe^{2+} + Zn^{2+} \quad (17.14)$$

$$MnO_4^- + 5Fe^{2+} + 8H^+ \longrightarrow Mn^{2+} + 5Fe^{3+} + 4H_2O \quad (17.15)$$

结晶水的测定采用烘干法。

根据测得的各组成成分的质量，换算成物质的量，再求出钾的物质的量，确定配合物的化学式。

【仪器与试剂】

仪器：电子天平，干燥器，电热干燥箱，恒温水浴槽，真空泵，抽滤瓶，布氏漏斗，烧杯（100mL、250mL），量筒（10mL，50mL），酒精灯，三脚架，石棉网，玻璃棒，滴管，酸式滴定管，锥形瓶（4个），漏斗，称量瓶（2个）。

试剂及用品：$(NH_4)_2Fe(SO_4)_2\cdot 6H_2O$（s），$H_2SO_4$（$3mol\cdot L^{-1}$），$H_2C_2O_4$（饱和），$K_2C_2O_4$（饱和），$H_2O_2$（3%），乙醇（95%），$Na_3[Co(NO_2)_6]$，KSCN（$0.5mol\cdot L^{-1}$），$FeCl_3$（$0.1mol\cdot L^{-1}$），$CaCl_2$（$0.5mol\cdot L^{-1}$），$KMnO_4$（$0.02mol\cdot L^{-1}$），$KNO_3$（$0.1mol\cdot L^{-1}$），Zn粉，滤纸，坐标纸，剪刀。

【实验步骤】

1. 三草酸合铁(Ⅲ)酸钾的制备

(1) 草酸亚铁的制备

称取6g硫酸亚铁铵固体放入250mL烧杯中，然后加20mL去离子水和10滴$3mol\cdot L^{-1}$ H_2SO_4溶液，加热溶解后，再加入22mL饱和$H_2C_2O_4$溶液，加热搅拌至沸，保持微沸5min，防止飞溅。停止加热，静置。待黄色晶体$FeC_2O_4\cdot 2H_2O$沉淀后，倾析法弃去上层清液。洗涤沉淀三次，每次用10mL去离子水，搅拌并温热，静置，弃去上层清液，即得黄色沉淀草酸亚铁。

(2) 三草酸合铁(Ⅲ)酸钾的制备

往草酸亚铁沉淀中，加入饱和$K_2C_2O_4$溶液15mL，水浴加热至40℃，恒温下慢慢滴加3%的H_2O_2溶液25mL，边加边搅拌，沉淀转为深棕色，加完后将溶液加热至沸除去过量的H_2O_2，趁热加入10mL饱和$H_2C_2O_4$溶液，沉淀完全溶解，溶液转为绿色。冷却后加入95%的乙醇25mL，在暗处放置，烧杯底部有晶体析出。为了加快结晶速度，可往其中滴加几滴KNO_3溶液。晶体完全析出后，减压过滤，用少量乙醇洗涤产品，继续抽干混合液。用滤纸吸干，称重，计算产率，并将晶体放在干燥器内避光保存。

2. 产物的定性鉴定

(1) K^+的鉴定

取一支试管，加入少量产品，用去离子水溶解，再加入1mL $Na_3[Co(NO_2)_6]$溶液，放置片刻，观察现象并解释。

(2) Fe^{3+}的鉴定

取两支试管，一支加入少量产品并用去离子水溶解，另一支加入少量$FeCl_3$溶液，两支试管中各加入2滴$0.1mol\cdot L^{-1}$ KSCN，观察实验现象。在装有产物溶液的试管中加入2滴$3mol\cdot L^{-1}$ H_2SO_4，再观察溶液颜色有何变化，解释原因。

(3) $C_2O_4^{2-}$的鉴定

取两支试管，一支加入少量产品并用去离子水溶解，另一支加入少量$K_2C_2O_4$溶液，两支试管中各加入2滴$0.5mol\cdot L^{-1}$ $CaCl_2$溶液，观察实验现象。在装有产物溶液的试管中加入2滴$3mol\cdot L^{-1}$ H_2SO_4溶液，再观察溶液颜色有何变化，解释原因。

3. 产物组成的定量分析

(1) 结晶水的测定

将两个洗净的称量瓶在110℃的电热干燥箱中干燥1h，取出置于干燥器中冷却，至室温时在电子天平上称量。然后再在110℃的电热干燥箱中干燥0.5h，置于干燥器中冷却，至室温时在电子天平上称量。重复上述干燥—冷却—称量操作，直至质量恒定为止（两次称量相差不超过0.3mg）。

在电子天平上准确称取0.5～0.6g产品两份，放入上述已恒重的称量瓶中，在110℃的电热干燥箱中干燥1h（称量瓶开一条小缝），置于干燥器中冷却至室温，称重。重复上述干燥（时间改为0.5h）—冷却—称量操作，直至质量恒定。根据称量结果计算产品中结晶水的质量，换算成物质的量。

(2) 草酸根的测定

在电子天平上精确称取0.2～0.3g产品两份，分别放入两个250mL锥形瓶中，加入10mL 3mol·L^{-1} H_2SO_4和20mL去离子水，加热至75～85℃（锥形瓶内口有水蒸气凝结），趁热用已标定准确浓度的$KMnO_4$标准溶液滴定至微红色在30s内不消失即为终点，记下消耗$KMnO_4$标准溶液的体积，计算$K_3[Fe(C_2O_4)_3]\cdot 3H_2O$中草酸根的质量，换算成草酸跟的物质的量。滴定后的溶液保留，供铁的测定使用。

(3) 铁的测定

在上述滴定过草酸根后保留的溶液中加一小匙锌粉（注意量不能太多），至黄色消失，继续加热3min，使Fe^{3+}完全还原为Fe^{2+}。趁热过滤除去多余的Zn粉，滤液转入另一250mL锥形瓶中，洗涤漏斗，将洗涤液一并转入到上述锥形瓶中，继续用上述$KMnO_4$标准溶液滴定至微红色即为终点，根据消耗$KMnO_4$的体积计算$K_3[Fe(C_2O_4)_3]\cdot 3H_2O$中铁的质量及物质的量。

根据(1)、(2)、(3)的实验结果，计算钾的物质的量，推断出配合物的化学式。

【数据处理】

1. 三草酸合铁(Ⅲ)酸钾的产率计算
2. 产品组成的定量分析

列表记录所有实验数据。

结论：在1mol产品中含________Fe^{3+}，________$C_2O_4^{2-}$，________H_2O，________K^+。

该物质的化学式为________________________________。

【思考题】

1. 滴加H_2O_2氧化Fe^{2+}时，为什么温度不能超过40℃？
2. 制备配合物时加入H_2O_2后为什么要煮沸溶液？煮沸时间过长有何影响？
3. 加入乙醇的作用是什么？不加入乙醇可否用浓缩蒸干的方法来制得晶体？

实验33 铬(Ⅲ)配合物的制备和分裂能的测定

【实验目的】

1. 学习铬(Ⅲ)配合物的制备方法。
2. 学习用光度法测定配合物分裂能的方法，了解配合物电子光谱的测定与绘制。
3. 加深理解不同配体对配合物中心离子d轨道分裂能的影响。

4. 熟悉分光光度计的使用方法。

【实验原理】

过渡金属离子形成配合物时，在配体场的作用下，金属离子的d轨道发生能级分裂。由于五个简并的d轨道空间伸展方向不同，因而受配体场的影响情况各不相同，在不同配体场的作用下，d轨道的分裂形式和分裂后轨道间的能量差也不同。在八面体场的作用下，d轨道分裂为两个能量较高的 e_g 轨道和三个能量较低的 t_{2g} 轨道，分裂后的 e_g 和 t_{2g} 轨道间的能量差称为分裂能，用 Δ_o（或 10Dq）表示。Δ_o 值的大小受中心离子的电荷、周期数和配体性质等因素的影响。当中心离子相同配体不同时，Δ_o 值随配体的不同而不同，其大小顺序为：

$$I^- < Br^- < Cl^- < S^{2-} < SCN^- < NO_3^- < F^- < OH^- \approx ONO^- < C_2O_4^{2-} < H_2O < NCS^- < EDTA < NH_3 < en < SO_3^{2-} < NO_2^- < CN^- \approx CO$$

上述 Δ_o 值的次序称为光谱化学序。

配合物的 Δ_o 可通过测电子光谱求得。中心离子的价层电子构型为 $d^1 \sim d^9$ 的配离子，由于d轨道没有充满，电子吸收相当于分裂能 Δ_o 的能量在 e_g 和 t_{2g} 轨道之间发生电子跃迁(d-d跃迁)。用分光光度计在不同波长下测定配合物溶液的吸光度，以吸光度对波长作图即得配合物的电子光谱。电子光谱上最大吸收峰所对应的波长即为d-d跃迁所吸收光能的波长，由波长可计算出分裂能的大小：

$$\Delta_o = \frac{1}{\lambda} \times 10^7 \tag{17.16}$$

式中，λ 的单位为nm；Δ_o 的单位为 cm^{-1}。不同d电子及不同构型配合物的电子光谱是不同的，因此计算 Δ_o 的方法也各不相同。例如在八面体场中，配离子的中心离子的电子数为 d^1、d^4、d^6、d^9，其吸收光谱只有一个简单的吸收峰，根据此吸收峰位置的波长，计算 Δ_o 值；中心离子的电子数为 d^2、d^3、d^7、d^8，其吸收光谱应该有三个吸收峰，但实验中往往只能测得两个明显的吸收峰，第三个吸收峰被强烈的电荷迁移所覆盖。d^3、d^8 电子构型由吸收光谱中最大波长的吸收峰位置的波长计算 Δ_o 值；d^2、d^7 电子构型由吸收光谱中最大波长的吸收峰和最小波长的吸收峰之间的波长差，计算 Δ_o 值。

【仪器与试剂】

仪器：可见分光光度计，电子天平，烘箱，真空泵，抽滤瓶，布氏漏斗，研钵，蒸发皿，烧杯（50mL、100mL），量筒，表面皿。

试剂与用品：$K_2Cr_2O_7$(s)，$K_2C_2O_4$(s)，$H_2C_2O_4 \cdot 2H_2O$(s)，乙二胺四乙酸二钠(EDTA)(s)，$CrCl_3 \cdot 6H_2O$(s)，$KCr(SO_4)_2 \cdot 12H_2O$(s)，丙酮，坐标纸。

【实验步骤】

1. 铬(Ⅲ)配合物的制备与溶液的配制

(1) $[Cr(C_2O_4)_3]^{3-}$ 配离子溶液

将0.5g研细的 $K_2Cr_2O_7$ 溶于10mL去离子水中，加热使其溶解。再将0.6g $K_2C_2O_4$ 和1.2g $H_2C_2O_4 \cdot 2H_2O$ 加入其中，不断搅拌，待反应完毕后，将溶液转至蒸发皿中，蒸发溶液使晶体析出，冷却后抽滤，用丙酮洗涤晶体，得到暗绿色的 $K_3[Cr(C_2O_4)_3] \cdot 3H_2O$ 晶体，105～110℃下烘干。

再称取0.1g烘干后的 $K_3[Cr(C_2O_4)_3] \cdot 3H_2O$ 晶体，溶于50mL去离子水中，制得

$[Cr(C_2O_4)_3]^{3-}$溶液。

(2) CrY^-配离子溶液

称取约 0.14g EDTA 于小烧杯中，加入约 50mL 去离子水，加热溶解后加入约 0.1g $CrCl_3 \cdot 6H_2O$，搅拌，稍加热，得紫色的 CrY^-溶液。

(3) $[Cr(H_2O)_6]^{3+}$配离子溶液

称取 0.4g $KCr(SO_4)_2 \cdot 12H_2O$，溶于 20mL 去离子水中，搅拌，加热至沸，冷却后加水稀释至约 50mL，即得 $[Cr(H_2O)_6]^{3+}$溶液。

2. 配合物电子光谱的测定

以去离子水为参比溶液，比色皿的厚度为 1cm，在 360～700nm 波长范围内，测定上述三种配合物溶液的吸光度 A 值。每隔 10nm 测一组数据，在各配合物溶液的最大 A 值附近，可适当缩小波长间隔，增加测定数据。

【数据处理】

1. 不同波长下各配合物的吸光度

波长/nm	$[Cr(C_2O_4)_3]^{3-}$	$[Cr(H_2O)_6]^{3+}$	CrY^-
360			
370			
⋮			
700			

2. 以波长 λ 为横坐标，吸光度 A 为纵坐标，作图得各配合物的电子光谱。

3. 从电子光谱上确定最大波长的吸收峰所对应的最大吸收波长 λ_{max}，计算各配合物的晶体场分裂能 Δ_o，并与理论值比较。

【思考题】

1. 实验中配合物的浓度是否影响 Δ_o 值？

2. 晶体场分裂能的大小与哪些因素有关？

3. 写出 $C_2O_4^{2-}$、H_2O、EDTA 在光谱化学序中的前后顺序。

实验 34　由锌灰制备硫酸锌及相关离子的检出

【实验目的】

1. 掌握由锌灰制备硫酸锌的方法。

2. 熟练掌握试液制备、某些离子检验、干扰离子除去、溶液 pH 值控制及蒸发结晶等操作。

【仪器和试剂】

仪器：电子天平，酒精灯，真空泵，布氏漏斗，吸滤瓶，离心机，离心试管，烧杯，量筒（50mL），三脚架，石棉网，蒸发皿，试管，表面皿，漏斗。

试剂与用品：锌灰，氧化锌悬浊液，H_2SO_4($3mol \cdot L^{-1}$)，HCl ($6mol \cdot L^{-1}$)，$NH_3 \cdot H_2O$($6mol \cdot L^{-1}$)，HNO_3($2mol \cdot L^{-1}$)，NaOH($2mol \cdot L^{-1}$)，K_2CrO_4($1mol \cdot L^{-1}$)，KSCN

($1mol\cdot L^{-1}$)，$K_4[Fe(CN)_6]$ ($1mol\cdot L^{-1}$)，$K_3[Fe(CN)_6]$ ($1mol\cdot L^{-1}$)，H_2O_2 (3%)，$NH_4Cl(s)$，Fe^{3+}标准溶液 ($10mg\cdot L^{-1}$)，磺基水杨酸 (10%)，铝试剂 (0.1%)，精密 pH 试纸 (3～5，5～6)，刚果红试纸。

【实验步骤】

1. 试剂的制备

(1) 溶剂的选择和用量计算

锌灰是炼锌厂的烟道灰，主要成分是氧化物，一般含氧化锌 30%以上，氧化镉 2%左右，其它杂质是：氧化铅、氧化锡、氧化铁、氧化钙和硅酸盐等（各地工厂的锌灰成分略有不同）。

取 10g 锌灰进行试验。锌灰中氧化锌等含量以 40%计（包含氧化镉和少量溶于硫酸的杂质）。实验中选择 $3mol\cdot L^{-1}$ H_2SO_4 溶液作为溶剂，试计算所需 $3mol\cdot L^{-1}$ H_2SO_4 溶液的量。

(2) 锌灰的溶解

称取 10g 锌灰放入烧杯中，加入 15mL 蒸馏水，使锌灰润湿，加入所需的 $3mol\cdot L^{-1}$ H_2SO_4 的量，盖上表面皿，用小火煮沸约 1h。在煮沸过程中，不时搅拌，并略加少量水，以补充蒸发失去的水分，控制 pH 值在 4 左右（用精密 pH 试纸检测），减压抽滤，洗涤残渣两次，每次用 5mL 蒸馏水，即制得试液。

2. 锌灰中各种金属离子的检验

取 10mL 滤液蒸发浓缩至约 5mL。

(1) Pb^{2+} 检验

取一滴浓缩试液于试管中，加入 2 滴 $1mol\cdot L^{-1}$ K_2CrO_4 溶液，混匀静置，几分钟后观察铬酸铅沉淀生成。若现象不够明显，可另取锌灰少许，注入少量 $2mol\cdot L^{-1}$ HNO_3，加热，过滤。在滤液中滴入 $1mol\cdot L^{-1}$ K_2CrO_4 溶液，观察 $PbCrO_4$ 沉淀的生成。

(2) Al^{3+}、Fe^{3+}与 Zn^{2+}的分离

取 2mL 浓缩液于试管中，滴加 $6mol\cdot L^{-1}$ 氨水，观察沉淀生成。继续滴入氨水，振荡试管，观察部分沉淀溶解。滴入足量氨水至有明显氨味，过滤，用 $3mol\cdot L^{-1}$ H_2SO_4 溶液酸化滤液至酸性。

(3) Zn^{2+} 检验

取两支试管各加入 5 滴实验 2 (2) 所得滤液，分别加 3 滴 $1mol\cdot L^{-1}$ $K_4[Fe(CN)_6]$ 和 $1mol\cdot L^{-1}$ $K_3[Fe(CN)_6]$ 溶液，振荡均匀，观察现象。

(4) Al^{3+} 检验

在实验步骤 2 (2) 所得的保留在漏斗上的沉淀中，注入 3mL $2mol\cdot L^{-1}$ NaOH，再滴加1～2 滴蒸馏水，洗涤。取滤液滴入 $3mol\cdot L^{-1}$ H_2SO_4 使溶液呈酸性。加少许 NH_4Cl 固体，待 NH_4Cl 溶解后，加入 $6mol\cdot L^{-1}$ $NH_3\cdot H_2O$ 至溶液有明显氨味时，观察白色絮状 $Al(OH)_3$沉淀的生成。

(5) Fe^{3+} 检验

往上述不溶于 NaOH 的沉淀中滴入 1～2mL $6mol\cdot L^{-1}$ HCl 溶液，再加蒸馏水 1～2mL 洗涤，收集滤液分别置于两试管中，再分别用 $1mol\cdot L^{-1}$ KSCN 和 $1mol\cdot L^{-1}$ $K_4[Fe(CN)_6]$ 检验 Fe^{3+}的存在。

其它杂质含量较少，可不检验。

3. 试液中 Fe^{3+}、Al^{3+} 等杂质离子除去

把试液中的 Fe^{3+}、Al^{3+} 等以 $Fe(OH)_3$、$Al(OH)_3$ 等沉淀形式除去。$Fe(OH)_3$、$Al(OH)_3$ 溶解度小，在 pH=5 时能沉淀完全，而 $Zn(OH)_2$、$Cd(OH)_2$ 要在 pH=6.5 以上才能沉淀，所以调节 pH=5.2 使 Zn^{2+} 留在试液中（用精密 pH 试纸检验 pH 值）。

滴入 8～10 滴 3% H_2O_2 于试液中，把可能存在的 Fe^{2+} 氧化到 Fe^{3+}，煮沸 1～2min（为什么?）。冷却，加氧化锌悬浊液（8g 氧化锌加 30mL 蒸馏水制备成悬浊液），至使刚果红试纸由蓝色变为红色（把用水润湿的刚果红试纸放在浓盐酸瓶口上方重新呈现蓝色后使用）即 pH=5.2（也可用精密 pH 试纸控制）。抽滤，用少许蒸馏水洗涤沉淀，即得 $ZnSO_4$ 溶液。

4. 硫酸锌（$ZnSO_4 \cdot 7H_2O$）的制备

在除杂后得到的溶液中，加 5～6 滴 $3mol \cdot L^{-1}$ H_2SO_4，使溶液呈显著的酸性，用小火蒸发溶液，至液面有晶体析出，停止加热。冷却溶液即有硫酸锌晶体析出，抽滤、晾干、称重。

5. 硫酸锌纯度检验——杂质铁测定

取 5mL 标准铁溶液，加入 1 滴 $6mol \cdot L^{-1} NH_3 \cdot H_2O$，加入 1mL 10%磺基水杨酸溶液，摇匀，即得标准溶液。

称取少量样品，放入试管内，用 5mL 蒸馏水溶解，滴加 1 滴 $6mol \cdot L^{-1} NH_3 \cdot H_2O$，加入 1mL 10%磺基水杨酸溶液，摇匀，所得颜色不得深于标准。

【思考题】

1. 在制得的试液中 Pb^{2+} 浓度较低，为什么？
2. 分离 Zn^{2+}、Cd^{2+} 与 Al^{3+}、Fe^{3+} 时为什么用氨水？而且注入的氨水必须过量？
3. 在制得的试液中，为什么要把 Fe^{2+} 氧化到 Fe^{3+}？又为什么选用 H_2O_2 作为氧化剂？
4. 为什么用氧化锌悬浊液调节 pH 值，而不用氨水或 NaOH 溶液？欲将 Al^{3+}、Fe^{3+} 除去，为什么必须控制溶液的 pH=5.2，pH 值过高、过低对本实验有何影响？

实验 35　纳米氧化铁的合成及其性能试验

【实验目的】

1. 了解水热法制备纳米材料的原理与方法。
2. 加深对影响水解反应因素的认识。
3. 熟悉分光光度计、离心机及酸度计的使用。

【实验原理】

水解反应是中和反应的逆反应，是吸热反应。升高温度可使水解反应的速率加快，反应程度增加；浓度增加对反应程度无影响，但可使反应速率加大。对金属离子来说，pH 值增大，水解程度和速率皆增大。在科研当中经常用水解反应来进行物质的分离、鉴定和提纯，许多高纯度金属氧化物，如 Al_2O_3、Fe_2O_3 等都是通过水解沉淀来提纯的。

纳米材料是指晶粒和晶界等显微结构能达到纳米级尺度水平的材料，是材料学的一个重要发展方向。纳米材料由于粒径很小，比表面很大，表面原子数超过本体原子数等特点，常常表现出与本体材料不同的性质。在保持原有物质化学性质的基础上，纳米材料呈现出热力

学上的不稳定性，如明显提高催化剂的催化活性、气敏材料的气敏活性和磁材料的信息储存量。纳米材料在发光材料、生物材料方面也有重要作用。纳米氧化铁因其具有很大的表面积，具有很强的吸附性能，在污染防治、净化方面具有较强的应用前景。因此，纳米氧化铁材料的制备一直是人们关注的内容。

氧化物纳米材料的制备方法有很多，有化学沉淀法、热分解法、固相反应法、溶胶-凝胶法、气相沉积法、水解法等。水热水解法是耗能耗时较少的一种制备法，它通过控制一定的温度和 pH 值条件，使一定浓度的金属盐水解，生成氢氧化物或氧化物沉淀。若条件适当可得到颗粒均匀的多晶态溶胶，其颗粒尺寸在纳米级，对提高气敏材料的灵敏度和稳定性有利。

为了得到稳定的多晶溶胶，可降低金属离子的浓度，也可用配位法控制金属离子的浓度，如加入 EDTA。若水解后生成沉淀，说明成核不同步，可能是玻璃仪器未清洗干净，或者是水解浓度过大，或者是水解时间太长。此时的沉淀颗粒尺寸不均匀，粒径也比较大。$FeCl_3$ 水解过程中，Fe^{3+} 转化为 Fe_2O_3，溶液的颜色发生变化，随着时间的增加，Fe^{3+} 量逐渐减小，Fe_2O_3 粒径也逐渐增大，溶液颜色也趋于一个稳定值，可用分光光度计进行动态监测。

本实验以 $FeCl_3$ 为原料制备 Fe_2O_3，讨论 $FeCl_3$ 的浓度、溶液的温度、反应时间、pH 值等对水解反应的影响。

【仪器和试剂】

仪器：台式烘箱（或恒温槽），721（或 722）型分光光度计，离心机，pHS—2 型酸度计，滴管，具塞锥形瓶（20mL），容量瓶（500mL），离心试管，吸量管（5mL），比色管（25mL），回流装置。

试剂：$FeCl_3$（1mol·L^{-1}），HCl（1mol·L^{-1}），EDTA（0.1mol·L^{-1}），$(NH_4)_2SO_4$（1mol·L^{-1}），Cr(Ⅵ) 标液（3.5mg·L^{-1}），NaOH-C_2H_5OH（1mg·mL^{-1}），Na_2SO_3(s)，HAc-NaAc 缓冲液，二苯碳酰二肼（0.2%），$AgNO_3$（0.1mol·L^{-1}），洗液。

【实验步骤】

1. 制备纳米氧化铁（方法一）

(1) 玻璃仪器的清洗：实验中所需一切玻璃仪器都须严格清洗。先用铬酸洗液洗，再用自来水冲洗干净，最后用去离子水淋洗 2～3 次，烘干备用。

(2) 水解温度的选择：本实验选定水解温度为 95℃，同时用 80℃、105℃作为对照。

(3) 水解时间对水解的影响

配制 20mL 水解液，使其中 Fe^{3+} 的浓度为 1.8×10^{-2} mol·L^{-1}，EDTA 的浓度为 8×10^{-4} mol·L^{-1}，向此溶液中滴加 1mol·L^{-1} HCl 溶液，使溶液的 pH 值为 1.3。将上述溶液置于 20mL 具塞锥形瓶中，放入温度为 95℃的台式烘箱或恒温槽中，观察水解前后溶液的变化。每隔 30min 后取样 2mL，于 550nm 处观察水解溶液吸光度的变化，直到吸光度 A 基本不变，观察到橘红色溶胶为止，绘制 A-t 图，约需要读数 6 次。

(4) 水解溶液 pH 值的影响

改变上述水溶液的 pH 值，分别为 1.0、1.5、2.0、2.5、3.0，用分光光度计观察水解溶液 pH 值对水解的影响，绘制 A-t 图。

(5) Fe^{3+} 浓度对水解的影响

改变步骤 (3) 中水解液 Fe^{3+} 浓度，使其浓度分别为 2.5×10^{-2}、5×10^{-3}、1.0×10^{-2}

($mol \cdot L^{-1}$)，用分光光度计观察水解溶液中 Fe^{3+} 浓度对水解的影响，绘制 A-c 图。

(6) 沉淀分离

取上述水解液一份，迅速用冷水冷却，分为两份，一份用高速离心机分离，另一份加入 $(NH_4)_2SO_4$ 溶液，使溶胶沉淀后用普通离心机分离，沉淀用去离子水洗涤至无 Cl^- 为止(怎样检测?)。比较两种分离法的效率。

(7) 干燥产物

将所得到的产物离心，于 50℃烘干，在 500℃的温度下煅烧 1～2h 即得到产物。

2. 制备纳米氧化铁（方法二）

分别取一定浓度的 $FeCl_3$ 溶液置于烧瓶中，于 70℃水浴中恒温，同时缓慢加入 $1mg \cdot mL^{-1}$ $NaOH$-CH_3CH_2OH 溶液，调 pH 值为 4～5；加入少量 Na_2SO_3，在 80～90℃下回流一定时间后，取下冷却静置一段时间，倾出上层清液，下层悬浮液用大离心管离心 20min，离心机转速 $4000r \cdot min^{-1}$ 得到前驱体；水洗多次，烘干处理即得纳米氧化铁。

3. 纳米氧化铁的吸附性能试验

称取 10mg 合成的纳米氧化铁粉末于 50mL 离心管中，加入 1.0mL $3.5mg \cdot L^{-1}$ Cr(Ⅵ)标液，4.0mL pH＝3.00 缓冲溶液。在电磁搅拌器上搅拌 1h，静置 10min 后，3000 $r \cdot min^{-1}$ 离心 3min，溶液转入 25mL 比色管中，加蒸馏水 15mL、0.2%二苯碳酰二肼 2.5mL，调节 pH＝2.00，用蒸馏水定容至 25.00mL，20min 后于 λ＝540nm 处测定吸光度 A。

【思考题】

1. 影响水解的因素有哪些？如何影响？
2. 水解器皿在使用前为何要用洗液清洗？若清洗不净会带来什么后果？
3. 铁氧化物溶胶的分离有哪些方法？哪种效果较好？

实验 36　硫酸亚铁铵最佳制备条件的探究

【实验目的】

1. 了解反应条件对硫酸亚铁铵制备的影响。
2. 学会分析如何控制反应条件提高产率。
3. 进一步熟悉并掌握无机制备中的一些基本操作技能。
4. 学会撰写科学研究报告。

【实验提示】

根据实验 29 的实验原理和步骤，以铁粉为原料制备硫酸亚铁铵晶体。

在铁粉与稀硫酸反应制备硫酸亚铁的过程中，Fe^{2+} 容易被氧化为 Fe^{3+}，通过改变反应条件，控制 Fe^{2+} 的氧化程度。Fe^{2+} 被氧化生成的 Fe^{3+} 可以用 KSCN 溶液检验，通过比色可判断 Fe^{2+} 的氧化程度，进而确定制备硫酸亚铁的适宜条件。

硫酸铵的用量会影响硫酸亚铁铵的产率，将不同比例的硫酸铵与硫酸亚铁混合，测量得到的硫酸亚铁铵的产量，以此确定硫酸铵的最佳用量。

【实验要求】

1. 通过探究铁粉用量、硫酸浓度、反应温度、接触空气（其它条件恒定）等因素对硫酸亚铁制备反应的影响，找出硫酸亚铁制备的最佳条件。

2. 在制备硫酸亚铁的最佳实验条件下，通过改变硫酸铵与硫酸亚铁的比例，找出硫酸亚铁铵的最佳制备条件。

3. 通过实验方案的设计、实施，分析讨论实验结果，撰写一份规范的科学研究报告。

【思考题】

1. 制备硫酸亚铁时，反应温度过高有什么影响？

2. 硫酸铵与硫酸亚铁混合得到硫酸亚铁铵时，为什么要使硫酸铵晶体全部溶解才能进行下面的实验？加入硫酸铵过量会有什么影响？

实验 37 生物体中几种元素的定性鉴定

【实验目的】

1. 通过实验了解植物或动物体内某些重要元素的简单检出方法。

2. 进一步熟练和巩固溶液配制、加热、过滤等基本操作。

【实验提示】

植物或动物体内均含有多种化学元素，这些元素在各类生物体内的含量和所起的作用各不相同。利用无机化学的基础知识，可以从中鉴定和分离某些元素。本次实验主要要求检出树叶、棉花、骨头和鸡蛋黄中所含的钙、铁、磷等维持生命的重要元素。实验中首先将原材料进行灰化、硝化、分解等处理，将钙转化为 Ca^{2+}，磷转化为 PO_4^{3-}，铁转化为 Fe^{3+}，然后根据每种离子的特效反应将它们逐一鉴别出来。

(1) Ca^{2+} 的检出

用 $(NH_4)_2C_2O_4$ 做试剂，根据生成 CaC_2O_4 白色沉淀来检出。该反应检出限量 $1\mu g$，检出最低限度为 $20\mu g \cdot L^{-1}$（检出限量指在一定条件下，利用某反应能检出某离子的最小量，常用微克表示；检出限度指在一定条件下，被检出离子能得到肯定结果的最低浓度，常用 $\mu g \cdot L^{-1}$ 表示)。Ba^{2+}、Sr^{2+} 也能生成草酸盐沉淀，但 BaC_2O_4 溶于 HAc，SrC_2O_4 稍溶于 HAc，在 HAc 介质中，Ba^{2+} 不干扰反应。

(2) PO_4^{3-} 的检出

用 $(NH_4)_2MoO_4$ 作为试剂，根据生成磷钼酸铵的淡黄色晶体而检出。该反应检出限量 $1\mu g$，检出最低限度为 $20\mu g \cdot L^{-1}$，其中 SiO_3^{2-} 干扰，可加酒石酸消除，S^{2-}、$S_2O_3^{2-}$、SO_3^{2-} 干扰反应，可先用浓硝酸将其氧化。

(3) Fe^{3+} 的检出

用 KSCN 作为试剂，根据生成血红色 $[Fe(SCN)_n]^{3-n}$ 溶液来检出。该反应检出限量为 $0.25\mu g$，检出最低浓度为 $5\mu g \cdot L^{-1}$。反应必须在酸性溶液中进行，但不能用硝酸，因硝酸有氧化性破坏 SCN^-。

也可以用 $K_4[Fe(CN)_6]$ 作为试剂，根据生成 $KFe[Fe(CN)_6]$ 蓝色沉淀来检出。该反应检出限量为 $0.05\mu g$，检出最低浓度为 $1 \times 10^{-6} \mu g \cdot L^{-1}$。沉淀在强碱中分解为氢氧化铁，故反应需要在酸性溶液中进行。许多阳离子都能与 $K_4[Fe(CN)_6]$ 生成有色沉淀，但它们的颜色不及 $KFe[Fe(CN)_6]$ 鲜明，故不妨碍反应，但是，如果有大量的 Cu^{2+}、Co^{2+} 或 Ni^{2+} 存在时与试剂生成红棕色或绿色沉淀，则影响 Fe^{3+} 的检出。另外，为了进一步确定各元素的存在，实验中还应进行对照实验来进一步分析。

【实验要求】

1. 参考下页附注，配制实验所需钼酸铵、亚铁氰化钾、硫氰化钾、草酸铵溶液。

2. 以植株、树叶、棉花、骨头、鸡蛋黄为材料，设计合理的实验方案，经指导老师审核同意后，检出其中的 Ca、P、Fe 等元素。

【附注】

试剂配制：

$(NH_4)_2MoO_4$ 溶液：在 10mL 蒸馏水中加入 1g 固体 $(NH_4)_2MoO_4$。

$K_4[Fe(CN)_6]$ 溶液：将 1g 固体 $K_4[Fe(CN)_6]$ 加入 10mL 蒸馏水中。

KSCN 溶液：将 1g 固体 KSCN 加入 10mL 蒸馏水中。

$(NH_4)_2C_2O_4$ 溶液：将 0.4g 固体 $(NH_4)_2C_2O_4$ 加入 10mL 蒸馏水中。

【思考题】

1. 原材料若灰化时若硝化不完全，对实验结果有何影响？
2. 树叶中还有哪些常量元素？如何鉴定？
3. 哪些离子对实验有干扰？怎样消除这些离子的干扰？
4. 如何检出土壤中的铵态氮、磷和钾？

实验 38　海带中碘的提取

碘是人体内不可缺少的成分，人体每天要摄入一定量（0.1～0.2mg）的碘来满足需要。碘在自然界中并不以单质状态存在，而是以碘酸盐、碘化物的形式分散在地层和海水中，相比之下，海水的含碘量较高（全世界海水含碘总量约 6 亿吨）。虽然海水中的碘离子浓度很低，但由于某些海藻能吸收碘，便将碘大量富集其中。本实验以海带为原料设计提取碘的较佳工艺路线，具有实际意义。

【实验目的】

1. 了解碘在自然界中的存在，掌握从海带中提取碘的原理和方法。
2. 熟悉碘的主要氧化态化合物的生成和性质，掌握碘的检验方法。

【实验提示】

1. 碘元素在海带中以－1 价碘的形式存在，例如 KI、NaI。采用一定的方法使碘离子较完全地转移到水溶液中，利用碘离子较强的还原性，加入氧化剂将其氧化成单质碘，并提取出来。
2. 可利用单质碘遇淀粉变蓝的特性，检验单质碘的存在。

【实验要求】

以 10g 干海带为原料，自行设计实验方案，从中提取碘，并检测单质碘的存在。

【思考题】

1. 从海带中提取碘的实验原理是什么？
2. 将生成的单质碘提取出来可采取哪些操作方法？
3. 若要求测定海带中碘的含量，可采用哪些方法？

实验 39　茶叶中 Ca、Mg、Al、Fe、P 的分离与鉴定

【实验目的】

1. 通过本实验了解并掌握从植物中分离和鉴定某些元素的方法。
2. 进一步掌握灰化、过滤等实验操作技术。

【实验提示】

茶叶是有机体，主要由C、H、O、N等元素组成，此外，还有P和某些金属元素。把植物烧成灰烬，然后用酸浸提，即可分离出某些元素。

【实验要求】

1. 查阅相关资料设计出合理的实验方案（包括实验目的、原理、用品、操作步骤）。
2. 以茶叶5g为基准，确定实验规模。
3. 实验方案经教师审阅许可后，方可实施。

【思考题】

1. 茶叶中还可能含有哪些元素？如何鉴定？
2. 试用其它植物重复该实验。

实验40　由蛋壳制备食品防腐剂丙酸钙

【实验目的】

1. 通过本实验了解可回收废物的有效利用方法。
2. 掌握物质的灰化方法。
3. 掌握由碳酸钙制备丙酸钙的方法。

【实验提示】

以蛋壳为原料，有两种途径制备丙酸钙：一种是蛋壳与丙酸直接作用制备丙酸钙；另一种是把蛋壳灰化后与丙酸作用制备丙酸钙。

【实验要求】

1. 查阅相关资料设计出合理的实验方案（包括实验目的、原理、用品、操作步骤）。
2. 以蛋壳5g为基准，确定实验规模。
3. 实验方案经教师审阅许可后，方可实施。

【思考题】

1. 蛋壳壳膜不去除对实验有何影响？
2. 总结两种制备方法中应注意的操作事项。

实验41　废催化剂中Ni的回收

【实验目的】

1. 了解含镍废催化剂中镍的化学回收方法。
2. 提高文献资料的检索及其应用能力。
3. 学习实验方案的设计。

【实验提示】

镍催化剂是石油化学工业中催化加氢的常用催化剂，反复使用后会逐渐失活变成废弃物，如果直接遗弃既造成资源浪费又污染环境，所以含镍废催化剂中镍的化学回收利用，具有很高的社会效益和经济效益。

废催化剂中含有一定量的有机物、铁、铝等物质，一般先将废催化剂焙烧除去有机物，焙烧物再用碱溶解以分离 $Al(OH)_4^-$、SiO_3^{2-} 等，碱不溶物溶解在酸中，调节pH以分离

Fe^{3+}、Ni^{2+}等，最好再进一步精制得到镍盐。

【实验要求】

1. 根据上述原理，设计出回收方案。
2. 列出实验所需的仪器、药品和材料。
3. 方案经教师修改后，完成回收实验，计算产率。

实验 42　废旧电池的回收利用

【实验目的】

1. 进一步熟练无机物的提取、制备、提纯、分析等方法与技能。
2. 了解废弃物中有效成分的回收利用方法。

【实验提示】

日常生活中用的干电池为锰锌干电池，其负极是作为电池壳体的锌电极，正极为被 MnO_2 包围着的石墨电极，电解质是氯化锌及氯化铵的糊状物，其电池反应为：

$$Zn+2NH_4Cl+2MnO_2 \xlongequal{} Zn(NH_3)_2Cl_2+2MnOOH \quad (17.17)$$

废电池的外壳为锌，里面的黑色物质为二氧化锰、碳粉、氯化铵、氯化锌等的混合物，把这些黑色混合物倒入烧杯中，加入适量蒸馏水（每节电池加 50～100mL 蒸馏水）搅拌，溶解过滤，滤液用以提取氯化铵，滤渣用以制备 MnO_2 和锰化合物，电池的锌壳可用以制锌及锌盐。$ZnCl_2$ 和 NH_4Cl 不同温度下的溶解度见表 17.4。

表 17.4　$ZnCl_2$ 和 NH_4Cl 不同温度下的溶解度　　单位：g/100g 水

温度/K	273	283	293	303	313	333	353	363	373
$ZnCl_2$	342	363	395	437	452	488	541	—	614
NH_4Cl	29.4	33.2	37.2	41.4	45.8	55.3	65.6	71.2	77.3

【实验要求】

1. 设计方案，从电池壳内黑色混合物中提取氯化铵和二氧化锰，并验证产品的性质。
2. 由锌壳制备 $ZnSO_4 \cdot 7H_2O$ 晶体。
3. 检验 $ZnSO_4 \cdot 7H_2O$ 晶体中是否含有 Fe^{3+}、Cu^{2+} 等杂质，如有，设计方案除去。

实验 43　硝酸钾的提纯与溶解度测定

【实验目的】

1. 学习硝酸钾溶解度的粗略测定方法，并绘制溶解度曲线。
2. 了解硝酸钾溶解度与温度的关系，并利用这方面知识，对粗的硝酸钾进行提纯。

【实验提示】

盐类在水中的溶解度是指在一定温度下它们在饱和水溶液中的浓度，一般以每 100g 水中溶解盐的质量（g）来表示。测定溶解度一般是将一定量的盐加入一定量的水中，加热使其完全溶解，然后令其冷却到一定温度（在不断搅拌下）至刚有晶体析出，此时溶液的浓度就是该温度下的溶解度。

【实验要求】

1. 自行设计实验方案，测定 KNO_3 在不同温度下的溶解度（本次实验 KNO_3 的用量要求为 7～8g），并绘制出 KNO_3 的溶解度曲线。

2. 本实验用的粗 KNO_3 中含有约 5%（质量分数）的 NaCl，要求利用 KNO_3 和 NaCl 的溶解度与温度的关系提纯 10g 粗 KNO_3。

3. 纯化后的产品要进行质量鉴定（检查 Cl^-）。

【思考题】

1. 测定溶解度时，KNO_3 的量及水的体积是否需要准确？测定装置应选用什么样的玻璃器皿较为合适？

2. 在测定溶解度时，水的蒸发对本实验有何影响？应采取什么措施？

3. 溶解和结晶过程是否需要搅拌？

4. 纯化粗的 KNO_3 应采取什么样的操作步骤？

实验 44　制备生物柴油的固体碱催化剂的合成与性能

【实验目的】

1. 了解不同类型固体碱催化剂的制备方法。

2. 了解生物柴油的制备方法和关键技术。

3. 学习利用气相色谱法分析生物柴油的产率。

【实验提示】

生物柴油是一种理想的可替代传统化石燃料的绿色能源，具有可再生、环境友好、无毒、无硫、无致癌物和能生物降解等优点。通过植物油或动物油脂与低级醇（常用甲醇）进行酯交换反应，即可得到脂肪酸低级醇酯，即生物柴油。

固体碱催化剂具有生产工艺简单，活性高，反应条件温和，产物易于分离，后处理方便，无废水产生，且易活化再生，便于连续操作等特点，广泛用于生物柴油的制备。

固体碱常用的制备方法有均匀沉淀法、等体积浸渍法等，可以采用不同的盐类或氧化物等制得不同类型的负载型或非负载型固体碱。

用气相色谱仪测定酯交换反应合成的生物柴油的产率。

【实验要求】

1. 查阅相关资料，设计合理的实验方案。

2. 制备固体碱催化剂，试验催化剂对菜籽油与甲醇酯交换合成生物柴油的催化活性。

3. 研究催化剂制备条件（物料配比、焙烧温度、焙烧时间等）对催化剂活性的影响。

4. 研究酯交换反应条件（醇油摩尔比、反应温度、反应时间、催化剂用量等）对生物柴油产率的影响。

【思考题】

1. 等体积浸渍法制备固体碱时需要注意哪些问题？

2. 采用固体碱催化时，对用于酯交换反应的菜籽油有哪些要求？是否需要预处理？

3. 在酯交换反应合成生物柴油时，固体碱催化与固体酸催化有什么区别？

附　　录

1. 国际原子量表

元素	符号	原子量	元素	符号	原子量	元素	符号	原子量	元素	符号	原子量
锕	Ac	227.0	铒	Er	167.3	锰	Mn	54.94	钌	Ru	101.1
银	Ag	107.9	锿	Es	252.1	钼	Mo	95.94	硫	S	32.06
铝	Al	26.98	铕	Eu	152.0	氮	N	14.01	锑	Sb	121.8
镅	Am	243.1	氟	F	19.00	钠	Na	22.99	钪	Sc	44.96
氩	Ar	39.95	铁	Fe	55.85	铌	Nb	92.91	硒	Se	78.96
砷	As	74.92	镄	Fm	257.1	钕	Nd	144.2	硅	Si	28.09
砹	At	210.0	钫	Fr	223.0	氖	Ne	20.18	钐	Sm	150.4
金	Au	197.0	镓	Ga	69.72	镍	Ni	58.69	锡	Sn	118.7
硼	B	10.81	钆	Gd	157.2	锘	No	259.1	锶	Sr	87.62
钡	Ba	137.3	锗	Ge	72.59	镎	Np	237.1	钽	Ta	180.9
铍	Be	9.012	氢	H	1.008	氧	O	16.00	铽	Tb	158.9
铋	Bi	209.0	氦	He	4.003	锇	Os	190.2	锝	Tc	98.91
锫	Bk	247.1	铪	Hf	178.5	磷	P	30.97	碲	Te	127.6
溴	Br	79.90	汞	Hg	200.5	镤	Pa	231.0	钍	Th	232.0
碳	C	12.01	钬	Ho	164.9	铅	Pb	207.2	钛	Ti	47.88
钙	Ca	40.08	碘	I	126.9	钯	Pd	106.4	铊	Tl	204.4
镉	Cd	112.4	铟	In	114.8	钷	Pm	144.9	铥	Tm	168.9
铈	Ce	140.1	铱	Ir	192.2	钋	Po	210.0	铀	U	238.0
锎	Cf	252.1	钾	K	39.10	镨	Pr	140.9	钒	V	50.94
氯	Cl	35.45	氪	Kr	83.30	铂	Pt	195.1	钨	W	183.9
锔	Cm	247.1	镧	La	138.9	钚	Pu	239.1	氙	Xe	131.2
钴	Co	58.93	锂	Li	6.941	镭	Ra	226.0	钇	Y	88.91
铬	Cr	52.00	铹	Lr	260.1	铷	Rb	35.47	镱	Yb	173.0
铯	Cs	132.9	镥	Lu	175.0	铼	Re	186.2	锌	Zn	65.38
铜	Cu	63.55	钔	Md	256.1	铑	Rh	102.9	锆	Zr	91.22
镝	Dy	162.5	镁	Mg	24.31	氡	Rn	222.0			

注：摘译自 CRC Handbook of Chemistry and Physics，96th Ed. 2015～2016.

2. 常用化合物的摩尔质量

化合物	摩尔质量 /$g\cdot mol^{-1}$	化合物	摩尔质量 /$g\cdot mol^{-1}$	化合物	摩尔质量 /$g\cdot mol^{-1}$
AgBr	187.77	$Fe_2(SO_4)_3$	399.89	K_2SO_4	174.26
AgCl	143.32	$FeSO_4\cdot(NH_4)_2SO_4\cdot6H_2O$	392.14	KSCN	97.18
AgCN	133.89	$FeSO_4\cdot H_2O$	169.93	$MgCO_3$	84.32
Ag_2CrO_4	331.73	H_3BO_3	61.83	$MgCl_2$	95.21
AgI	234.77	HBr	80.91	$MgNH_4PO_4$	137.33
$AgNO_3$	169.87	$H_2C_4H_4O_6$(酒石酸)	150.09	MgO	40.31
AgSCN	165.95	HCN	27.03	$Mg_2P_2O_7$	222.60
Al_2O_3	101.96	H_2CO_3	62.03	MnO_2	86.94
$Al_2(SO_4)_3$	342.14	$H_2C_2O_4$	90.04	$Na_2B_4O_7\cdot10H_2O$	381.37
As_2O_3	197.84	$H_2C_2O_4\cdot2H_2O$	126.07	NaBr	102.90
$BaCO_3$	197.34	HCOOH	46.03	NaCN	49.01
BaC_2O_4	225.35	HCl	36.46	Na_2CO_3	105.99
BaO	153.33	$HClO_4$	100.46	NaCl	58.44
$BaCl_2\cdot2H_2O$	244.27	HF	20.01	$NaHCO_3$	84.01
$BaSO_4$	233.39	HI	127.91	NaH_2PO_4	119.98
$Ba(OH)_2$	171.35	HNO_2	47.01	Na_2HPO_4	141.96
CaF_2	78.08	HNO_3	63.01	NaOH	40.01
$Ca(OH)_2$	74.09	H_2O	18.02	NaI	149.89
CaO	56.08	H_2O_2	34.02	$Na_2S_2O_3\cdot5H_2O$	248.19
CaC_2O_4	128.10	H_3PO_4	98.00	Na_3PO_4	163.94
$CaCO_3$	100.09	H_2S	34.08	$Na_2H_2Y\cdot2H_2O$	372.26
$Ca_3(PO_4)_2$	310.18	H_2SO_3	82.08	Na_2SO_4	142.04
$CaCl_2$	110.99	H_2SO_4	98.08	NH_3	17.03
$CaSO_4$	136.14	$HgCl_2$	271.50	NH_4Cl	53.49
$Ce(SO_4)_2$	332.24	Hg_2Cl_2	472.09	$NH_4Fe(SO_4)_2\cdot12H_2O$	482.20
CH_3OH	32.04	KBr	119.01	$NH_3\cdot H_2O$	35.05
CH_3COOH	60.05	$KBrO_3$	167.01	$(NH_4)_2SO_4$	132.13
C_6H_5COOH	122.12	KCN	65.12	NH_4SCN	76.12
CO_2	44.01	K_2CO_3	138.21	P_2O_5	141.95
CH_3COONa	82.03	KCl	74.56	PbO	223.19
CuO	79.54	$KClO_3$	122.55	$PbCrO_4$	323.18
$CuSO_4$	159.61	$K_2Cr_2O_7$	294.19	PbO_2	239.19
Cu_2O	143.09	K_2CrO_4	194.20	SO_2	64.06
$CuSO_4\cdot5H_2O$	249.69	$KHC_2O_4\cdot H_2O$	146.14	SO_3	80.06
$FeCl_3$	162.21	$KHC_2O_4\cdot H_2C_2O_4\cdot2H_2O$	254.19	SnO_2	150.71
$FeCl_3\cdot6H_2O$	270.30	KI	166.01	$SnCl_2$	189.60
FeO	71.85	$KMnO_4$	158.04	$ZnCl_2$	136.30
Fe_2O_3	159.69	KOH	56.11	ZnO	81.39
$FeSO_4\cdot7H_2O$	278.02	$KHC_8H_4O_4$(KHP)	204.22		

3. 不同温度下水的饱和蒸气压

温度/℃	压力/kPa	温度/℃	压力/kPa	温度/℃	压力/kPa
0	0.6125	34	5.320	68	28.56
1	0.6568	35	5.623	69	29.83
2	0.7058	36	5.942	70	31.16
3	0.7580	37	6.275	71	32.52
4	0.8134	38	6.625	72	33.95
5	0.8724	39	6.992	73	35.43
6	0.9350	40	7.376	74	35.96
7	1.002	41	7.778	75	38.55
8	1.073	42	8.200	76	40.19
9	1.148	43	8.640	77	41.88
10	1.228	44	9.101	78	43.64
11	1.312	45	9.584	79	45.47
12	1.402	46	10.09	80	47.35
13	1.497	47	10.61	81	49.29
14	1.598	48	11.16	82	51.32
15	1.705	49	11.74	83	53.41
16	1.818	50	12.33	84	55.57
17	1.937	51	12.96	85	57.81
18	2.064	52	13.61	86	60.12
19	2.197	53	14.29	87	62.49
20	2.338	54	15.00	88	64.94
21	2.487	55	15.74	89	67.48
22	2.644	56	16.51	90	70.10
23	2.809	57	17.31	91	72.80
24	2.985	58	18.14	92	75.60
25	3.167	59	19.01	93	78.48
26	3.361	60	19.92	94	81.45
27	3.565	61	20.86	95	84.52
28	3.780	62	21.84	96	87.67
29	4.006	63	22.85	97	90.94
30	4.248	64	23.91	98	94.30
31	4.493	65	25.00	99	97.76
32	4.755	66	26.14	100	101.30
33	5.030	67	27.33		

注：摘译自 Lide D R，Handbook of Chemistry and Physics，78th Ed. 1997～1998.

4. 某些常用试剂和溶液的配制

试剂	浓度/$mol\cdot L^{-1}$	配制方法
三氯化铋 $BiCl_3$	0.1	溶解 31.6g $BiCl_3$ 于 330mL 6$mol\cdot L^{-1}$ HCl 中，加水稀释至 1L
三氯化锑 $SbCl_3$	0.1	溶解 22.8g $SbCl_3$ 于 330mL 6$mol\cdot L^{-1}$ HCl 中，加水稀释至 1L
氯化亚锡 $SnCl_2$	0.1	溶解 22.6g $SnCl_2\cdot 2H_2O$ 于 330mL 6$mol\cdot L^{-1}$ HCl 中，加水稀释至 1L，加入数粒纯锡，以防氧化
硝酸汞 $Hg(NO_3)_2$	0.1	溶解 33.4g $Hg(NO_3)_2\cdot 1/2H_2O$ 于 0.6$mol\cdot L^{-1}$ HNO_3 中，加水稀释至 1L
硝酸亚汞 $Hg_2(NO_3)_2$	0.1	溶解 56.1g $Hg_2(NO_3)_2\cdot 2H_2O$ 于 0.6$mol\cdot L^{-1}$ HNO_3 中，加水稀释至 1L，并加入少许金属汞
碳酸铵 $(NH_4)_2CO_3$	1	96g 研细的 $(NH_4)_2CO_3$ 溶于 1L 2$mol\cdot L^{-1}$ 氨水
硫酸铵 $(NH_4)_2SO_4$	饱和	50g $(NH_4)_2SO_4$ 溶于 100mL 热水，冷却后过滤
硫酸亚铁 $FeSO_4$	0.5	溶解 69.5g $FeSO_4\cdot 7H_2O$ 于适量水中，加入 5mL 18$mol\cdot L^{-1}$ H_2SO_4，再用水稀释至 1L，置入小铁钉数枚
六羟基锑酸钠 $Na[Sb(OH)_6]$	0.1	溶解 12.2g 锑粉于 50mL 浓 HNO_3 中微热，使锑粉全部作用成白色粉末，用倾析法洗涤数次，然后加入 50mL 6$mol\cdot L^{-1}$ NaOH，使之溶解，稀释至 1L
六硝基钴酸钠 $Na_3[Co(NO_2)_6]$		溶解 230g $NaNO_2$ 于 500mL H_2O 中，加入 165mL 6$mol\cdot L^{-1}$ HAc 和 30g $Co(NO_3)_2\cdot 6H_2O$，放置 24h，取其清液，稀释至 1L，并保存在棕色瓶中。此溶液应呈橙色，若变成红色，表示已分解，应重新配制
硫化钠 Na_2S	2	溶解 240g $Na_2S\cdot 9H_2O$ 和 40g NaOH 于水中，稀释至 1L
仲钼酸铵 $(NH_4)_6Mo_7O_{24}\cdot 4H_2O$	0.1	溶解 124g $(NH_4)_6Mo_7O_{24}\cdot 4H_2O$ 于 1L 水中，将所得溶液倒入 1L 6$mol\cdot L^{-1}$ HNO_3 中，放置 24h，取其澄清液
硫化铵 $(NH_4)_2S$	3	取一定量氨水，将其均分为两份，往其中一份通硫化氢至饱和，而后与另一份氨水混合
铁氰化钾 $K_3[Fe(CN)_6]$		取铁氰化钾约 0.7～1g 溶解于水，稀释至 100mL（使用前临时配制）
铬黑 T		将铬黑 T 和烘干的 NaCl 研细，按 1∶100 的比例均匀混合，储于棕色瓶中
二苯胺		将 1g 二苯胺在搅拌下溶于 100mL 密度 1.84$g\cdot cm^{-3}$ 硫酸或 100mL 密度 1.70$g\cdot cm^{-3}$ 磷酸中（该溶液可保存较长时间）
镍试剂		溶解 10g 镍试剂（二乙酰二肟）于 1L 95%的酒精中
镁试剂		溶解 0.01g 镁试剂于 1L 1$mol\cdot L^{-1}$ NaOH 溶液中
铝试剂		1g 铝试剂溶于 1L 水中
镁铵试剂		将 100g $MgCl_2\cdot 6H_2O$ 和 100g NH_4Cl 溶于水中，加 50mL 浓氨水，用水稀释至 1L
奈斯勒试剂		溶解 115g HgI_2 和 80g KI 于水中，稀释至 500mL，加入 500mL 6$mol\cdot L^{-1}$ NaOH 溶液，静置后，取其清液，保存在棕色瓶中
五氰氧氮合铁（Ⅲ）酸钠 $Na_2[Fe(CN)_5NO]$		10g 钠亚硝酰铁氰酸钠溶解于 100mL 水中。保存于棕色瓶内，如果溶液变绿就不能用了
格里斯试剂		(1)在加热下溶解 0.5g 对氨基苯磺酸于 50mL 30% HAc 中，储于暗处保存 (2)将 0.4g α-萘胺与 100mL 水混合煮沸，在从蓝色渣滓中倾出的无色溶液中加入 6mL 80% HAc 使用前将(1)、(2)两溶液等体积混合

续表

试剂	浓度/$mol\cdot L^{-1}$	配制方法
打萨宗(二苯缩氨硫脲)		溶解0.1g打萨宗于1L CCl_4 或 $CHCl_3$ 中
甲基红		每升60%乙醇中溶解2g
甲基橙	0.1%	每升水中溶解1g
酚酞		每升90%乙醇中溶解1g
溴甲酚蓝(溴甲酚绿)		0.1g该指示剂与2.9mL 0.05$mol\cdot L^{-1}$ NaOH一起搅匀,用水稀释至250mL;或每升20%乙醇中溶解1g该指示剂
石蕊		2g石蕊溶于50mL水中,静置一昼夜后过滤。在滤液中加30mL 95%乙醇,再加水稀释至100mL
氯水		在水中通入氯气直至饱和,该溶液使用时临时配制
溴水		在水中滴入液溴至饱和
碘液	0.01	溶解1.3g碘和5g KI于尽可能少量的水中,加水稀释至1L
品红溶液		0.1%的水溶液
淀粉溶液	0.2%	将0.2g淀粉和少量冷水调成糊状,倒入100mL沸水中,煮沸后冷却即可
pH=0缓冲溶液		1$mol\cdot L^{-1}$ HCl溶液(不能有 Cl^- 存在时,可用硝酸)
pH=1缓冲溶液		0.1$mol\cdot L^{-1}$ HCl溶液
pH=2缓冲溶液		0.01$mol\cdot L^{-1}$ HCl溶液
pH=3.6缓冲溶液		$NaAc\cdot 3H_2O$ 8g溶于适量水中,加6$mol\cdot L^{-1}$ HAc溶液134mL,稀释至500mL
pH=4.0缓冲溶液		将60mL冰醋酸和16g无水乙酸钠溶于100mL水中,稀释至500mL
pH=4.5缓冲溶液		将30mL冰醋酸和30g无水乙酸钠溶于100mL水中,稀释至500mL
pH=5.0缓冲溶液		将30mL冰醋酸和60g无水乙酸钠溶于100mL水中,稀释至500mL
pH=5.4缓冲溶液		将40g六亚甲基四胺溶于90mL水中,加入20mL 6$mol\cdot L^{-1}$ HCl溶液
pH=5.7缓冲溶液		100g $NaAc\cdot 3H_2O$ 溶于适量水中,加6$mol\cdot L^{-1}$ HAc溶液13mL,稀释至500mL
pH=7.0缓冲溶液		NH_4Ac 77g溶于适量水中,稀释至500mL
pH=7.5缓冲溶液		NH_4Cl 66g溶于适量水中,浓氨水1.4mL,稀释至500mL
pH=8.0缓冲溶液		NH_4Cl 50g溶于适量水中,浓氨水3.5mL,稀释至500mL
pH=8.5缓冲溶液		NH_4Cl 40g溶于适量水中,浓氨水8.8mL,稀释至500mL
pH=9.0缓冲溶液		NH_4Cl 35g溶于适量水中,浓氨水24mL,稀释至500mL

5. 常用酸、碱的浓度

试剂名称	密度 $\rho/g\cdot mL^{-1}$	质量分数/%	物质的量浓度/$mol\cdot L^{-1}$
浓盐酸	1.19	38	12
稀盐酸	1.0	7	2
浓硝酸	1.4	68	16
稀硝酸	1.2	32	6
浓硫酸	1.84	98	18

续表

试剂名称	密度 ρ/g·mL^{-1}	质量分数/%	物质的量浓度/mol·L^{-1}
稀硫酸	1.1	9	2
浓磷酸	1.7	85	14.7
稀磷酸	1.05	9	1
浓高氯酸	1.67	70	11.6
稀高氯酸	1.12	19	2
浓氢氟酸	1.13	40	23
氢溴酸	1.38	40	7
氢碘酸	1.70	57	7.5
冰醋酸	1.05	99	17.5
稀乙酸	1.04	30	5
浓氢氧化钠	1.44	约 41	约 14.4
稀氢氧化钠	1.1	8	2
浓氨水	0.91	约 28	14.8
稀氨水	1.0	3.5	2
氢氧化钙水溶液		0.15	
氢氧化钡水溶液		2	约 0.1

6. 弱酸、弱碱的解离平衡常数 $K^{\ominus}$（离子强度等于零的稀溶液）

（1）弱酸的解离常数 $K_a^{\ominus}$

酸	T/℃	级	$K_a^{\ominus}$	p$K_a^{\ominus}$
砷酸(H_3AsO_4)	25	1	5.5×10^{-3}	2.26
	25	2	1.7×10^{-7}	6.76
	25	3	5.1×10^{-12}	11.29
亚砷酸(H_3AsO_3)	25		5.1×10^{-10}	9.29
正硼酸(H_3BO_3)	20		5.4×10^{-10}	9.27
碳酸(H_2CO_3)	25	1	4.5×10^{-7}	6.35
	25	2	4.7×10^{-11}	10.33
铬酸(H_2CrO_4)	25	1	1.8×10^{-1}	0.74
	25	2	3.2×10^{-7}	6.49
氢氰酸(HCN)	25		6.2×10^{-10}	9.21
氢氟酸(HF)	25		6.3×10^{-4}	3.20
氢硫酸(H_2S)	25	1	8.9×10^{-8}	7.05
	25	2	1×10^{-19}	19
过氧化氢(H_2O_2)	25	1	2.4×10^{-12}	11.62
次溴酸(HBrO)	18		2.8×10^{-9}	8.55
次氯酸(HClO)	25		2.95×10^{-8}	7.53
次碘酸(HIO)	25		3×10^{-11}	10.5

续表

酸	T/℃	级	$K_a^\ominus$	$pK_a^\ominus$
碘酸(HIO_3)	25		1.7×10^{-1}	0.78
亚硝酸(HNO_2)	25		5.6×10^{-4}	3.25
高碘酸(HIO_4)	25		2.3×10^{-2}	1.64
正磷酸(H_3PO_4)	25	1	6.9×10^{-3}	2.16
	25	2	6.23×10^{-8}	7.21
	25	3	4.8×10^{-13}	12.32
亚磷酸(H_3PO_3)	20	1	5×10^{-2}	1.3
	20	2	2.0×10^{-7}	6.70
焦磷酸($H_4P_2O_7$)	25	1	1.2×10^{-1}	0.91
	25	2	7.9×10^{-3}	2.10
	25	3	2.0×10^{-7}	6.70
	25	4	4.8×10^{-10}	9.32
硒酸(H_2SeO_4)	25	2	2×10^{-2}	1.7
亚硒酸(H_2SeO_3)	25	1	2.4×10^{-3}	2.62
	25	2	4.8×10^{-9}	8.32
硅酸(H_2SiO_3)	30	1	1×10^{-10}	9.9
	30	2	2×10^{-12}	11.8
硫酸(H_2SO_4)	25	2	1.0×10^{-2}	1.99
亚硫酸(H_2SO_3)	25	1	1.4×10^{-2}	1.85
	25	2	6×10^{-8}	7.2
甲酸(HCOOH)	20		1.77×10^{-4}	3.75
乙酸(HAc)	25		1.76×10^{-5}	4.75
草酸($H_2C_2O_4$)	25	1	5.90×10^{-2}	1.23
	25	2	6.40×10^{-5}	4.19

（2）弱碱的解离常数 $K_b^\ominus$

碱	T/℃	级	$K_b^\ominus$	$pK_b^\ominus$
氨水($NH_3\cdot H_2O$)	25		1.79×10^{-5}	4.75
氢氧化铍[$Be(OH)_2$]①	25	2	5×10^{-11}	10.30
氢氧化钙[$Ca(OH)_2$]①	25	2	3.74×10^{-3}	2.43
	30	2	4.0×10^{-2}	1.4
联氨(NH_2NH_2)	20		1.2×10^{-6}	5.9
羟胺(NH_2OH)	25		8.71×10^{-9}	8.06
氢氧化铅[$Pb(OH)_2$]①	25		9.6×10^{-4}	3.02
氢氧化银(AgOH)①	25		1.1×10^{-4}	3.96
氢氧化锌[$Zn(OH)_2$]①	25		9.6×10^{-4}	3.02

①摘译自 Weast R C，Handbook of Chemistry and Physics，D159～163，66th Ed. 1985～1986.

注：摘译自 Lide D R，Handbook of Chemistry and Physics，78th Ed. 1997～1998.

7. 常见难溶电解质的溶度积常数

化合物	溶度积常数(T/℃)
Al	
铝酸(H_3AlO_3)②	4×10^{-13}(15)
	1.1×10^{-15}(18)
	3.7×10^{-15}(25)
氢氧化铝②	1.9×10^{-33}(18～20)
Ag	
溴化银	5.35×10^{-13}(25)
碳酸银	8.46×10^{-12}(25)
氯化银	1.77×10^{-10}(25)
铬酸银②	1.2×10^{-12}(14.8)
铬酸银	1.12×10^{-12}(25)
重铬酸银②	2×10^{-7}(25)
氢氧化银①	1.52×10^{-8}(20)
碘酸银	3.17×10^{-8}(25)
碘化银②	0.32×10^{-16}(13)
碘化银	8.52×10^{-17}(25)
硫化银②	1.6×10^{-49}(18)
溴酸银	5.38×10^{-5}(25)
硫氰酸银②	0.49×10^{-12}(18)
硫氰酸银	1.03×10^{-12}(25)
Ba	
碳酸钡	2.58×10^{-9}(25)
铬酸钡	1.17×10^{-10}(25)
氟化钡	1.84×10^{-7}(25)
碘酸钡 $Ba(IO_3)_2\cdot2H_2O$	1.67×10^{-9}(25)
碘酸钡	4.01×10^{-9}(25)
草酸钡 $BaC_2O_4\cdot2H_2O$②	1.2×10^{-7}(18)
硫酸钡②	1.08×10^{-14}(25)
Ca	
碳酸钙	3.36×10^{-9}(25)
氟化钙	3.45×10^{-11}(25)
碘酸钙 $Ca(IO_3)_2\cdot6H_2O$	7.10×10^{-7}(25)
碘酸钙	6.47×10^{-6}(25)
草酸钙	$2.32\times\times10^{-9}$(25)
草酸钙 $CaC_2O_4\cdot H_2O$②	2.57×10^{-9}(25)
硫酸钙	4.93×10^{-5}(25)
Cd	
草酸镉 $CdC_2O_4\cdot3H_2O$	1.42×10^{-8}(25)
氢氧化镉	7.2×10^{-15}(25)
硫化镉②	3.6×10^{-29}(18)
Co	
硫化钴(Ⅱ)α-CoS②	4.0×10^{-21}(18～25)
β-CoS②	2.0×10^{-25}(18～25)
Cu	
硫化铜②	8.5×10^{-45}(18)
溴化亚铜	6.27×10^{-9}(25)
氯化亚铜	1.72×10^{-7}(25)
碘化亚铜	1.27×10^{-12}(25)
硫化亚铜②	2×10^{-47}(16～18)
硫氰酸亚铜	1.77×10^{-13}(25)
亚铁氰化铜	1.3×10^{-6}(16～18)
一水合碘酸铜	6.94×10^{-8}(25)
草酸铜	4.43×10^{-10}(25)
Fe	
草酸亚铁	2.1×10^{-7}(25)
硫化亚铁②	3.7×10^{-19}(18)
氢氧化铁	2.79×10^{-39}(25)
氢氧化亚铁	4.87×10^{-17}(18)
Hg	
氢氧化汞①②	3.0×10^{-26}(18～25)
硫化汞(红)②	4.0×10^{-53}(18～25)
硫化汞(黑)②	1.6×10^{-52}(18～25)
氯化亚汞	1.43×10^{-18}(25)
碘化亚汞	5.2×10^{-29}(25)
溴化亚汞	6.4×10^{-23}(25)
Li	
碳酸锂	8.15×10^{-4}(25)
亚铁氰化铜②	1.3×10^{-16}(16～18)
一水合碘酸铜	6.94×10^{-8}(25)
草酸铜	4.43×10^{-10}(25)

续表

化合物	溶度积常数(T/℃)	化合物	溶度积常数(T/℃)
Mg		氟化铅	$3.3\times10^{-8}(25)$
磷酸镁铵②	$2.5\times10^{-13}(25)$	碘酸铅	$3.69\times10^{-13}(25)$
碳酸镁	$6.82\times10^{-6}(25)$	碘化铅	$9.8\times10^{-9}(25)$
氟化镁	$5.16\times10^{-11}(25)$	草酸铅②	$2.74\times10^{-11}(18)$
氢氧化镁	$5.61\times10^{-12}(25)$	硫酸铅	$2.53\times10^{-8}(25)$
Mn		硫化铅②	$3.4\times10^{-28}(18)$
二水合草酸锰	$4.83\times10^{-6}(25)$	Sr	
硫化锰②	$1.4\times10^{-15}(18)$	碳酸锶	$5.60\times10^{-10}(25)$
氢氧化锰②	$4\times10^{-14}(18)$	氟化锶	$4.33\times10^{-9}(25)$
Ni		草酸锶②	$5.61\times10^{-8}(18)$
硫化镍(Ⅱ)α-NiS②	$3.2\times10^{-19}(18\sim25)$	硫酸锶②	$3.44\times10^{-7}(25)$
β-NiS②	$1.0\times10^{-24}(18\sim25)$	铬酸锶②	$2.2\times10^{-5}(18\sim25)$
γ-NiS②	$2.0\times10^{-26}(18\sim25)$	Zn	
Pb		氢氧化锌	$3.0\times10^{-17}(25)$
碳酸铅	$7.4\times10^{-14}(25)$	草酸锌 $ZnC_2O_4\cdot2H_2O$	$1.38\times10^{-9}(25)$
铬酸铅②	$1.77\times10^{-14}(18)$	硫化锌②	$1.2\times10^{-23}(18)$

① 为 $1/2Ag_2O(s)+1/2H_2O=Ag^++OH^-$ 和 $HgO+H_2O=Hg^{2+}+2OH^-$。

② 摘译自 Weast R C，Handbook of Chemistry and Physics，B-222，66th Ed. 1985～1986.

注：本表主要摘译自 Lide D R，Handbook of Chemistry and Physics，8-106～8-109，78th Ed. 1997～1998.

8. 某些配离子的稳定常数

配离子	$K_稳$	$\lg K_稳$	配离子	$K_稳$	$\lg K_稳$
1∶1			$[CoY]^{2-}$	1.6×10^{16}	16.20
$[NaY]^{3-}$	5.0×10^{1}	1.69	$[NiY]^{2-}$	4.1×10^{18}	18.61
$[AgY]^{3-}$	2.0×10^{7}	7.30	$[FeY]^{-}$	1.2×10^{25}	25.07
$[CuY]^{2-}$	6.8×10^{18}	18.79	$[CoY]^{-}$	1.0×10^{36}	36.00
$[MgY]^{2-}$	4.9×10^{8}	8.69	$[CaY]^{-}$	1.8×10^{20}	20.25
$[CaY]^{2-}$	3.7×10^{10}	10.56	$[InY]^{-}$	8.9×10^{24}	24.94
$[SrY]^{2-}$	4.2×10^{8}	8.62	$[TlY]^{-}$	3.2×10^{22}	22.51
$[BaY]^{2-}$	6.0×10^{7}	7.77	$[TlHY]$	1.5×10^{23}	23.17
$[ZnY]^{2-}$	3.1×10^{16}	16.49	$[CuOH]^{+}$	1.0×10^{5}	5.00
$[CdY]^{2-}$	3.8×10^{16}	16.57	$[AgNH_3]^{+}$	20×10^{3}	3.30
$[HgY]^{2-}$	6.3×10^{21}	21.79	1∶2		
$[PbY]^{2-}$	1.0×10^{18}	18.00	$[Cu(NH_3)_2]^{+}$	7.4×10^{10}	10.87
$[MnY]^{2-}$	1.0×10^{14}	14.00	$[Cu(CN)_2]^{-}$	2.0×10^{38}	38.30
$[FeY]^{2-}$	2.1×10^{14}	14.32	$[Ag(NH_3)_2]^{+}$	1.7×10^{7}	7.24

续表

配离子	$K_{稳}$	$\lg K_{稳}$	配离子	$K_{稳}$	$\lg K_{稳}$
$[Ag(en)_2]^+$	7.0×10^7	7.84	$[Cd(SCN)_4]^{2-}$	1.0×10^3	3.00
$[Ag(NCS)_2]^-$	4.0×10^8	8.60	$[CdCl_4]^{2-}$	3.1×10^2	2.49
$[Ag(CN)_2]^-$	1.0×10^{21}	21.00	$[CdI_4]^{2-}$	3.0×10^6	6.43
$[Au(CN)_2]^-$	2×10^{38}	38.30	$[Cd(CN)_4]^{2-}$	1.3×10^{18}	18.11
$[Cu(en)_2]^{2+}$	4.0×10^{19}	19.60	$[Hg(CN)_4]^{2-}$	3.1×10^{41}	41.51
$[Ag(S_2O_3)_2]^{3-}$	1.6×10^{13}	13.20	$[Hg(SCN)_4]^{2-}$	7.7×10^{21}	21.88
1∶3			$[HgCl_4]^{2-}$	1.6×10^{15}	15.20
$[Fe(NCN)_3]$	2.0×10^3	3.30	$[HgI_4]^{2-}$	7.2×10^{29}	29.80
$[CdI_3]^-$	1.2×10^1	1.07	$[Co(NCS)_4]^{2-}$	3.8×10^2	2.58
$[Cd(CN)_3]^-$	1.1×10^4	4.04	$[Ni(CN)_4]^{2-}$	1.0×0^{22}	22.00
$[Ag(CN)_3]^{2-}$	5.0×10^0	0.69	1∶6		
$[Ni(en)_3]^{2+}$	3.9×10^{18}	18.59	$[Cd(NH_3)_6]^{2+}$	1.4×10^6	6.15
$[Al(C_2O_4)_3]^{3-}$	2.0×10^{16}	16.30	$[Co(NH_3)_6]^{2+}$	2.4×10^4	4.38
$[Fe(C_2O_4)_3]^{3-}$	1.6×10^{20}	20.20	$[Ni(NH_3)_6]^{2+}$	1.1×10^8	8.04
1∶4			$[Co(NH_3)_6]^{3+}$	1.4×10^{35}	35.15
$[Cu(NH_3)_4]^{2+}$	4.8×10^{12}	12.68	$[AlF_6]^{3-}$	6.9×10^{19}	19.84
$[Zn(NH_3)_4]^{2+}$	5.0×10^8	8.69	$[Fe(CN)_6]^{3-}$	1.0×10^{24}	24.00
$[Cd(NH_3)]^{2+}$	3.6×10^6	6.55	$[Fe(CN)_6]^{4-}$	1.0×10^{35}	35.00
$[Zn(CNS)_4]^{2-}$	2.0×10^1	1.30	$[Co(CN)_6]^{3-}$	1.0×10^{64}	64.00
$[Zn(CN)_4]^{2-}$	1.0×10^{16}	16.00	$[FeF_6]^{3-}$	1.0×10^{16}	16.00

注：表中 Y 表示 EDTA 的酸根；en 表示乙二胺。

9. 某些离子和化合物的颜色

(1) 离子

① 无色离子

Na^+、K^+、$NH_4{}^+$、Mg^{2+}、Ca^{2+}、Sr^{2+}、Ba^{2+}、Al^{3+}、Sn^{2+}、Sn^{4+}、Pb^{2+}、Bi^{3+}、Ag^+、Zn^{2+}、Cd^{2+}、Hg_2^{2+}、Hg^{2+}等阳离子。

$B(OH)_4^-$、$B_4O_7^{2-}$、$C_2O_4^{2-}$、Ac^-、CO_3^{2-}、SiO_3^{2-}、NO_2^-、PO_4^{3-}、AsO_4^{3-}、AsO_3^{3-}、$[SbCl_6]^{3-}$、$[SbCl_6]^-$、SO_3^{2-}、SO_4^{2-}、S^{2-}、$S_2O_3^{2-}$、F^-、Cl^-、ClO_3^-、Br^-、BrO_3^-、I^-、SCN^-、$CuCl_2^-$、VO_3^-、VO_4^{3-}、MoO_4^{2-}、WO_4^{2-}等阴离子。

② 有色离子

$[Cu(H_2O)_4]^{2+}$	$[CuCl_4]^{2-}$	$[Cu(NH_3)_4]^{2+}$	$[Ti(H_2O)_6]^{3+}$
浅蓝色	黄色	深蓝色	紫色
$[TiCl(H_2O)_5]^{2+}$	$[TiO(H_2O_2)]^{2+}$	$[V(H_2O)_6]^{2+}$	$[V(H_2O)_6]^{3+}$
绿色	橘黄色	紫色	绿色
VO^{2+}	$VO_2{}^+$	$[VO_2(O_2)_2]^{3-}$	$[V(O_2)]^{3+}$
蓝色	浅黄色	黄色	深红色

$[Cr(H_2O)_6]^{2+}$	$[Cr(H_2O)_6]^{3+}$	$[Cr(H_2O)_5Cl]^{2+}$	$[Cr(H_2O)_4Cl_2]^{+}$
蓝色	紫色	浅绿色	暗绿色
$[Cr(NH_3)_2(H_2O)_4]^{3+}$		$[Cr(NH_3)_3(H_2O)_3]^{3+}$	
紫红色		浅红色	
$[Cr(NH_3)_4(H_2O)_2]^{3+}$		$[Cr(NH_3)_5(H_2O)]^{2+}$	
橙红色		橙黄色	
$[Cr(NH_3)_6]^{3+}$	CrO_2^-	CrO_4^{2-}	$Cr_2O_7^{2-}$
黄色	绿色	黄色	橙色
$[Mn(H_2O)_6]^{2+}$	MnO_4^{2-}	MnO_4^-	$[Fe(H_2O)_6]^{2+}$
肉色	绿色	紫红色	浅绿色
$[Fe(H_2O)_6]^{3+}$	$[Fe(CN)_6]^{4-}$	$[Fe(CN)_6]^{3-}$	$[Fe(NCS)_n]^{3-n}$
浅紫色①	黄色	浅橘黄色	血红色
$[Co(H_2O)_6]^{2+}$	$[Co(NH_3)_6]^{2+}$	$[Co(NH_3)_6]^{3+}$	$[CoCl(NH_3)_5]^{2+}$
粉红色	黄色	橙黄色	红紫色
$[Co(NH_3)_5(H_2O)]^{3+}$	$[Co(NH_3)_4CO_3]^{+}$	$[Co(CN)_6]^{3-}$	$[Co(SCN)_4]^{2-}$
粉红色	紫红色	紫色	蓝色
$[Ni(H_2O)_6]^{2+}$	$[Ni(NH_3)_6]^{2+}$	I_3^-	
亮绿色	蓝色	浅棕黄色	

(2) 化合物

① 氧化物

CuO	Cu_2O	Ag_2O	ZnO	CdO	Hg_2O	HgO	TiO_2	VO
黑色	暗红色	暗棕色	白色	棕红色	黑褐色	红色或黄色	白色	亮灰色
V_2O_3	VO_2	V_2O_5	Cr_2O_3	CrO_3	MnO_2	MoO_2	WO_2	FeO
黑色	深蓝色	红棕色	绿色	红色	棕褐色	铅灰色	棕红色	黑色
Fe_2O_3	Fe_3O_4	CoO	Co_2O_3	NiO	Ni_2O_3	PbO	Pb_3O_4	
砖红色	黑色	灰绿色	黑色	暗绿色	黑色	黄色	红色	

② 氢氧化物

$Zn(OH)_2$	$Pb(OH)_2$	$Mg(OH)_2$	$Sn(OH)_2$	$Sn(OH)_4$	$Mn(OH)_2$
白色	白色	白色	白色	白色	白色
$Fe(OH)_2$	$Fe(OH)_3$	$Cd(OH)_2$	$Al(OH)_3$	$Bi(OH)_3$	$Sb(OH)_3$
白色或苍绿色	红棕色	白色	白色	白色	白色
$Cu(OH)_2$	$Cu(OH)$	$Ni(OH)_2$	$Ni(OH)_3$	$Co(OH)_2$	$Co(OH)_3$
浅蓝色	黄色	浅绿色	黑色	粉红色	棕褐色
$Cr(OH)_3$					
灰绿色					

③ 卤化物

$AgCl$	Hg_2Cl_2	$PbCl_2$	$CuCl$	$CuCl_2$
白色	白色	白色	白色	棕色
$CuCl_2 \cdot 2H_2O$	$Hg(NH_2)Cl$	$CoCl_2$	$CoCl_2 \cdot H_2O$	$CoCl_2 \cdot 2H_2O$
蓝色	白色	蓝色	紫色	紫红色

$CoCl_2 \cdot 6H_2O$	$FeCl_3 \cdot 6H_2O$	$TiCl_3 \cdot 6H_2O$	$TiCl_2$	$AgBr$
粉红色	黄棕色	紫色或绿色	黑色	浅黄色
$AsBr$	$CuBr_2$	AgI	Hg_2I_2	HgI_2
浅黄色	黑紫色	黄色	黄绿色	红色
PbI_2	CuI	SbI_3	BiI_3	TiI_4
黄色	白色	红黄色	绿黑色	暗棕色

④ 硫化物

Ag_2S	HgS	PbS	CuS	Cu_2S	FeS	Fe_2S_3	CoS	NiS
灰黑色	红色或黑色	黑色	黑色	黑色	棕黑色	黑色	黑色	黑色
Bi_2S_3	SnS	SnS_2	CdS	Sb_2S_3	Sb_2S_5	MnS	ZnS	As_2S_3
黑褐色	褐色	金黄色	黄色	橙色	橙红色	肉色	白色	黄色

⑤ 硫（碳、磷、铬、硅、草、卤）酸盐

Ag_2SO_4	Hg_2SO_4	$PbSO_4$	$CaSO_4 \cdot 2H_2O$
白色	白色	白色	白色
$SrSO_4$	$BaSO_4$	$[Fe(NO)]SO_4$	$Cu_2(OH)_2SO_4$
白色	白色	深棕色	浅蓝色
$CuSO_4 \cdot 5H_2O$	$CoSO_4 \cdot 7H_2O$	$Cr_2(SO_4)_3 \cdot 6H_2O$	$Cr_2(SO_4)_3$
蓝色	红色	绿色	紫色或红色
$Cr_2(SO_4)_3 \cdot 18H_2O$	$KCr(SO_4)_2 \cdot 12H_2O$	Ag_2CO_3	$CaCO_3$
蓝紫色	紫色	白色	白色
$SrCO_3$	$BaCO_3$	$MnCO_3$	$CdCO_3$
白色	白色	白色	白色
$Zn_2(OH)_2CO_3$	$BiOHCO_3$	$Hg_2(OH)_2CO_3$	$Co_2(OH)_2CO_3$
白色	白色	红褐色	红色
$Cu_2(OH)_2CO_3$	$Ni_2(OH)_2CO_3$	Ca_3PO_4	$CaHPO_3$
暗绿色①	浅绿色	白色	白色
$Ba_3(PO_4)_2$	$FePO_4$	Ag_3PO_4	NH_4MgPO_4
白色	浅黄色	黄色	白色
Ag_2CrO_4	$PbCrO_4$	$BaCrO_4$	$FeCrO_4 \cdot 2H_2O$
砖红色	黄色	黄色	黄色
$BaSiO_3$	$CuSiO_3$	$CoSiO_3$	$Fe_2(SiO_3)_3$
白色	蓝色	紫色	棕红色
$MnSiO_3$	$NiSiO_3$	$ZnSiO_3$	CaC_2O_4
肉色	翠绿色	白色	白色
$Ag_2C_2O_4$	$FeC_2O_4 \cdot 2H_2O$	$Ba(IO_3)_2$	$AgIO_3$
白色	黄色	白色	白色
$KClO_4$	$AgBrO_3$		
白色	白色		

⑥ 其它含氧酸盐

NH_4MgAsO_4	Ag_3AsO_4	$Ag_2S_2O_3$	$BaSO_3$	$SrSO_3$
白色	红褐色	白色	白色	白色

⑦ 类卤化合物

AgCN	$Ni(CN)_2$	$Cu(CN)_2$	CuCN	AgSCN	$Cu(SCN)_2$
白色	浅绿色	浅棕黄色	白色	白色	黑绿色

⑧ 其它化合物

$Fe_4^{III}[Fe^{II}(CN)_6]_3 \cdot xH_2O$ 蓝色	$Cu_2[Fe(CN)_6]$ 红褐色	$Ag_3[Fe(CN)_6]$ 橙色
$Zn_3[Fe(CN)_6]_2$ 黄褐色	$Co_2[Fe(CN)_6]$ 绿色	$Ag_4[Fe(CN)_6]$ 白色
$Zn_2[Fe(CN)_6]$ 白色	$K_3[Co(NO_2)_6]$ 黄色	$K_2Na[Co(NO_2)_6]$ 黄色
$(NH_4)_2Na[Co(NO_2)_6]$ 黄色	$K_2[PtCl_6]$ 黄色	$KHC_4H_4O_6$ 白色
$Na[Sb(OH)_6]$ 白色	$Na_2[Fe(CN)_5NO] \cdot 2H_2O$ 红色	
$NaAc \cdot Zn(Ac)_2 \cdot 3[UO_2(Ac)_2] \cdot 9H_2O$ 黄色		$(NH_4)_2MoS_4$ 血红色

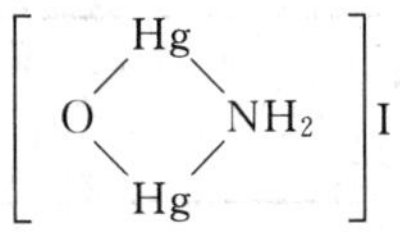

红棕色

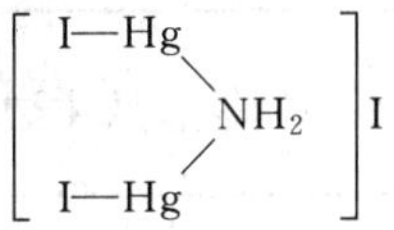

深褐色或红棕色

10. 某些危险品的分类、性质和管理

(1) 危险药品的分类、性质和管理

危险药品是指受光、热、空气、水或撞击等外界因素的影响，可能引起燃烧爆炸的药品，或具有强腐蚀性、剧毒性的药品。常用危险的药品按危害性可分为以下几类来管理：

类别		举例	性质	注意事项
①爆炸品		硝酸铵、苦味酸、三硝基甲苯	遇高热摩擦、撞击等，引起剧烈反应，放出大量气体和热量，产生猛烈爆炸	存放于阴凉、低下处，轻拿轻放
②易燃品	易燃液体	丙酮、乙醚、甲醇、乙醇、苯等有机溶剂	沸点低，易挥发，遇火则燃烧，甚至引起爆炸	存放阴凉处，远离热源，使用时注意通风，不得有明火
	易燃固体	赤磷，硫，萘，硝化纤维	燃点低，受热、摩擦、撞击或遇氧化剂，可引起剧烈连续燃烧爆炸	存放阴凉处，远离热源，使用时注意通风，不得有明火
	易燃气体	氢气、乙炔、甲烷	因撞击、受热引起燃烧，与空气按一定比例混合会爆炸	使用时注意通风，如为钢瓶气，不得在实验室存放
	遇水易燃品	钠、钾	遇水剧烈反应，产生可燃气体并放出热量。此反应热会引起燃烧	保存于煤油中，切勿与水接触
	自燃物品	黄磷	在适当温度下被空气氧化放热，达到沸点而引起自燃	保存于水中

续表

类　别	举　例	性　质	注 意 事 项
③氧化剂	硝酸钾、氯酸钾、过氧化氢、过氧化钠、高锰酸钾	具有强氧化性，遇酸、受热、与有机物、易燃品、还原剂等混合时，因反应引起燃烧或爆炸	不得与易燃品、爆炸品、还原剂等一起存放
④剧毒品	氰化钾、三氧化二砷、升汞、氯化钡	剧毒，少量侵入人体（误食或接触伤口）引使中毒，甚至死亡	专人、专柜保管，现用现领，用后的剩余物，不论是固体或液体都应交回保管人，并应设有使用登记制度
⑤腐蚀性药品	强酸、强碱、氟化氢、溴、酚	具有强腐蚀性，触及物品造成腐蚀、破坏，触及人体皮肤，引起化学烧伤	不要与氧化剂，易燃品，爆炸品放在一起

（2）剧毒药品的分级

中华人民共和国公安部 1993 年发布并实施了中华人民共和国公共安全行业标准 GA 58—93。将剧毒药品分为 A，B 两级。

级别	口服剧毒物品的半数致死量 $LD/mg \cdot kg^{-1}$	皮肤接触剧毒物品的半数致死量 $LD/mg \cdot kg^{-1}$	吸入剧毒物品粉尘、烟雾的半数致死浓度 $LC/mg \cdot L^{-1}$	吸入剧毒物品液体的蒸气或气体的半数致死浓度 $LC/mL \cdot m^{-3}$
A	≤5	≤40	≤0.5	V≥10LC 同时 LC≤1000
B	5～50	40～200	0.5～2	V≥LC 同时 LC≤3000（A 级除外）

A 级无机剧毒药品主要见下表。

品名	别名	品名	别名	品名	别名
氰化钠	山奈	氰化钴		氟化氢（无水）	无水氢氟酸
氰化钡		氰化镍	氰化亚镍	磷化钾	
氰化钴钾	钴氰化钾	氰化银		磷化铝农药	
氰化铜	氰化高铜	氰化镉		磷化氢	磷化三氢，膦
五羰基铁	羰基铁	氰化铈		锑化氢	锑化三氢
叠氮酸		氰化溴	溴化氰	二氧化硫（液化的）	亚硫酸酐
磷化钠		三氧化（二）砷	白砒、砒霜、亚砷（酸）酐	三氟化氯	
磷化铝				四氟化硅	氟化硅
氯（液化的）	液氯	氰化锌		六氟化硒	
硒化氢		氰化铅		氯化溴	
四氧化二氮（液化的）	二氧化氮	氰化金钾		氰（液化的）	
		氢氰酸		氢化钙	
二氟化氧		五氧化二砷	砷（酸）酐	氰化亚钴	
四氟化硫		硒酸钾		氰化镍钾	氰化钾镍
五氟化磷		氧氯化硒	氯化亚硒酰，二氯氧化硒	氰化银钾	银氰化钾
六氟化钨				亚砷酸钾	
溴化羰	溴光气	氧化镉（粉状）		硒酸钠	
氰化钾		叠氮（化）钠		亚硒酸钾	

续表

品名	别名	品名	别名	品名	别名
氧氰化汞	氰氧化汞	叠氮(化)钡		三氟化磷	
氰化汞	氰化高汞	黄磷	白磷	五氟化氯	
氰化亚铜		磷化镁	二磷化三镁	六氟化碲	
氰化氢(液化的)		氟		氯化氰	氰化氯,氯甲氰
亚砷酸钠	偏亚砷酸钠	砷化氢	砷化三氢,胂	氰化汞钾	氰化钾汞 汞氰化钾
氯化汞	氯化高汞 二氯化汞	一氧化氮		三氯化砷	氯化亚砷
羰基镍	四羰基镍 四羰酰镍	二氧化氯		亚硒酸钠	

(3) 化学实验室毒品管理规定

① 实验室使用毒品和剧毒品（无论 A 类或 B 类毒品）应预先计算使用量，按用量到毒品库领取，尽量做到用多少领多少。使用后剩余毒品应送回毒品库统一管理。毒品库对领出和退回的毒品要详细登记。

② 实验室在领用毒品和剧毒品后，由两位教师（教辅人员）共同负责保证领用毒品的安全管理，实验室建立毒品使用账目。账目包括：药品名称，领用日期，领用量，使用日期，使用量，剩余量，使用人签名，两位管理人签名。

③ 实验室使用毒品时，如剩余量较少且近期仍需使用须存放实验室内，此药品必须放于实验室毒品保险柜内，钥匙有两位管理教师掌管，保险柜上锁和开启均需两人同时在场。实验室配制有毒药品溶液时也应按用量配制，该溶液的使用，归还和存放也必须履行使用账目登记制度。

参 考 文 献

[1] 北京师范大学等编．无机化学实验．第4版．北京：高等教育出版社，2014.

[2] 崔爱莉主编．基础无机化学实验．北京：高等教育出版社，2007.

[3] 大连理工大学无机化学教研室编．无机化学实验．第3版．北京：高等教育出版社，2014.

[4] 何红运等主编．本科化学实验（一）．长沙：湖南师范大学出版社，2008.

[5] 胡春燕，周德红主编．普通化学实验．天津：天津科技出版社，2008.

[6] 华东理工大学无机化学教研组编．无机化学实验．第4版．北京：高等教育出版社，2007.

[7] 吉林大学范勇，屈学俭，徐家宁编．基础化学实验．（无机化学实验分册）．第2版．北京：高等教育出版社，2015.

[8] 李舒艳，张剑，韩启龙．固体碱催化合成生物柴油研究进展．应用化工，2015，5（44）：933-935.

[9] 刘汉兰，陈浩，文利柏主编．基础化学实验．第2版．北京：科学出版社，2009.

[10] 刘约权，李贵深主编．实验化学：上册．第2版．北京：高等教育出版社，2005.

[11] 宋毛平，何占航编著．基础化学实验与技术．北京：化学工业出版社，2008.

[12] 孙辉．固体碱催化植物油制备生物柴油的基础研究．浙江大学博士学位论文，2012.

[13] 万涛．制备生物柴油的非均相碱催化剂研究．武汉大学博士学位论文，2010.

[14] 武汉大学化学与分子科学学院实验中心．无机化学实验．第2版．武汉：武汉大学出版社，2012.

[15] 吴惠霞主编．无机化学实验．北京：科学出版社，2008.

[16] 吴茂英，肖楚民主编．微型无机化学实验．第2版．北京：化学工业出版社，2012.

[17] 夏玉宇著．化学实验室手册．第3版．北京：化学工业出版社，2015.

[18] 浙江大学，华东理工大学，四川大学合编．殷学锋主编．新编大学化学实验．北京：高等教育出版社，2002.

[19] 中山大学等校编．无机化学实验．第3版．北京：高等教育出版社，2015.

[20] 周祖新主编．无机化学实验．北京：化学工业出版社，2014.

[21] 朱湛，傅引霞主编．无机化学实验．北京：北京理工大学出版社，2007.